教育部高等学校电子信息类专业教学指导委员会规划教材

高等学校电子信息类专业系列教材

传感器原理与智能检测应用

应捷 杨晖 编著

清华大学出版社

北京

内 容 简 介

全书共分三部分,第一部分介绍传感器的基础知识及传感器的基本特性;第二部分介绍各种传感器的测量原理、结构特性、测量电路和应用等;第三部分介绍智能检测应用技术,通过应用实例介绍机器视觉检测技术、生物识别及传感技术、神经网络与深度学习等原理及实现方法。

本书可以作为大中专院校相关专业的教材,也可作为研究生、技术人员的参考书。

图书在版编目(CIP)数据

传感器原理与智能检测应用 / 应捷,杨晖编著.
北京:清华大学出版社,2024.7. -- (高等学校电子
信息类专业系列教材). -- ISBN 978-7-302-66681-3

Ⅰ. TP212;TP274

中国国家版本馆 CIP 数据核字第 2024K7V943 号

责任编辑:崔 彤
封面设计:李召霞
责任校对:申晓焕
责任印制:刘 菲

出版发行:清华大学出版社
   网 址:https://www.tup.com.cn,https://www.wqxuetang.com
   地 址:北京清华大学学研大厦 A 座   邮 编:100084
   社 总 机:010-83470000   邮 购:010-62786544
   投稿与读者服务:010-62776969, c-service@tup.tsinghua.edu.cn
   质量反馈:010-62772015, zhiliang@tup.tsinghua.edu.cn
   课件下载:https://www.tup.com.cn,010-83470236
印 装 者:三河市人民印务有限公司
经 销:全国新华书店
开 本:185mm×260mm 印 张:13.25   字 数:322千字
版 次:2024年7月第1版   印 次:2024年7月第1次印刷
印 数:1~1500
定 价:49.00元

产品编号:102690-01

前言

FOREWORD

传感器是人工智能、智能制造、大数据、物联网、工业互联网等相关产业的关键器件。传感器技术与通信技术、计算机技术构成了信息产业的三大支柱,在世界各国受到高度重视。智能检测技术基于传感器技术,结合计算机技术与人工智能,广泛应用于智能制造、虚拟现实等领域。我国数字经济发展规划提出加快推动数字产业化,瞄准传感器、人工智能等战略性、前瞻性领域,增强关键技术创新能力,提高数字技术基础研发能力,提高物联网在工业制造、农业生产、公共服务、应急管理等领域的覆盖水平。同时,国家智能制造发展规划也指出,要大力发展智能制造装备,包括基础部件(传感器、控制器、数控系统等)、通用装备(机床、机器人、激光、智能检测等)、专用装备(汽车、航天等领域)和工业软件等。智能检测装备产业发展行动计划进一步提出了"智能检测技术基本满足用户领域制造工艺需求,核心零部件、专用软件和整机装备供给能力显著提升,基本满足智能制造发展需求"的目标。近年来,随着智能制造的深入推进,我国智能检测技术需求日益增加,但仍存在技术基础薄弱、创新能力不强等问题。因此,普及传感器技术及智能检测相关知识具有重要的意义。

本书内容涵盖各种传感器的工作原理、测量电路、主要特性和应用,以及智能检测相关应用,可为传感器的选型、电子系统与检测系统设计、智能检测应用提供基础知识,并使读者通过相关计算和分析,提高解决复杂工程实践问题的能力。

本书旨在阐述传感器基础知识、基本原理和基本计算方法,以简洁的方式将主要内容精练呈现,使读者快速掌握主要内容;简要阐述智能检测基本知识,通过应用案例使读者掌握智能检测的实现方法。本书内容包括三部分,第一部分为传感器技术基础知识;第二部分为各种传感器的工作原理、基本特性、典型电路和应用;第三部分为智能检测应用,包括机器视觉检测技术、生物识别及传感技术、神经网络与深度学习及其应用等。除第11章外,每章配有习题,书末配有习题参考答案,便于读者掌握相关内容。

本书内容精练、条理清晰,主要内容根据"传感器技术"课程的教学大纲和课时来安排。同时,本书融入了传感器智能检测的相关应用实例,使读者掌握如何应用传感器及智能检测技术解决实际问题,在拓宽读者视野的同时提升其创新思维。本书精选大量典型习题并给出简练的解答,有助于读者掌握传感器技术的基本计算和分析方法,提高解决工程实践问题的能力。

本书由上海理工大学应捷、杨晖编著,感谢侯俊、郑乐芊、宋启发、黄之晟、娄平、刘聪聪、李涵等对本书编写的大力支持与帮助,感谢华云松、刘宏业等老师的帮助,感谢清华大学出版社崔彤编辑的鼓励与帮助,并对支持与帮助本书出版的人们表示感谢。

　　本书的出版得到了上海理工大学一流本科系列教材项目的资助。本书在编写过程中参考了许多文献资料,对相关文献的作者表示感谢。

　　由于编者水平与能力有限,书中难免有不足或不妥之处,恳请广大读者批评指正。

编　者

2024 年 6 月

于上海

目 录
CONTENTS

第三部分　智能检测应用

第一部分 基础知识

第1章

CHAPTER 1

概　　述

本章要点：
◇ 传感器的定义与组成；
◇ 传感器的分类；
◇ 传感器的应用及发展趋势。

传感器（sensor 或 transducer）作为获取信息的器件具有非常重要的作用。传感器能够检测环境的变化，例如温度、湿度、光照强度、压力等，然后对检测到的信息进行处理，显示出来或用于控制系统，便于人们了解环境的变化。传感器就像机器系统的感官，大量传感器构成了机器的感知神经系统。传感器广泛应用在工业生产、航空航天、医疗检测、物联网、虚拟现实和消费电子等多个领域。对于检测与控制系统，被测物理量的大小及状态需要通过传感器获得，从而实现精确、有效的控制。例如，空间站的交会对接、航空飞行器的监测与控制、无人驾驶汽车等，都需要大量的传感器实时监测各种信息。元宇宙与虚拟现实技术需要传感器感知用户的动作，然后实现显示与交互。物联网技术中传感器是核心部件，由其感知被测量并发送到网络，进而实现远程管理与控制。

1.1　传感器的定义

传感器是能够感受规定的被测量，并按照一定规律将被测量转换成可用的输出信号的器件或装置。

被测量一般指非电量，比如力（force）、压强（pressure）、位移（displacement）、速度（velocity）、加速度（acceleration）和温度（temperature）等；输出信号一般指电量，比如电压和电流。在测试系统中，传感器是非常重要的环节，它直接感受被测量并将其转换成可用的输出电信号。传感器包括多种类别，如电阻式、电容式、电感式、压电式、磁电式、热电式和光电式等。传感器输出的电信号经过中间变换测量装置后进行显示和记录，有时还需要对测量的结果进行分析和处理。中间变换测量装置一般指测量电路，如电桥、放大器和滤波器等。显示和记录装置包括记录仪、示波器和显示器等。对测量结果的分析和处理包括频谱分析、傅里叶变换、图像处理等。

1.2 传感器的组成

传感器一般由敏感元件、转换元件和基本转换电路三部分组成。敏感元件直接感受被测量；转换元件将敏感元件的输出信号转换成可用的电信号；基本转换电路将得到的电信号进行放大等处理，转换成电量输出。有些传感器仅由两部分构成，其敏感元件已将被测的非电量转换为电量。例如，热电偶测温元件，其示意图如图 1-1 所示。热电偶由两种不同的金属 A 和 B 构成，它们的一端连接在一起，称为热端或工作端，另一端分别接入测量仪表，称为冷端或自由端。当工作端处于高温环境、冷端处于恒定的常温时，在热电偶内部会产生热电动势。产生的热电动势的大小与冷端和热端的温差成正比。可以看出，热电偶的敏感元件和转换元件都是由金属 A 和 B 构成的热电极，它将被测量温度转换为输出电动势。

气体压力传感器包含敏感元件、转换元件和转换电路三部分，其示意图如图 1-2 所示。高压气体通过孔隙进入膜盒，使膜盒发生膨胀，带动连杆连接的衔铁向上移动。衔铁的位移量使得电感线圈周围的磁场发生变化，从而使线圈的电感值发生改变，最终引起输出电压变化。被测气体压力越大，膜盒的膨胀程度及衔铁的位移量越大，导致线圈的电感改变量越大。传感器的被测量是气体压力，而敏感元件是膜盒，它直接感受压力的变化。转换元件是包含磁芯的电感线圈，它将被测压力引起的位移量转换为电量。转换电路将磁场变化导致的电感值变化转换成电压输出。因此，根据输出电压的变化，可以测得被测气体的压力。

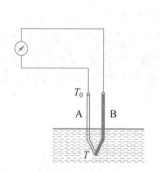

图 1-1 热电偶测温元件示意图

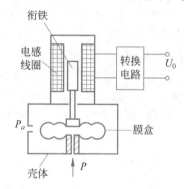

图 1-2 气体压力传感器示意图

1.3 传感器的分类

传感器的分类方法有很多，下面分别对各种分类方法进行介绍。其中，按照输入量和工作原理进行分类的方法较为普遍。

1. 按照输入量分类

按照输入量进行分类，即按照被测量或测量用途进行分类，传感器分为长度传感器、角度传感器、振动传感器、位移传感器、压力传感器和温度传感器等。

2. 按照输出量分类

按照输出量进行分类，传感器分为模拟式传感器和数字式传感器。模拟式传感器的输出量为模拟信号，一般为电压或者电流。数字式传感器的输出量为数字信号，例如光电编码器、计量光栅等数字式传感器,或利用脉冲编码等技术将模拟信号转换为数字信号输出的传感器。

3. 按照工作原理分类

按照工作原理进行分类,传感器分为电阻式传感器、电容式传感器、电感式传感器、压电式传感器、磁电式传感器、热电式传感器和光电式传感器等。电感式传感器根据被测量的变化使敏感元件的电感值发生变化,实现信号转换。电容式传感器由被测量引起传感器的电容参数发生变化实现测量。

4. 按照基本效应分类

按照基本效应进行分类,传感器分为物理型传感器、化学型传感器和生物型传感器。物理型传感器采用物理效应进行测量,本书涉及的传感器均属于此类。化学型传感器在测量过程中发生了化学效应。生物型传感器采用生物效应实现转换。

5. 按照构成原理分类

按照构成原理进行分类,传感器分为物性型传感器和结构型传感器。物性型传感器是指敏感元件材料本身的物理特性发生变化,实现信号转换。例如,在测量过程中热电偶传感器热电极的内部产生了热电效应。结构型传感器依靠传感器元件的结构参数变化实现信号转换。例如,图 1-2 所示的气体压力传感器,在测量过程中衔铁发生位移,传感器的结构参数发生了变化。

6. 按照能量关系分类

按照能量关系进行分类,传感器分为能量变换型传感器和能量控制型传感器。能量变换型传感器的输出量直接由被测量的能量转换而来,又称为发电型或有源型(active)传感器。例如,光电式敏感元件光电池,其产生的电信号由光能转换而来。能量控制型传感器的输出量能量由外加电源提供,但受到输入量的控制,又称为参量型或无源型(passive)传感器。例如,电感式传感器的输出电量由外加电源提供。

1.4 传感器技术的发展趋势

传感器技术未来的发展趋势主要包括以下几方面。

1. 提高与改善传感器的性能

随着科学技术的进步,传感器的性能不断提升。采用差动技术、平均技术、补偿与修正技术等,可以减小传感器的测量误差,提高测量的精度。给传感器加屏蔽、隔离与干扰抑制措施,做稳定性处理,可提高传感器的抗干扰能力。扩展传感器的检测范围,拓宽传感器的检测极限,也是重要的研究方向。例如,利用约瑟夫效应的磁传感器可以检测 10^{-11}T 的极弱磁场,热噪声温度传感器可以检测 10^{-6}K 的超低温。

2. 开发新型的传感器

开展基础理论研究,寻找新原理、新材料、新工艺和新功能,并开发新型的传感器,是传感器技术发展的重要方向。基于量子力学特性对物理量进行高精度测量的量子传感器受到世界各国的重视。量子传感器带来新的敏感度、新的应用,例如量子雷达技术、脑磁图扫描、病毒检测等。中国科学院提出并实现了用于搜寻类轴子的单电子自旋量子传感器。开发新型的传感器敏感元件,尤其是物性型的敏感材料,如复合材料、半导体材料、陶瓷材料、高分子聚合材料等,利用化学效应和生物效应开发新型化学传感器和生物传感器,以及研制仿生传感器,都是重要的发展领域。新的加工工艺及高新技术的发展使高精度的新型传感器得以实现,如薄膜技术、半导体加工工艺、集成传感器生产工艺、高精密机械加工、封装技术等都促进了传感器技术的发展。多功能传感器可同时测量多个物理量,对多参量测量结果进行综合分析。例如,测量气压、风力、温度和湿度的四变量传感器,利用流体静压力和温度补偿压差的差压变送器,以及由 PVDF 材料制成的多功能触觉传感器等。

3. 传感器的集成化、微型化、智能化发展

随着半导体加工工艺、计算机与人工智能以及嵌入式系统的发展,传感器变得更加小型化、集成化、智能化。将传感器与信号处理电路集成在同一硅片上,或将同类传感器集成于同一芯片上,是集成化的两个方面。例如,MEMS(micro-electro mechanical system)传感器采用微电子和微机械加工技术制造,具有体积小、重量轻、成本低、功耗低、可靠性高等特点,MEMS 加速度计、压力传感器、湿度传感器、陀螺仪等应用广泛。智能传感器(smart sensor 或 intelligent sensor)具有测量、判断和信息处理能力,集成了传感器与微处理器,应用日益普遍。人工智能技术通过对传感器采集数据的分析和处理,提高了传感器的检测性能。

4. 传感器的网络化

随着无线传感器网络(wireless sensor network,WSN)和现场总线技术的发展,传感器的网络化得到快速发展。物联网得到广泛应用,人们可以通过网络感知设备的状态,通过网络对设备进行控制。物联网(the internet of things,IoT)是"物物相连的互联网",可将各种信息传感设备通过互联网实现物品与物品的连接。通过 IEEE 802.15.4(ZigBee)无线传感器网络、WiFi 及蓝牙技术,传感器采集的信息可以无线发送并连接到网络,实现远程监测与控制。

1.5 传感器的应用

传感器的应用非常广泛,随着技术的进步,更低成本和更可靠的传感器在不同行业得到更广泛的应用。下面以几个常用的应用领域为例进行介绍。

1. 在工业生产领域的应用

在工业生产领域,传感器广泛用于在线检测、智能制造、自动化生产等多方面。在线检测包括零件尺寸测量、产品缺陷检测、装配定位检测等。如图 1-3 所示,在生产线上可以安装各种传感器来实现检测,例如安装图像传感器采集生产线上的图像,对图像进行计算机处理与判断。图 1-3(a)所示为检测滚珠是否有脱落;图 1-3(b)所示为检测产品液位是否达标。生产线上的机器人手臂通过传感器感知物体和外部环境,实现抓取物体及产品加工等高效率、自动化工作。

2. 在汽车领域的应用

传感器在汽车电子中属于关键部件,是汽车电子控制系统的信息源,一辆汽车中一般安装有上百个传感器。传感器在汽车上的应用示意图如图 1-4 所示。

汽车传感器负责检测车的各种状态,将检测结果发送给电子控制单元。例如,发动机控制系统配备有温度传感器、压力传感器、位置传感器、转速传感器、流量传感器、气体浓度传感器和爆震传感器等,向发动机的电子控制单元提供发动机的工作状况信息,对发动机进行

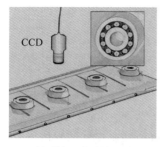

(a) 检测轴承/滚珠是否脱漏   (b) 检查容器的液位

图 1-3 传感器在生产线上的应用示例

精确控制。要提高车身的安全性、舒适性和可靠性,需要检测温度、湿度、风量、日照、加速度、车速、距离和胎压等,并进行图像采集。对于底盘的控制变速器系统、悬架系统、动力转向系统和防锁死制动系统,需要检测车速、踏板、加速度、节气门、发动机转速、水温及油温等各种参数。在车辆前端及车身侧面安装有远程安全气囊传感器,当检测到加速度过大时打开安全气囊。防锁死制动系统中有车速检测和刹车踏板检测等传感器。车辆内部的空调温度调节、无钥匙门禁等功能都需要借助传感器实现。自动驾驶汽车使用图像和雷达等传感器检测道路障碍物以避免碰撞。

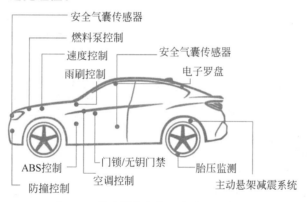

图 1-4 传感器在汽车上的应用示意图

3. 在日常生活和医疗卫生领域的应用

在日常生活中,传感器应用广泛。例如,数码相机和摄像机中有电荷耦合器件(charge coupled device,CCD)或互补金属氧化物半导体(complementary metal oxide semiconductor,CMOS)图像传感器,而自动对焦功能采用红外测距传感器;可视对讲系统和可视电话的图像获取功能使用面阵 CCD 图像传感器,在商务办公的扫描仪中包含线阵 CCD 图像传感器;自动感应灯的亮度检测用到光敏电阻等;遥控接收器的红外检测用到光敏二极管或光敏三极管;空调、冰箱和电饭煲中的温度控制部分采用热敏电阻等温度传感器实现;电话和麦克风的语音转换功能可采用电容式传感器;智能家居使用温度、湿度、烟雾和红外感应等多种传感器来监测环境。

在医疗卫生方面,传感器的应用更加广泛。例如,数字体温计中含有温度传感器,接触式体温计采用热敏电阻,非接触式体温计采用红外传感器;电子血压计进行血压测量时用到压力传感器;血糖测试仪和胆固醇测试仪用到离子传感器;智能可穿戴设备通过多种传感器感知使用者的体温、心率、血压和动作等;核磁共振、CT 和超声波成像等检测也都离不开传感器技术。

4. 在军事领域的应用

军事现代化和军事智能化离不开各种各样的传感设备,传感器在国防现代化中发挥着关键作用。例如,夜视瞄准系统利用红外传感技术可以在夜间看清目标;激光测距仪利用激光实现精准的距离测量,可以更精确定位目标,在发射 20mm 高爆弹时,激光测距仪可将目标的距离信息自动传输至高爆弹的爆炸引信,以便精确设定引爆时间;智能导弹配备有视觉传感器,融合 GPS、红外或紫外传感器等可以自动识别及跟踪目标,实现精准打击;制导系统中包含有惯性测量单元、红外传感器、光电传感器、激光传感器和雷达等多种传感器。

5. 在航天领域的应用

在航空航天领域,传感器发挥着重要的作用。对于火箭测控系统,需要通过传感器检测火箭的状况、姿态和轨迹等各种参数,以实现姿态调整和轨道控制等操作。飞行器(包括航空和航天飞行器)的各种状态参数需要通过传感器检测,以实现精确的控制与操纵,例如飞行姿态、发电机状况、加速度、温度、外部压力、震动、空气流量和应变等参数。阿波罗十号载人航天器的火箭部分装有两千多个传感器,飞船部分有一千多个传感器。如图 1-5 所示,神舟飞船上有 185 套仪器装置。如图 1-6 所示,玉兔月球车加载了全景摄像机、红外成像光谱仪、测月雷达和粒子激发 X 射线谱仪等多种探测仪器,以及温度传感器、角速度传感器、线速度传感器、压力传感器和光电探测器等,用于检测加速度、温度、压力、振动、流量、应变及图像等。

图 1-5　神舟飞船

图 1-6　玉兔月球车

1.6　本章小结

本章介绍了传感器的定义、传感器的组成、传感器的不同分类方法、传感器技术的发展趋势及在常用领域的应用等。通过学习应该掌握以下内容:传感器的定义与组成,传感器的几种常用分类方法,传感器的典型应用。

习题 1

1-1　什么是传感器?

1-2 传感器一般由哪几部分组成？

1-3 常见的被测量有哪些？

1-4 传感器有哪些分类方式？

1-5 什么是结构型传感器？请举例说明。

1-6 什么是物性型传感器？请举例说明。

1-7 有源型传感器和无源型传感器分别有哪些？请举例说明。

1-8 提高传感器的性能有哪些方法？

1-9 简述传感器未来的发展趋势。

第 2 章

CHAPTER 2

传感器的基本特性

本章要点：

◇ 传感器的静态性能指标及其含义，包括线性度、灵敏度、分辨力、迟滞、重复性和漂移等；

◇ 线性度、迟滞、重复性的计算方法；

◇ 传感器的动态特性：传递函数、频率特性、一阶系统微分方程、一阶系统的频率特性；

◇ 二阶系统的频率特性、幅频特性、相频特性、频率响应范围；

◇ 阶跃信号输入时动态性能参数：上升时间、响应时间、超调量、衰减度。

　　传感器分为各种不同的类型，例如电感式传感器、电容式传感器、热电式传感器和光电式传感器等。传感器测量的物理量也千差万别，如测量压力、位移、温度和光照强度等。虽然不同传感器的原理与功能各不相同，但在测量被测量时，存在一些衡量传感器性能的共同指标，以及响应被测信号的相似特性。通过分析与简化传感器系统，建立其数学模型，并研究传感器的特性，人们可以发现规律，以便实现更精准的测量。

　　传感器的特性是指其输出信号和输入信号之间的关系。传感器的内部结构参数不同，导致传感器的特性各不相同。静态特性（static characteristics）是指被测量处于稳定状态时传感器的输出-输入关系；动态特性（dynamic characteristics）是指被测量随时间变化时传感器的响应特性。对传感器的要求是具有较高的精度，信号转换基本无失真，即能够反映被测量的原始特征。

2.1　传感器的静态特性

　　经过简化与近似，在不考虑迟滞、蠕变等因素的理想情况下，传感器的输出与输入的静态特性可以由式（2-1）表示：

$$y = a_0 + a_1 x + a_2 x^2 + \cdots + a_n x^n \tag{2-1}$$

式中，y 为传感器的输出量；x 为输入量，即被测量；a_0 为零输入时的输出，也叫零位输出；a_1 为线性项系数，也称线性灵敏度，常用 K 或 S 表示；$a_2, a_3, \cdots, a_n$ 为非线性项系数，其数值由具体传感器的非线性特性决定。

　　衡量传感器静态特性的性能指标主要包括线性度（linearity）、灵敏度（sensitivity）、分辨力(resolution)、迟滞(hysteresis)、重复性(repeatability)、漂移(drift)、精确度(accuracy)、量程(range)等。下面对传感器的部分常用静态性能指标分别进行介绍。

1. 线性度

线性度是指传感器的输出与输入的特性曲线和其拟合直线之间的最大偏差与传感器满量程输出之比,也称为非线性误差,它表征传感器输出量与输入量呈线性关系的程度。

线性度(非线性误差)如式(2-2)所示。

$$\gamma_L = \pm(\Delta L_{max}/y_{FS}) \times 100\% \tag{2-2}$$

式中,ΔL_{max} 为输出值与拟合直线的最大偏差;y_{FS} 为满量程的输出值。

理想传感器的输出-输入关系为线性关系,这样可以简化数据处理、标定和测量。但是实际传感器的输出-输入关系一般不是理想的直线,存在非线性,此时需要对传感器的特性曲线进行线性化处理,用一条拟合直线来代表实际曲线。

拟合直线的选取有几种常用方法,如图 2-1 所示。图中实线为实际输出-输入关系的特性曲线,虚线为拟合直线。拟合直线不同,非线性误差也不同。所以,选择拟合直线时主要考虑获得最小的非线性误差,以及使用和计算方便。

如图 2-1(a)所示为理论拟合。通过理论计算或理论知识得到输出和输入之间的关系,用这条理论直线作为拟合直线,求得特性曲线和拟合直线之间的最大偏差 ΔL_{max} 来计算线性度。

如图 2-1(b)所示为过零旋转拟合。通过原点作一条拟合直线,使得图中的 ΔL_1 和 ΔL_2 二者相等,此时得到特性曲线和拟合直线之间的偏差作为最大偏差 ΔL_{max}。

如图 2-1(c)所示为端点连线拟合,该方法比较简单。将实际特性曲线的起始端点和末端连线作为拟合直线,此时特性曲线和拟合直线之间的偏差作为最大偏差 ΔL_{max}。

如图 2-1(d)所示为端点平移拟合。将端点连线法得到的直线上下平移,使得图中的 ΔL_1、ΔL_2 和 ΔL_3 三者相等,此时求得的特性曲线和拟合直线之间的偏差作为 ΔL_{max}。

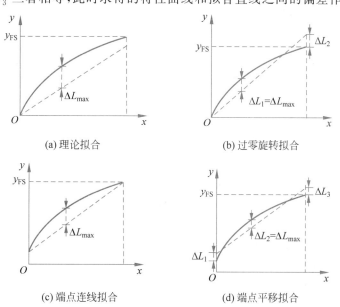

图 2-1　不同拟合方法

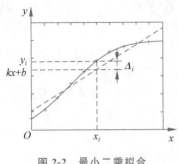

图 2-2 最小二乘拟合

图 2-2 所示为最小二乘拟合。用最小二乘拟合得到的拟合直线最接近于实际特性曲线,此时非线性误差最小。最小二乘拟合直线的求取方法如下:假定拟合直线方程为 $y = kx + b$,对于有 n 个测量点的实际特性曲线,求得满足拟合直线和特性曲线之间的残差平方和最小的直线斜率 k 和截距 b,便得到了该拟合直线。

若实际校准测试点有 n 个,则第 i 个校准数据与拟合直线上相应值之间的残差为

$$\Delta_i = y_i - (kx_i + b) \tag{2-3}$$

最小二乘法拟合直线的原理是使 $\sum_{i=1}^{n} \Delta_i^2$ 为最小值,如式(2-4)所示。

$$\sum_{i=1}^{n} \Delta_i^2 = \sum_{i=1}^{n} [y_i - (kx_i + b)]^2 = \min \tag{2-4}$$

也就是使 $\sum_{i=1}^{n} \Delta_i^2$ 对 k 和 b 的一阶偏导数等于零,即

$$\frac{\partial}{\partial k} \sum_{i=1}^{n} \Delta_i^2 = 2 \sum (y_i - kx_i - b)(-x_i) = 0 \tag{2-5}$$

$$\frac{\partial}{\partial b} \sum_{i=1}^{n} \Delta_i^2 = 2 \sum (y_i - kx_i - b)(-1) = 0 \tag{2-6}$$

可得 k 和 b 的表达式分别为

$$k = \frac{n \sum x_i y_i - \sum x_i \sum y_i}{n \sum x_i^2 - \left(\sum x_i\right)^2} \tag{2-7}$$

$$b = \frac{\sum x_i^2 \sum y_i - \sum x_i \sum x_i y_i}{n \sum x_i^2 - \left(\sum x_i\right)^2} \tag{2-8}$$

式中,x_i 和 y_i 分别是 n 个测量点的输入值和输出值。得到最小二乘拟合直线后,计算拟合直线和实际的输出-输入特性曲线之间的最大偏差 $\Delta L_{\max}$,即可求得非线性误差。

2. 灵敏度

灵敏度是传感器在稳态下的输出量变化与输入量变化的比值,常用 K 或 S 表示,如式(2-9)所示。

$$K = \frac{\Delta y}{\Delta x} \tag{2-9}$$

灵敏度表征了传感器的响应特性,是传感器重要的性能指标之一。对于线性测量系统,灵敏度为常数,用输出-输入关系直线的斜率表示。斜率越大,其灵敏度越高。对于非线性测量系统,灵敏度是变量,是输出-输入关系曲线的斜率。通常用拟合直线的斜率表示非线性系统的平均灵敏度。

线性系统和非线性系统的灵敏度示意图如图 2-3 所示。如图 2-3(a)所示为线性系统,灵敏度保持不变。如图 2-3(b)和图 2-3(c)所示为非线性系统。灵敏度分别随输入增加而不断增大或减小,曲线的斜率分别逐渐增大或减小。一般要求传感器的灵敏度较高并在满

量程内为常数。但灵敏度过大的缺点是容易受外界环境干扰,系统的稳定性较差,测量范围相应减小。

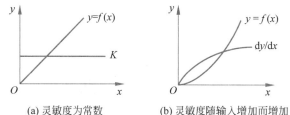

(a) 灵敏度为常数　　(b) 灵敏度随输入增加而增加　　(c) 灵敏度随输入增加而减小

图 2-3　线性系统和非线性系统的灵敏度示意图

3. 分辨力

分辨力是指传感器能够感知或检测到的最小输入增量。分辨力一般用最小量值表示,而分辨率用最小量值与传感器满量程的百分比表示。阈值是指传感器在输入零点附近的分辨力,表示传感器可检测出的最小输入值。例如,若一台量程为 3kg 的电子秤的分度值为 1g,其最小的称重量为 2g,则其分辨力为 1g。分辨率为 1g 与电子秤的满量程 3kg 的百分比,即 0.03%。阈值为 2g。

4. 迟滞

迟滞是指在相同测量条件下,传感器进行全量程范围测量时,对应于同一大小的输入信号,传感器的正行程(输入量从小到大变化)和反行程(输入量从大到小变化)的输出信号大小不相等的现象。迟滞示意图如图 2-4 所示。

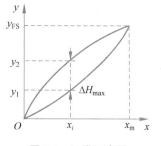

图 2-4　迟滞示意图

迟滞误差用两个正反行程曲线之间的最大差值与传感器满量程输出的百分比来衡量,如式(2-10)所示。

$$\gamma_H = (\Delta H_{\max} / y_{FS}) \times 100\% \qquad (2\text{-}10)$$

理想的传感器在正行程和反行程测量时,对于同一大小的输入信号其输出量保持一致。实际传感器往往存在迟滞误差,产生的原因在于传感器机械部分存在摩擦、间隙、松动和积尘等,以及电路部分存在激励线圈铁芯的磁滞等。

5. 重复性

重复性误差是指传感器在输入量按同一方向作全量程多次测量时,所得输出-输入特性曲线不一致的程度,如图 2-5 所示。

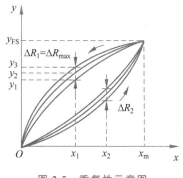

图 2-5　重复性示意图

重复性可以用多个输出-输入曲线之间的最大偏差与传感器满量程之比来衡量,如式(2-11)所示。

$$\gamma_R = \pm(\Delta R_{\max} / y_{FS}) \times 100\% \qquad (2\text{-}11)$$

重复性误差属于一种随机误差,在实际应用中常用标准偏差来计算,如式(2-12)所示。

$$\gamma_R = \pm \frac{(2 \sim 3)\sigma}{y_{FS}} \times 100\% \qquad (2\text{-}12)$$

当置信系数取 2 时,概率为 95%;当置信系数取 3 时,概率为 99%。式中,σ 是标准偏差,由式(2-13)计算。

$$\sigma = \sqrt{\frac{1}{n-1}\sum_{i=1}^{n}(\Delta y_i)^2} = \sqrt{\frac{1}{n-1}\sum_{i=1}^{n}(y_i - \overline{y})^2} \qquad (2\text{-}13)$$

式中，n 是测量次数；y_i 是每次测量的输出值；$\overline{y}$ 是所有测量值的平均值。测量输出值的分布函数为正态函数或高斯函数，如式(2-14)所示。

$$f(y) = \frac{1}{\sigma\sqrt{2\pi}}e^{-(y-\mu)^2/(2\sigma^2)}, \quad -\infty < y < +\infty \qquad (2\text{-}14)$$

式中，σ 是标准偏差；μ 是测量值的均值；y 是测量数据。输出信号的离散程度与随机误差的大小相关，如图 2-6 所示。图中横坐标为输入量，纵坐标为输出量。输出量偏离平均值的分布呈正态分布，曲线图的横坐标为偏离平均值的差值。零点表示输出值和真值之间没有误差，即 $y_i = \overline{y}$。曲线图的纵坐标为概率密度，正态曲线下的面积为 1。由正态分布可知，68% 的输出值位于 $\overline{y} \pm \sigma$ 范围内，95% 的输出值分布在 $\overline{y} \pm 2\sigma$ 范围内，99% 的输出值分布在 $\overline{y} \pm 3\sigma$ 范围内。

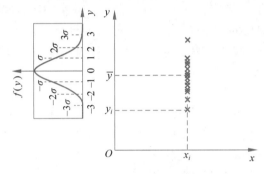

图 2-6　标准偏差示意图

6. 漂移

漂移指输入量不变时，传感器的输出量在一定时间间隔内发生变化的现象。漂移会影响传感器长时间工作的稳定性和可靠性。零点漂移(零漂)是指当输入信号为零或恒定输入时，输出信号不为零或在标称范围最低处(零点)附近波动。温度漂移(温漂)是指输出信号随环境温度变化而发生变化。产生漂移的原因是传感器的结构参数发生老化，以及环境温度和湿度等的变化。

2.2　传感器的动态特性

动态特性是指传感器对随时间变化的输入量的响应特性。要求传感器能迅速准确地响应被测信号的变化，即传感器有良好的动态响应。随时间变化的被测信号大多可以用阶跃信号和正弦信号来表示。所以，常用阶跃输入信号和正弦输入信号来研究传感器的动态响应特性，分别称为瞬态(阶跃)响应法和频率响应法。当输入阶跃信号时，常用延迟时间、上升时间、响应时间和超调量等来表征传感器的动态特性。当输入正弦信号时，常用幅频特性和相频特性等来描述传感器的动态特性。

2.2.1　传感器的动态数学模型

传感器可以在一定范围内作为线性时不变系统来处理。线性时不变系统的输出和输入关系为线性,满足叠加原理;同时具有时不变特性,即系统的参数不随时间变化。线性时不变系统的叠加性和频率保持性表示如下。

(1) 叠加性。如果输入信号 $x_1(t)$ 产生输出信号 $y_1(t)$,输入信号 $x_2(t)$ 产生输出信号 $y_2(t)$,则 $x_1(t)$ 和 $x_2(t)$ 的叠加信号产生的输出信号将是 $y_1(t)$ 和 $y_2(t)$ 的叠加。表示如下,若

$$x_1(t) \rightarrow y_1(t)$$
$$x_2(t) \rightarrow y_2(t)$$

则

$$[x_1(t) \pm x_2(t)] \rightarrow [y_1(t) \pm y_2(t)] \tag{2-15}$$

(2) 频率保持性。如果输入信号的频率为 ω,则输出信号的频率也为 ω。输出信号在幅值和相位上可能发生变化,但是频率保持不变。表示如下,若

$$x(t) = X_0 \cos(\omega t) \tag{2-16}$$

则

$$y(t) = Y_0 \cos(\omega t + \varphi_0) \tag{2-17}$$

线性时不变的传感器可以用线性微分方程来描述,如式(2-18)所示:

$$a_n \frac{\mathrm{d}^n y(t)}{\mathrm{d}t^n} + a_{n-1} \frac{\mathrm{d}^{n-1} y(t)}{\mathrm{d}t^{n-1}} + \cdots + a_1 \frac{\mathrm{d}y(t)}{\mathrm{d}t} + a_0 y(t)$$
$$= b_m \frac{\mathrm{d}^m x(t)}{\mathrm{d}t^m} + b_{m-1} \frac{\mathrm{d}^{m-1} x(t)}{\mathrm{d}t^{m-1}} + \cdots + b_1 \frac{\mathrm{d}x(t)}{\mathrm{d}t} + b_0 x(t) \tag{2-18}$$

即

$$\sum_{i=0}^{n} a_i \frac{\mathrm{d}^i y(t)}{\mathrm{d}t^i} = \sum_{j=0}^{n} b_j \frac{\mathrm{d}^j x(t)}{\mathrm{d}t^j} \tag{2-19}$$

式中,x 表示输入信号;y 表示输出信号;常系数 $a_n, a_{n-1}, \cdots, a_0$ 和 $b_m, b_{m-1}, \cdots, b_0$ 是传感器的结构参数。

常用的传感器或测量系统可以看作零阶系统、一阶系统和二阶系统,分别对应式(2-18)中 $n=0$、$n=1$ 和 $n=2$ 的情况。当 n 更大时,该传感器或测量系统称为高阶系统。复杂的传感器或测量系统可以看作简单特例的组合。

2.2.2 传递函数

对于传感器或测量系统,传递函数是比较重要的可表征其输出-输入关系的函数。传递函数是初始条件为零时的系统输出量的拉普拉斯变换与输入量的拉普拉斯变换之比。

对传感器的数学模型式(2-18)进行拉普拉斯变换得

$$(a_n s^n + a_{n-1} s^{n-1} + \cdots + a_1 s + a_0) Y(s) = (b_m s^m + b_{m-1} s^{m-1} + \cdots + b_1 s + b_0) X(s) \tag{2-20}$$

可得传递函数为

$$H(s) = W(s) = \frac{Y(s)}{X(s)} = \frac{b_m s^m + b_{m-1} s^{m-1} + \cdots + b_1 s + b_0}{a_n s^n + a_{n-1} s^{n-1} + \cdots + a_1 s + a_0} \tag{2-21}$$

式中,s 称为拉普拉斯算子;$a_n, a_{n-1}, \cdots, a_0$ 和 $b_m, b_{m-1}, \cdots, b_0$ 是传感器的结构参数。

传递函数反映了传感器或测量系统对输入信号的传输、转换和响应的特性,即传递函数

决定了传感器的性能。传递函数取决于传感器或测量系统的结构参数,与输入量的变化无关。

2.2.3 频率响应特性

当输入信号为正弦信号时,传感器的传递函数如式(2-22)所示。传递函数决定了传感器对不同频率的正弦输入信号的响应特性,也称为频率响应函数。

$$H(j\omega) = \frac{Y(j\omega)}{X(j\omega)} = \frac{b_m(j\omega)^m + b_{m-1}(j\omega)^{m-1} + \cdots + b_1(j\omega) + b_0}{a_n(j\omega)^n + a_{n-1}(j\omega)^{n-1} + \cdots + a_1(j\omega) + a_0} \tag{2-22}$$

式中,传递函数 $H(j\omega)$ 是虚数,可以写为指数形式,如式(2-23)所示:

$$H(j\omega) = A(\omega)e^{j\varphi(\omega)} \tag{2-23}$$

式中,$A(\omega)$ 是 $H(j\omega)$ 的模;$\varphi(\omega)$ 是 $H(j\omega)$ 的相角。它们分别如式(2-24)和式(2-25)所示:

$$A(\omega) = |H(j\omega)| = \sqrt{[H_R(\omega)]^2 + [H_I(\omega)]^2} \tag{2-24}$$

$$\varphi(\omega) = \text{arctg} \frac{H_I(\omega)}{H_R(\omega)} \tag{2-25}$$

式中,$H_R(\omega)$ 表示 $H(j\omega)$ 的实部;$H_I(\omega)$ 表示虚部。

频率响应特性是指传感器输出信号的振幅和相位随着输入信号的频率而发生变化的特性。幅频特性表示输出信号幅值与输入信号幅值之比,用 $A(\omega)$ 表示。幅频特性反映了传感器对不同频率 ω 的输入信号,其输出信号的幅值变化的情况。相频特性表示输出信号的相位与输入信号的相位之间相差的角度,用 $\varphi(\omega)$ 表示。相频特性反映了传感器对不同频率 ω 的输入信号,其输出信号的相角发生变化的情况。

例如,假设传感器的输入信号为正弦信号,即

$$x(t) = A(0)\sin[\omega t + \varphi(0)]$$

此时输出信号 $y(t)$ 可以表示为

$$y(t) = A(\omega)A(0)\sin[\omega t + \varphi(0) + \varphi(\omega)] \tag{2-26}$$

式中,输入信号和输出信号的频率均为 ω;输出信号的振幅和相位均发生了变化,振幅变为 $A(\omega)A(0)$,相位变为 $\varphi(0) + \varphi(\omega)$。输入信号和输出信号的示意图如图 2-7 所示。从图中可以看出,输入一个正弦信号 $x(t) = A(0)\sin[\omega t + \varphi(0)]$,传感器的输出信号的振幅发生了衰减,相位发生了滞后。

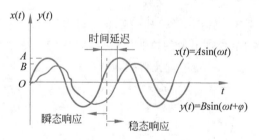

图 2-7 频率响应特性示意图

下面分析几种常用传感器系统的频率响应特性,包括零阶系统、一阶系统和二阶系统,其中一阶系统和二阶系统是最常用的传感器系统。

1. 零阶系统

当 $n=0$ 时,零阶系统的微分方程如式(2-27)所示。对于零阶系统,输出量的幅值和输入量的幅值成确定的比例关系,此时传感器的特性为静态特性。

$$a_0 y(t) = b_0 x(t) \tag{2-27}$$

即

$$y(t) = \frac{b_0}{a_0} x(t) = Kx(t) \tag{2-28}$$

式中,$K = b_0/a_0$ 为系统的静态灵敏度。

2. 一阶系统

当 $n=1$ 时,一阶系统的微分方程如式(2-29)所示。一阶系统的输出量具有对时间的一阶导数

$$a_1 \frac{\mathrm{d}y(t)}{\mathrm{d}t} + a_0 y(t) = b_0 x(t) \tag{2-29}$$

即

$$\tau \frac{\mathrm{d}y(t)}{\mathrm{d}t} + y(t) = Kx(t) \tag{2-30}$$

式中,τ 为时间常数(time constant),$\tau = a_1/a_0$;K 为系统的静态灵敏度,$K = b_0/a_0$。

根据微分方程式(2-30)可得传递函数为

$$H(s) = \frac{K}{1+\tau s} \tag{2-31}$$

根据传递函数可得其频率特性为

$$H(\mathrm{j}\omega) = \frac{K}{1+\mathrm{j}\omega\tau} \tag{2-32}$$

对 $H(\mathrm{j}\omega)$ 求模,得到一阶系统的幅频特性为

$$A(\omega) = \frac{K}{\sqrt{1+(\omega\tau)^2}} \tag{2-33}$$

令静态灵敏度 $K=1$,得

$$A(\omega) = \frac{1}{\sqrt{1+(\omega\tau)^2}} \tag{2-34}$$

对 $H(\mathrm{j}\omega)$ 求相角,得到相频特性为

$$\varphi(\omega) = -\arctan(\omega\tau) \tag{2-35}$$

根据式(2-34)和式(2-35),得到一阶系统的频率特性曲线如图 2-8 所示。从图中可以看出,随着 $\omega\tau$ 逐渐增大,$A(\omega)$ 逐渐减小,$\varphi(\omega)$ 的绝对值逐渐增大。相位为负数,表明相位发生了滞后。当输入信号的频率固定时,时间常数越小,$\omega\tau$ 值越小。此时 $A(\omega)$ 位于曲线平坦的部分,即基本没有发生幅值衰减;而 $\varphi(\omega)$ 位于 $0°$ 附近。所以,测量系统的时间常数 τ 越小,$A(\omega)$ 越接近常数 1,$\varphi(\omega)$ 越接近 0。此时,传感器的频率响应特性较好,测试基本无失真。

下面举例说明一阶系统。由弹簧和阻尼器构成的单自由度一阶系统如图 2-9 所示。当沿 y 方向加载一个随时间变化的力 F 时,弹簧和阻尼器将在 y 方向发生位移。整个系统的

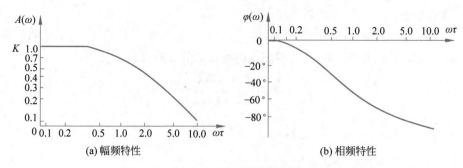

图 2-8　一阶系统的频率特性曲线

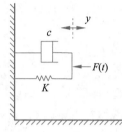

图 2-9　单自由度一阶系统

输入信号为外加的作用力 F，输出信号为产生的位移量 y。根据力平衡关系，系统中弹簧的刚性力、阻尼力与所加的外力达到动态平衡。速度 v 是位移 y 的一阶导数，所以，阻尼力为 cy。可以得到单自由度一阶系统的方程为

$$cy + ky = b_0 F(t) \tag{2-36}$$

式中，k 是弹簧的刚度；c 是阻尼系数。

根据式(2-36)可得系统的传递函数为

$$H(s) = \frac{b_0}{cs + k} \tag{2-37}$$

可以写为

$$H(s) = \frac{K}{1 + \tau s}$$

式中，时间常数 $\tau = c/k$；灵敏度 $K = b_0/k$。

系统要达到良好的动态性能，需要较小的时间常数。综合时间常数和灵敏度的表达式可知，需要减小阻尼器的阻尼 c，以良好地反映被测力的变化。

3. 二阶系统

当 $n = 2$ 时，二阶系统的微分方程如式(2-38)所示。二阶系统的输出量具有对时间的二阶导数。

$$a_2 \frac{\mathrm{d}^2 y(t)}{\mathrm{d}t^2} + a_1 \frac{\mathrm{d}y(t)}{\mathrm{d}t} + a_0 y(t) = b_0 x(t) \tag{2-38}$$

根据式(2-38)可得二阶系统的传递函数为

$$H(s) = \frac{Y(S)}{X(S)} = \frac{b_0}{a_2 S^2 + a_1 S + a_0}$$

即

$$H(s) = \frac{K\omega_n^2}{\omega_n^2 + s^2 + 2\xi\omega_n s} \tag{2-39}$$

式中，K 为灵敏度，$K = b_0/a_0$；ω_n 为传感器的固有角频率，$\omega_n = 1/\tau = \sqrt{a_0/a_2}$；$\xi$ 为传感器的阻尼系数，$\xi = a_1/(2\sqrt{a_0 a_2})$。

根据式(2-39)，当传感器的输入信号为正弦信号时，可得其频率响应特性如式(2-40)所示。

$$H(j\omega) = \frac{K}{1 - \left(\dfrac{\omega}{\omega_n}\right)^2 + j2\xi\left(\dfrac{\omega}{\omega_n}\right)} \tag{2-40}$$

令灵敏度 $K=1$,得到频率特性为

$$H(j\omega) = \frac{1}{1 - \left(\dfrac{\omega}{\omega_n}\right)^2 + j2\xi\left(\dfrac{\omega}{\omega_n}\right)} \tag{2-41}$$

根据式(2-41),对 $H(j\omega)$ 求模,得到幅频特性 $A(\omega)$ 如式(2-42)所示。对 $H(j\omega)$ 求相角,得到相频特性 $\varphi(\omega)$ 如式(2-43)所示。

$$A(\omega) = \frac{1}{\sqrt{\left[1 - \left(\dfrac{\omega}{\omega_n}\right)^2\right]^2 + 4\xi^2\left(\dfrac{\omega}{\omega_n}\right)^2}} \tag{2-42}$$

$$\varphi(\omega) = -\arctan\frac{2\xi\left(\dfrac{\omega}{\omega_n}\right)}{1 - \left(\dfrac{\omega}{\omega_n}\right)^2} \tag{2-43}$$

式中,ω 是测量信号的角频率;ω_n 是传感器的固有角频率;ξ 是传感器的阻尼系数。

根据式(2-42)和式(2-43),得到二阶系统的频率特性曲线如图 2-10 所示。不同阻尼比 ξ 对应不同的频率特性曲线。

当 $\xi=0$ 时称为无阻尼系统;$\xi<1$ 时称为欠阻尼系统;$\xi=1$ 时称为临界阻尼系统;$\xi>1$ 时称为过阻尼系统。从图 2-10 可以看出,当 ξ 趋近 0 时,在 $\omega=\omega_n$ 附近,即测量信号频率和固有频率相等时,输出信号的幅值变得很大,系统发生了谐振。在实际应用中,大多使用欠阻尼系统。当 ξ 取值为 0.6~0.8 时,幅频特性曲线具有较大的平坦区域,即 $A(\omega)$ 近似为 1 的频率范围较大,而相频特性曲线在较宽的频率范围内近似为直线。所以,二阶系统的阻尼比 ξ 一般取值为 0.6~0.8,最佳取值为 0.707。

为避免发生谐振损坏测量系统,一般固有频率应远大于被测信号的频率。当 $0<\xi<1$ 时,ω/ω_n 取值在 0~0.58,$A(\omega)$ 的变化较小,$\varphi(\omega)$ 接近坐标原点。此时系统的输出信号 $y(t)$ 能够较真实、准确地反映输入信号 $x(t)$ 的变化。

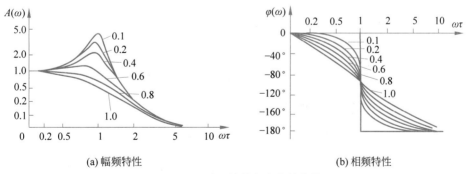

(a) 幅频特性   (b) 相频特性

图 2-10 二阶系统的频率特性曲线

下面举例说明二阶系统。单自由度二阶振荡系统如图 2-11 所示。沿 y 方向加载正弦变化的力 $F(t)$ 时,质量块、弹簧和阻尼器将在 y 方向发生位移。

根据力平衡关系可得

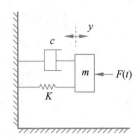

图 2-11　单自由度二阶振荡系统

$$ma + cv + ky = F(t) \tag{2-44}$$

式中,加速度 a 是位移 y 的二阶导数;速度 v 是位移 y 的一阶导数。因此,二阶系统的微分方程如式(2-45)所示。

$$m\frac{d^2 y}{dt^2} + c\frac{dy}{dt} + ky = F(t) \tag{2-45}$$

根据式(2-45)可得系统的传递函数为

$$H(s) = \frac{1}{ms^2 + cs + k} \tag{2-46}$$

根据式(2-46)可得系统的频率特性为

$$H(j\omega) = \frac{K}{1 - (\omega/\omega_n)^2 + j2\xi(\omega/\omega_n)}$$

式中,系统的灵敏度 $K = 1/k$;系统的固有频率 $\omega_n = 1/\tau = \sqrt{k/m}$;系统的阻尼比 $\xi = c/2\sqrt{km}$;k 是弹簧的刚度;m 是质量块的质量;c 是阻尼器的阻尼。

要求系统具有比较大的固有频率,应减小质量 m,并设置合适的阻尼 c 和弹簧刚度 k。这样可以得到较大的灵敏度和取值合适的阻尼比 ξ。

当输入信号为包含多个不同频率信号的叠加信号时,经过测量系统,输出信号也为不同频率信号的叠加。二阶系统对不同频率信号的响应特性如图 2-12 所示。

对输入信号进行傅里叶变换,可以得到不同频率的信号。图 2-12 中输入信号分解为 4 个不同频率分量的信号。频率 ω 为零的输入信号,其输出信号频率为零,幅值保持不变,表现出静态特性。频率较大的第 2 个输入信号,其输出信号的幅值基本保持不变,相位发生一定滞后。第 3 个输入信号的频率等于固有频率,此时输出信号的振幅变得很大,发生谐振,相位滞后的角度进一步增大。第 4 个输入信号的频率超过固有频率,输出信号的幅值发生衰减,相位进一步滞后。系统总输出信号是上述不同频率成分的输出信号的叠加。

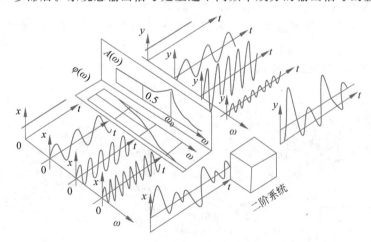

图 2-12　二阶系统对不同频率信号的响应特性

2.2.4　阶跃响应特性

当给传感器输入一个单位阶跃信号时,传感器的输出特性称为阶跃响应特性。典型的

单位阶跃信号如式(2-47)所示。阶跃响应示意图如图 2-13 所示。对传感器加载阶跃信号后,传感器有一段响应时间,然后输出信号逐渐达到稳态。

$$x(t) = \begin{cases} 0, & t \leqslant 0 \\ 1, & t > 0 \end{cases} \tag{2-47}$$

图 2-13　阶跃响应示意图

1. 一阶系统的阶跃响应

令静态灵敏度 $K=1$,可得一阶系统的传递函数为

$$H(s) = \frac{Y(s)}{X(s)} = \frac{1}{1+\tau s} \tag{2-48}$$

由单位阶跃输入信号的拉普拉斯变换 $X(s)=1/s$,可得 $Y(s)$ 为

$$Y(s) = H(s)X(s) = \frac{1}{s} - \frac{\tau}{1+\tau s} \tag{2-49}$$

对上式进行拉普拉斯逆变换,得到输出信号 $y(t)$ 为

$$y(t) = 1 - e^{-\frac{t}{\tau}} \tag{2-50}$$

式中,τ 是系统的时间常数。

根据式(2-50)可以得到 $y(t)$ 的波形图,如图 2-14 所示。可以看出,$y(t)$ 随时间增大而逐渐增大直至达到稳态(稳态输出为1)。当 t 等于 τ 时,$y(t)$ 为 $1-e^{-1}$。由于 $e \approx 2.718$,所以,此时 $y(t) \approx 0.632$。时间常数 τ 越小,$y(t)$ 达到稳态输出值的 63.2% 所需的时间越短,传感器的阶跃响应越好。

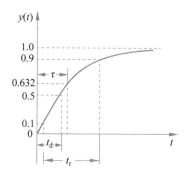

评判一阶传感器阶跃响应的动态指标是时间常数 τ,即传感器的输出值由零上升到稳态值的 63.2% 所需的时间。

图 2-14　一阶系统的阶跃响应特性

2. 二阶系统的阶跃响应

二阶系统的传递函数为

$$H(s) = \frac{K\omega_n^2}{\omega_n^2 + s^2 + 2\xi\omega_n s}$$

由 $Y(s)=H(s)X(s)$,并对其进行拉普拉斯逆变换,可得二阶系统的输出 $y(t)$ 如式(2-51)所示

$$y(t) = K\left[1 - \frac{e^{-\xi\omega_n t}}{\sqrt{1-\xi^2}} \sin\left(\sqrt{1-\xi^2}\,\omega_n t + \arctan\frac{\sqrt{1-\xi^2}}{\xi}\right)\right] \tag{2-51}$$

根据式(2-51)可得阶跃输入时二阶系统输出信号 $y(t)$ 的波形。二阶系统的阶跃响应

特性如图 2-15 所示。图中 $y_m(t)$ 是 $y(t)$ 信号第一次达到的峰值，$y(\infty)$ 是稳态输出值。从图中可以看出，二阶系统加载单位阶跃信号之后，输出信号 $y(t)$ 首先达到峰值，然后逐渐呈振荡衰减，最后趋于稳定。输出特性随阻尼比不同而发生变化。欠阻尼系统更快达到稳态，过阻尼系统响应迟钝。阻尼比 ξ 一般取值 $0.6\sim0.8$，此时系统较快达到稳态值的误差范围内，超调量较小。

传感器的阶跃响应特性常用以下性能参数来衡量，包括时间常数 τ、延迟时间（delay time）t_d、上升时间（rise time）t_r、响应时间（response time）t_s、峰值时间（peak time）t_p、超调量（overshoot）σ 和衰减度（attenuation）ψ 等。各性能参数如图 2-15 所示。

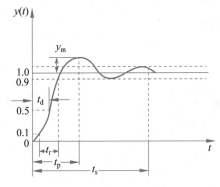

图 2-15　二阶系统的阶跃响应特性

延迟时间 t_d 是指传感器的输出值由零上升到稳态值的 50% 所需的时间。

上升时间 t_r 是指传感器的输出值由稳态值的 10% 上升到 90% 所需的时间。

响应时间 t_s 是指二阶传感器的输出值由零开始进入稳态值允许的误差范围所需要的时间，即输出值与稳态值的偏差的绝对值不超过允许的误差。误差通常取稳态值的 2%、5% 或 10%。

峰值时间 t_p 是二阶传感器的输出响应曲线达到第一个峰值所需要的时间。

超调量 σ 是二阶传感器的输出值超过稳定值的最大值，常用百分比表示，如式（2-52）所示。其中，y_{max} 是输出信号的最大值。输出信号的超调量越小，其振荡幅度越小。

$$\sigma = \frac{y_{max} - y(\infty)}{y(\infty)} \times 100\% \tag{2-52}$$

衰减度 ψ 表示振荡信号幅值衰减的程度，如式（2-53）所示。其中，y_1 是出现峰值 y_m 后第一个周期的 $y(t)$ 峰值。当 $\psi \approx 1$ 时，表示衰减较快，系统输出信号很快趋于稳定值。

$$\psi = \frac{y_m - y_1}{y_m} \tag{2-53}$$

2.3　传感器的标定与校准

传感器在制造、装配后需要对其性能进行测试，以确定其各项性能参数。而传感器在使用一段时间后，因元件疲劳、磨损、老化等易造成误差，需要对传感器进行校准，以保证测量的准确度。

1. 标定与校准

传感器的标定是指对新研制或生产的传感器的各项参数进行测定。标定的过程是利用某种标准仪器或高精度传感器，对新研制或生产的传感器进行技术鉴定和标度，以确定传感器的输出量与输入量之间的关系，并确定传感器在不同使用条件下的误差或测量精度。

传感器的校准是指传感器在使用或存储一段时间以后，对传感器的性能再次进行测试和校正。传感器校准的方法和要求与传感器的标定相同。

传感器分为不同的精度级别。国家计量院的标定精度称为一级精度。用一级精度标定

出的传感器称为标准传感器,精度级别为二级精度。用二级精度传感器标定的出厂传感器
称为三级精度传感器。

2. 静态标定与动态标定

传感器的标定分为静态标定和动态标定。静态标定是指在输入信号不随时间变化的静
态标准条件下,确定传感器的静态性能指标。例如,确定传感器的线性度、灵敏度、迟滞和重
复性等。静态标准条件指没有加速度、振动和冲击(如果它们本身是被测量除外)。在静态
标定时,只有需要标定的输入量在一定范围内变化,而其他输入量保持不变。环境温度室温
应保持在(20±5)℃,相对湿度不大于85%,大气压力为7kPa。

动态标定是指利用标准的激励信号源(正弦信号和阶跃信号)确定传感器的动态响应特
性。零阶传感器和一阶传感器的静态灵敏度通过静态标定确定,而一阶传感器的时间常数、
二阶传感器的固有角频率和阻尼系数等参数通过动态标定来确定。时间常数的一种通用测
量方法是对传感器施加一个阶跃输入信号,测量其输出值达到终值63.2%所需的时间。二
阶系统的阻尼比和固有频率可由阶跃响应或频率响应测得。

2.4 误差的分类

传感器在测量被测量的过程中,会产生一定的误差。测量的目的是使测量结果尽可能
接近真值。按照误差表示方法的不同,误差分为绝对误差(absolute error)和相对误差
(relative error)。按照误差的性质分类,误差分为系统误差(systematic error)和随机误差
(random error)。测量系统一般由若干单元或环节组成。对于常见的开环系统(open-loop
system)和闭环系统(closed-loop system)而言,测量系统的总误差与各个组成环节的误差
之间的关系存在差异。下面简要介绍几种常见的误差。

1. 绝对误差

绝对误差等于测量值与真值的差值,如式(2-54)所示。真值一般采用上一级基准仪器
的量值,称为约定真值。真值有时也用多次测量的平均值$\bar{y}$代替。

$$\Delta_y = y - A \tag{2-54}$$

式中,Δ_y表示绝对误差;y表示测量值;A表示真值。

2. 相对误差

相对误差有几种常用计算方法,其中实际相对误差如式(2-55)所示,满量程相对误差如
式(2-56)所示,分贝误差如式(2-57)所示。满量程相对误差也称为满度相对误差。

$$\delta_A = \frac{\Delta_y}{A} \times 100\% \tag{2-55}$$

满量程相对误差为绝对误差Δ_y与传感器的满量程输出y_{FS}的百分比。

$$\delta_m = \frac{\Delta_y}{y_{FS}} \times 100\% \tag{2-56}$$

分贝误差(decibel error)是相对误差的对数表示,如式(2-57)所示,单位为分贝(dB)。

$$\delta_{DB} = 20\lg\left(\frac{y}{A}\right) \tag{2-57}$$

3. 系统误差与随机误差

系统误差具有一定规律性,在测量过程中多次测量的结果偏离真值的情况具有确定性。

即测量结果普遍偏大或者偏小。系统误差一般用 ε 表示,其大小反映了测量的正确度(correctness)。正确度是指被测量的测量值与其真值的接近程度。

随机误差服从统计规律,多次测量的结果分布没有确定性。即测量结果有时偏大,有时偏小。随机误差一般用 τ 表示,其大小反映了测量的精密度(precision)。精密度是指在相同条件下,对被测量进行多次测量时,测量值之间的一致程度。

精确度指测量值之间的一致程度以及与真值的接近程度,简称精度。精确度是测量值的随机误差和系统误差的综合反映,即精密度和正确度的综合反映。精确度一般用 δ 表示,$\delta = \varepsilon + \tau$。精确度的大小一般用相对误差来衡量。

关于测量的正确度、精密度和精确度的示例如图 2-16 所示。设图中的圆心为被测量的"真值",黑点为其"测量值"。若将测量系统类比于射击打靶,则图中的"测量值"可以看作射击的靶点。若靶点分布在靶心周围,但比较分散,则系统的正确度较高,系统误差小,但随机误差大,表明系统不精密但准确,如图 2-16(a)所示。若靶点分布密集,但偏离了靶心,则系统的精密度较高,随机误差小,但系统误差大,表明系统精密但不准确,如图 2-16(b)所示。若靶点分布密集,并集中在靶心周围,则系统的精确度较高,系统误差和随机误差都小,相对误差小,表明系统既精密又准确,如图 2-16(c)所示。若靶点分散,不密集且不集中在靶心,则系统既不精密也不准确。

(a) 正确度高   (b) 精密度高   (c) 精确度高

图 2-16　正确度、精密度和精确度的示例

4. 精度等级

传感器的精确度有时也用精度等级来表示。精度等级是按国家统一规定的允许误差将测量误差划分的不同等级。传感器的精度等级由其满度相对误差去除百分号后简化得到。

例如,国家标准精度等级划分为 0.001,0.005,$\cdots$,1.0,1.5,2.5,4.0 等不同的等级。精度等级数值越小,表明传感器的精度越高。若传感器精度等级为 0.5,则表明其相对误差不大于 0.5%。若传感器的满度相对误差为 $\pm 1.3\%$,则其精度等级符合 1.5 级。工业检测用仪表的精度等级多在 0.1～4.0 级。

5. 开环系统与闭环系统的误差

一个测量系统通常由若干单元组成,每个单元(称为环节)有单独的灵敏度和测量误差。测量系统一般分为开环系统和闭环系统。系统总的灵敏度和总误差与各单元(环节)性能参数的关系随测量系统构成方式的不同而变化。

1) 开环系统

开环系统又称为无反馈系统,由各个环节串联组成。开环系统的输入信号不受输出信号的影响。系统的总灵敏度 K 是各个环节灵敏度的乘积,如式(2-58)所示。

$$K = K_1 K_2 \cdots K_n \tag{2-58}$$

式中,各个环节的灵敏度分别为 $K_1, K_2, \cdots, K_n$,共有 n 个环节。

系统的总相对误差 δ 是各个环节相对误差之和,如式(2-59)所示。

$$\delta = \delta_1 + \delta_2 + \cdots + \delta_n \tag{2-59}$$

式中,各个环节的相对误差分别为 $\delta_1,\delta_2,\cdots,\delta_n$。

2）闭环系统

闭环系统又称为反馈系统(feedback system),由信号前向通路和反馈通路构成闭合回路。常用负反馈系统,即前向通路的输出量作为反馈通路的输入量,而反馈通路的输出量加载到系统的输入端,并与系统输入量的符号相反。负反馈系统的传递系数为

$$K = \frac{K_1}{1 + K_1 K_2} \tag{2-60}$$

式中,K_1 是前向通路的传递系数；K_2 是反馈通路的传递系数。

系统的总相对误差如式(2-61)所示。

$$\delta = \delta_1 \frac{1}{1 + K_1 K_2} - \delta_2 \frac{K_1 K_2}{1 + K_1 K_2} \tag{2-61}$$

式中,δ_1 是前向通路各环节的总相对误差；δ_2 是反馈通路各环节的总相对误差。

可以看出,增大前向通路的传递系数 K_1 可以减小前向误差 δ_1 对系统总误差的影响。当 $K_1 K_2 \gg 1$ 时,系统的总误差主要由反馈通路的误差 δ_2 决定。因此,负反馈系统要求前向通路 K_1 较高,而反馈通路误差 δ_2 较小,从而获得较大的输出增益与较小的系统总误差。

2.5　例题解析

例 2-1　有一个测力传感器,其量程为 200kg。在相同受力情况下进行多次测量,结果记录如下(单位为 kg)。试计算标准偏差 σ 和置信概率为 99% 的重复性误差。

100.4　102.0　99.7　101.3　100.9　99.2　101.1　99.8　98.6　100.5

解：标准偏差公式为

$$\sigma = \sqrt{\frac{1}{n-1}\sum_{i=1}^{n}(\Delta y_i)^2} = \sqrt{\frac{1}{n-1}\sum_{i=1}^{n}(y_i - \bar{y})^2}$$

式中,n 是测量次数,$n=10$；y_i 是每个测量点的值；$\bar{y}$ 是所有测量值的平均值,$\bar{y}=100.35$。计算可得标准偏差 $\sigma=1.034$。

重复性误差公式为

$$\gamma_R = \pm \frac{(2 \sim 3)\sigma}{y_{FS}} \times 100\%$$

将标准偏差 $\sigma=1.034$ 代入上式。量程为 200kg,即 $y_{FS}=200$。概率为 99% 时置信系数取 3,可得重复性误差为

$$\gamma_R = \pm \frac{3\sigma}{200} \times 100\% = \pm 1.55\%$$

所以,标准偏差 σ 为 1.034,概率为 99% 的重复性误差为 $\pm 1.55\%$。

例 2-2　已知某二阶传感器的自振频率 $f_0=20\text{kHz}$,阻尼比 $\zeta=0.1$。若要求传感器的输出幅值误差小于 3%,试确定该传感器的工作频率范围。

解：幅值误差为

$$\delta = \left| \frac{A(\omega) - K}{K} \right| \times 100\%$$

令灵敏度 $K=1$，可得二阶系统的幅值比为

$$A(\omega)=\frac{1}{\sqrt{\left[1-\left(\frac{\omega}{\omega_n}\right)^2\right]^2+4\xi^2\left(\frac{\omega}{\omega_n}\right)^2}}$$

式中，$\omega/\omega_n=2\pi f/2\pi f_0=f/f_0$；$\xi=0.1$。为便于求解，设 $\omega/\omega_n=f/f_0=x$。所以，根据题意可得

$$\left|\frac{1}{\sqrt{[1-x^2]^2+4\times0.1^2x^2}}-1\right|\times100\%<3\%$$

通过分析二阶系统的幅频特性曲线可知，ω/ω_n 在 $0\sim0.58$ 时幅值误差较小。所以，分析可得 $A(\omega)>1$，得到

$$\frac{1}{\sqrt{[1-x^2]^2+4\times0.1^2x^2}}-1<3\%$$

化简得

$$x^4-1.96x^2+1-\frac{1}{1.03^2}>0$$

由此可得

$$x^2-0.98<-\sqrt{0.9}\quad\text{或}\quad x^2-0.98>\sqrt{0.9}\text{（舍去）}$$

解得

$$x<0.1769$$

由 $x=f/f_0$，得

$$f<0.1769\times20\text{kHz}\approx3.5\text{kHz}$$

所以，传感器的工作频率范围为 $0\sim3.5\text{kHz}$。

例 2-3 设用一个时间常数为 $\tau=0.1\text{s}$ 的一阶装置[传递函数为 $H(s)=1/(0.1s+1)$]测量输入为 $x(t)=\sin4t+0.2\sin40t$ 的周期信号。试求其稳态输出响应 $y(t)$。

解： 本题有两种解题思路。一种思路是根据 $Y(s)=H(s)X(s)$，求得输入信号 $x(t)$ 的拉普拉斯变换 $X(s)$ 后，由拉普拉斯逆变换得到输出信号 $y(t)$。下面介绍另一种思路，通过一阶系统的幅频特性和相频特性求得 $y(t)$。

传感器可以看作线性时不变系统，具有叠加性和频率保持性。输入信号为 $\sin4t$ 和 $\sin40t$ 两个信号的叠加，分别求出它们的输出信号，便可得到总输出信号 $y(t)$。

一阶系统的幅频特性和相频特性分别为

$$A(\omega)=\frac{K}{\sqrt{1+(\omega\tau)^2}}$$

$$\varphi(\omega)=-\arctan(\omega\tau)$$

对于输入信号 $\sin4t$，其 $A(\omega)$ 和 $\varphi(\omega)$ 分别由上式计算可得

$$\omega_1=4,\quad A(\omega_1)=0.928,\quad \varphi(\omega_1)=-21.8°$$

对于输入信号 $\sin40t$，其 $A(\omega)$ 和 $\varphi(\omega)$ 分别为

$$\omega_2=40,\quad A(\omega_2)=0.243,\quad \varphi(\omega_2)=-75.96°$$

所以，输出信号 $y(t)$ 为

$$y(t) = A(\omega_1)\sin(4t + \varphi(\omega_1)) + A(\omega_2) \times 0.2\sin(40t + \varphi(\omega_2))$$

得到

$$y(t) = 0.928\sin(4t - 21.8°) + 0.243 \times 0.2\sin(40t - 75.96°)$$

所以,稳态输出响应为 $y(t) \approx 0.9\sin(4t - 21.8°) + 0.05\sin(40t - 76.0°)$。

2.6 本章小结

本章介绍了传感器的静态特性和动态特性,传感器的标定与校准,以及测量误差的分类。通过学习,应该掌握以下内容:传感器的静态性能指标,传感器的幅频特性和相频特性,传感器的动态性能指标,以及常用误差的计算方法。

习题 2

2-1 某温度测试系统由电阻温度计、直流电桥、电压放大器和笔式记录仪组成,其灵敏度分别为 $0.30\Omega/℃$,$0.01V/\Omega$,$120V/V$ 和 $0.1cm/V$。

(1) 求测试系统的灵敏度;

(2) 记录笔移动 3cm 时对应的温度变化量。

2-2 求某线性位移测量仪的灵敏度。已知当被测位移由 4.5mm 变到 5.0mm 时,位移测量仪的输出电压由 3.5V 减至 2.5V。

2-3 判断题

(1) 传感器能检测到的最小输入增量称为传感器的灵敏度。 ( )

(2) 对传感器的输出-输入特性曲线用直线拟合时,理论拟合直线精度较高。 ( )

(3) 重复性是指传感器在正反行程中输出-输入曲线不重合的程度。 ( )

(4) 精确度由系统误差来表征。 ( )

(5) 灵敏度是输出量与输入量的比值。 ( )

2-4 一个温度计的量程范围为 $0\sim200℃$,精度等级为 0.5 级。求该表可能出现的最大误差为_____;测量 100℃ 时的示值相对误差为_____。

2-5 简述衡量传感器静态特性的主要性能指标及其含义。

2-6 已知待测电压约为 80V,现有两只电压表。一只精度为 0.5 级,测量范围为 $0\sim300V$;另一只精度为 1.0 级,测量范围为 $0\sim100V$。选用哪只电压表测量较好?为什么?

2-7 衡量传感器的动态特性有哪些主要性能指标?

2-8 某压力传感器的校准数据如表 2-1 所示,试计算迟滞误差。

表 2-1 压力传感器的校准数据

压力 /MPa	输出值/mV					
	第 1 次		第 2 次		第 3 次	
	正行程	反行程	正行程	反行程	正行程	反行程
0	−2.73	−2.71	−2.71	−2.68	−2.68	−2.69
0.02	0.56	0.66	0.61	0.68	0.64	0.69

压力 /MPa	输出值/mV					
	第 1 次		第 2 次		第 3 次	
	正行程	反行程	正行程	反行程	正行程	反行程
0.04	3.96	4.06	3.99	4.09	4.03	4.11
0.06	7.40	7.49	7.43	7.53	7.45	7.52
0.08	10.88	10.95	10.89	10.93	10.94	10.99
0.10	14.42	14.42	14.47	14.47	14.46	14.46

2-9 某压力传感器的校准数据如表 2-2 所示,试采用端点连线拟合法计算非线性误差。

表 2-2 校准数据

压力/MPa	0	0.02	0.04	0.06	0.08	0.10
输出值/mV	−2.73	0.56	3.96	7.40	10.88	14.42

2-10 有一个测力传感器的量程为 2000N,在相同受力情况下进行多次测量,数据记录如表 2-3 所示。试计算标准偏差 σ 和概率为 95% 的重复性误差。

表 2-3 测力传感器的测试数据

次序	1	2	3	4	5
力/N	2000.6	2001.0	1999.5	1999.1	2000.4
次序	6	7	8	9	10
力/N	1999.0	1999.2	2000.8	2001.5	1998.6

2-11 某压力传感器的静态标定结果如表 2-4 所示。试计算其灵敏度、非线性误差和迟滞误差。

表 2-4 压力传感器的静态标定结果

输出/mV	压力/Pa					
	0	10	20	30	40	50
正行程	0	39.2	79.6	120	160.2	200
反行程	0.1	39.9	79.7	119.9	160.1	200

2-12 测得某检测装置的一组输出-输入数据如表 2-5 所示。

(1) 试用最小二乘法拟合直线,求其线性度和灵敏度;

(2) 用 C 语言编程实现上述计算。

表 2-5 测试数据列表

x	0.9	2.5	3.3	4.5	5.7	6.7
y	1.1	1.6	2.6	3.2	4.0	5.0

2-13 有一个压力传感器的实际标定值如表 2-6 所示。试用最小二乘法求其线性度、迟滞及概率为 99% 的重复性误差。

表 2-6 压力传感器的实际标定值

行程	输入压力(10^{-5}/Pa)	输出电压/mV				
		第 1 循环	第 2 循环	第 3 循环	第 4 循环	第 5 循环
正行程	2	190.9	191.1	191.3	191.4	191.4
	4	382.8	383.2	383.5	383.8	383.8
	6	575.8	576.1	576.6	576.9	577.0
	8	769.4	769.8	770.4	770.8	771.0
	10	963.9	964.6	965.2	965.7	966.0
反行程	10	964.4	965.1	965.7	965.7	966.1
	8	770.6	771.0	771.4	771.4	772.0
	6	577.3	577.4	578.1	578.1	578.5
	4	384.1	384.2	384.1	384.9	384.9
	2	191.6	191.6	192.0	191.9	191.9

2-14 有一个测量压力的仪表,其测量范围为 $0\sim10^6$ Pa。已知压力 P 与仪表输出电压之间的关系为 $U_0 = a_0 + a_1P + a_2P^2$,式中,$a_0 = 2\text{mV}$,$a_1 = 10\text{mV}/(10^5\text{Pa})$,$a_2 = -0.5\text{mV}/(10^5\text{Pa})^2$。求:

(1) 该仪表的输出特性方程;

(2) 画出输出特性曲线示意图(x 轴和 y 轴需标示单位);

(3) 该仪表的灵敏度表达式;

(4) 画出灵敏度曲线图;

(5) 该仪表的线性度。

2-15 某热电偶的时间常数为 0.5s,试计算输出幅值下降不大于 5% 的最高工作频率。

2-16 根据频率特性曲线,分析一阶传感器的幅频特性和相频特性。

2-17 用一只时间常数 $\tau = 0.318\text{s}$ 的一阶传感器去测量周期分别为 1s、2s 和 3s 的正弦信号,幅值误差分别为多少?

2-18 有一个温度传感器,其微分方程为 $30\text{d}y/\text{d}t + 3y = 0.15x$。其中,$y$ 是输出电压(mV);x 是输入温度(℃)。试求该传感器的时间常数和静态灵敏度。

2-19 在动态压力测量时,所采用的压电式压力传感器的灵敏度为 $90.0(\text{nC}/\mu\text{Pa})$。将它与增益为 $0.005(\text{V}/\text{nC})$ 的电荷放大器相连,然后将其输出送入一个笔式记录仪。记录仪的灵敏度为 $20(\text{mm}/\text{V})$。试计算系统的总灵敏度。当压力的变化量为 3.5MPa 时,记录笔在记录纸上的偏移量是多少?

2-20 玻璃水银温度计的热量通过玻璃的温包传导给水银,其特性可用微分方程表示为 $3\text{d}y/\text{d}t + 2y = 10 - 3x$。式中,$y$ 是水银柱高度(m),x 为输入温度(℃)。试确定温度计的时间常数和静态灵敏度。

2-21 一阶测量装置的时间常数为 0.2s。当用其测量幅值为 1、周期分别为 0.5s 和 1s 的正弦信号时,试计算输出幅值的大小。

2-22 某传感器给定的精度为 2%FS,满度值输出为 50mV。求可能出现的最大误差(以 mV 计)。当传感器使用在满度值的 1/2 和 1/8 时,计算可能产生的百分误差。

2-23 已知某二阶系统传感器的自振频率 $f_0 = 10\text{kHz}$,阻尼比 $\xi = 0.1$。若要求传感器的输出幅值误差小于 3%,试确定该传感器的工作频率范围。

2-24 测定某二阶系统的频率特性时,发现谐振发生在频率为 300Hz 处,且最大幅值比为 2.5。试计算该测量系统的阻尼比 ξ 和固有频率 ω_0 的大小。

2-25 设一个力传感器可简化为典型的二阶系统,其传递函数为 $H(s) = K\omega_0^2/(s^2 + 2\xi\omega_0 s + \omega_0^2)$。已知该传感器的自振频率 $f_0 = 1200Hz$,阻尼比 $\xi = 0.7$。用它测量频率分别为 800Hz 和 600Hz 的正弦交变力时,其幅值误差和相位差分别为多少?

2-26 某测力传感器的幅频特性为 $A(\omega) = K/\sqrt{(1-\omega^2\tau^2)^2+(2\xi\omega\tau)^2}$,已知其固有频率为 $f_0 = 1000Hz$,阻尼率为 $\xi = 0.7$。用它测量频率分别为 600Hz 和 400Hz 的正弦交变力时,幅值误差和相位误差分别为多少?

2-27 用传递函数为 $H(s) = 1/(0.01s+1)$ 的装置测量信号 $x(t) = 0.6\sin 10t + 0.6\sin(100t - 30°)$ 时,试求其稳态输出 $y(t)$。

2-28 设有两只力传感器均可作为二阶系统来处理,它们的自振频率分别为 800Hz 和 1.2kHz,阻尼比 ξ 均为 0.4。要测量频率为 400Hz 的正弦变化的外力,应选用哪一只传感器?试计算它们将产生的振幅相对误差和相位误差。

第二部分　传感器原理

第3章

CHAPTER 3

电阻应变式传感器

本章要点：

◇ 应变与应力，轴向应变与径向应变，电阻应变效应，应变片的种类；

◇ 应变片的温度误差及补偿方法，直流电桥电路，单臂、双臂差动及四臂差动电路；

◇ 电阻应变式传感器的应用，电阻应变式加速度传感器的特点；

◇ 压阻效应，半导体应变片的特点，压阻式压力传感器的原理。

电阻应变式传感器(strain gage transducer)将被测物理量的变化转换为电阻值的变化，从而实现被测量的测量。电阻应变式传感器可以测量形变、力、重量、压力、扭矩、位移和加速度等物理量，具有结构简单、性能稳定和灵敏度较高等特点，广泛用于工业自动化检测等领域。

3.1 电阻应变式传感器的工作原理

电阻应变式传感器的工作原理如图 3-1 所示。电阻应变片粘贴在弹性元件上。外加的被测量(例如力)作用在弹性元件上使弹性元件发生变形。弹性元件的应变传递到电阻应变片上，引起应变片的电阻值发生变化，从而产生相应的输出电量(例如电压)变化。输出电量的大小和被测量的大小成正比。

电阻应变片具有下列优点：①灵敏度和精确度高；②尺寸小、重量轻、结构简单；③测量范围大；④适应性强；⑤便于多点测量；⑥频率响应特性好。

图 3-1　电阻应变式传感器的工作原理

电阻应变片的工作原理是基于电阻应变效应。当导体受外力作用发生机械变形时，其电阻值发生相应变化，称为导体的电阻应变效应。电阻应变效应的示意图如图 3-2 所示。图中所示金属丝的长度为 l，电阻率为 ρ，截面积为 S。

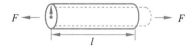

图 3-2　电阻应变效应的示意图

在未受力时金属丝的电阻为

$$R = \frac{\rho l}{s} \tag{3-1}$$

当金属丝受力作用,其电阻发生变化,对上式全微分得到

$$dR = \frac{l}{s}d\rho + \frac{\rho}{s}dl - \frac{\rho l}{s^2}ds \tag{3-2}$$

电阻的相对改变量为

$$\frac{\Delta R}{R} = \frac{\Delta \rho}{\rho} + \frac{\Delta l}{l} - \frac{\Delta s}{s} \tag{3-3}$$

式中,$\Delta \rho$ 是电阻率的变化量;Δl 是金属丝长度的变化量;Δs 是金属丝截面积的变化量。假设金属丝的横截面是圆形,半径为 r,其面积为 $s = \pi r^2$,有

$$\frac{\Delta s}{s} = 2\frac{\Delta r}{r} \tag{3-4}$$

应变是单位长度上的伸长量,用 ε 表示。在长度方向的应变 $\varepsilon_1 = \Delta l / l$,称为轴向应变或纵向应变。在半径方向的应变 $\varepsilon_2 = \Delta r / r$,称为径向应变或横向应变。径向应变 ε_2 和轴向应变 ε_1 之间关系为

$$\varepsilon_2 = \frac{\Delta r}{r} = -\mu\frac{\Delta l}{l} = -\mu\varepsilon_1 \tag{3-5}$$

式中,μ 为材料的泊松系数,其值为 $0 \sim 0.5$。

根据式(3-4)和式(3-5),式(3-3)可以写为

$$\frac{\Delta R}{R} = \frac{\Delta \rho}{\rho} + (1 + 2\mu)\varepsilon \tag{3-6}$$

根据式(3-6),可得电阻应变片的灵敏度如式(3-7)所示。

$$K = (\Delta R / R) / \varepsilon = (1 + 2\mu) + \frac{\Delta \rho}{\rho \varepsilon} \tag{3-7}$$

式中,$(1 + 2\mu)$ 对应材料几何尺寸发生的变化;$\Delta \rho / \rho \varepsilon$ 对应材料电阻率发生的变化。

应变片主要由金属和半导体两种材料制成。对于金属应变片,有 $(1 + 2\mu) \gg \Delta \rho / \rho \varepsilon$。金属应变片的电阻改变主要由材料的几何尺寸变化引起,电阻率 ρ 基本不变。对于半导体应变片,有 $\Delta \rho / \rho \varepsilon \gg (1 + 2\mu)$。半导体材料的电阻率改变较大,其几何尺寸基本不变。

如图 3-3 所示为电阻应变式传感器示例图。图 3-3(a)为柱式测力(或称重)传感器,其量程为 $10 \sim 50t$。电阻应变式传感器的量程和所采用的弹性元件的承重能力有关。圆柱形弹性元件的示意图如图 3-3(b)所示。弹性元件柱体的侧面粘贴了 4 个应变片,其侧面展开图如图 3-3(c)所示。加载在弹性元件上的力传递到应变片,使其阻值发生变化。将应变片接入测量电路可以测得输出电压的变化,进而得到电阻值的改变量。

由式(3-7)可得,电阻的相对改变量为 $\Delta R / R = K\varepsilon$。当应变片使用在其量程范围之内时,灵敏度 K 是常数。$\Delta R / R$ 通过应变片的测量电路可以测得。因此,可以求得应变片受力时产生的应变 ε。应力 σ 和应变之间存在关系 $\sigma = E\varepsilon$,其中,E 是弹性元件材料的弹性模量,是常数。所以,可以求得对应的应力 σ。应力定义为单位面积上的作用力,即 $\sigma = F/A$。其中,F 是加载在弹性元件上的作用力;A 是弹性元件受力的截面积。因此,通过应变片的阻值变化求得应力,便可获知加载在弹性元件上的作用力 F,从而实现测力或称重。

(a) 柱式测力传感器   (b) 圆柱形弹性元件的示意图   (c) 贴片示意图

图 3-3 电阻应变式传感器示例图

3.2 电阻应变片的种类

电阻应变片按其材料可以分为两大类：金属应变片(electronic resistance strain gage)和半导体应变片(piezoresistors)。

1. 金属应变片

金属应变片主要分为丝式、箔式和薄膜式等几种。丝式金属应变片由金属丝盘绕而成。在基底材料上粘贴细金属丝,上面覆盖绝缘层,构成应变片。金属丝可以用铜-镍合金、镍铬合金或镍铁合金制成,其直径约 0.03mm。金属应变片尺寸较小,例如 3mm×10mm。

箔式金属应变片通过金属薄膜的光刻和腐蚀工艺加工制成,根据需要可制成不同的形状,如图 3-4 所示。当测量轴向应变、半径方向应变或切向应变时,应选择敏感栅沿待测方向排列的应变片,以获得最大输出。箔式应变片的金属膜厚度一般小于 5μm。沿栅线的长度方向(纵向)测量应变时,栅线端部弯曲部分承受的应变与长度方向的应变符号相反。横向的电阻改变量会减小应变片总电阻改变量。所以,箔式应变片的栅线端部面积较大,可减小横向弯曲部分的电阻值,从而减小横向效应的影响。

薄膜式应变片采用真空蒸镀和溅射沉积等工艺,在金属材料在绝缘基底上形成一定形状的薄膜。薄膜厚度一般小于 0.1μm,数量级为几纳米。

金属应变片的灵敏度为 2~4。典型应变片的阻值有 120Ω、200Ω 和 1000Ω 等规格,最大激励电压为 5~10V。

图 3-4 箔式金属应变片示意图

应变片受力示意图如图 3-5 所示。图中显示了加载不同方向的力时,应变片的阻值变化情况。设拉力方向为正,则压力方向为负。当应变片承受拉力时,电阻丝被拉长,其横截面积减小,导致应变片的阻值增大。当应变片承受压力时,电阻丝被压缩变短,其横截面积增大,导致应变片的阻值减小。

敏感栅   接线端

(a) 无应变

拉力   阻值增大

(b) 受拉力

压力   阻值减小

(c) 受压力

图 3-5   应变片受力示意图

2. 半导体应变片

半导体应变片由半导体材料制成,其阻值变化主要取决于材料的电阻率改变。而电阻率的变化是由于压阻效应。压阻效应是指半导体材料沿某一轴向受到外力作用时,其电阻率发生变化的现象。半导体材料的电阻相对变化量为

$$\frac{\Delta R}{R} = \frac{\Delta l}{l}(1+2\mu) + \frac{\Delta \rho}{\rho} \approx \frac{\Delta \rho}{\rho} = \pi\sigma = \pi E\varepsilon = K\varepsilon \tag{3-8}$$

式中,π 是材料的压阻系数。半导体材料的 $\Delta\rho/\rho$ 项远大于 $(1+2\mu)$ 项。半导体应变片的灵敏度 $K=\pi E$。

例如,半导体材料硅的压阻系数如表 3-1 所示。硅为各向异性晶体,沿不同方向切割时,其压阻系数大小不同。

表 3-1   硅压阻系数的典型数据

导电类型	P-Si	N-Si
电阻率/$\Omega \cdot$ cm	7.8	11.7
$\pi_{11}/10^{-12}$ cm^2/dyn	6.6	-102.2
$\pi_{12}/10^{-12}$ cm^2/dyn	-1.1	53.4
$\pi_{44}/10^{-12}$ cm^2/dyn	133.1	-13.6

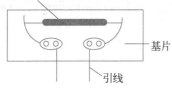

半导体电阻条

基片

引线

图 3-6   半导体应变片的示意图

半导体应变片是在衬底材料上通过掺杂和扩散等工艺产生一个敏感电阻条,然后用金属引线将电阻引出而制成。半导体应变片的示意图如图 3-6 所示。

半导体应变片和金属应变片相比,具有灵敏度较高、体积小、功耗低、机械滞后和蠕变较小、频率响应好等优点。但其缺点是半导体材料受温度影响较大,其性能不稳定,参数离散度大,线性范围较小,一般多用于测量微小的应变。

3.3   电阻应变片的温度误差及其补偿方法

温度误差是应变片测量过程中的主要误差。温度升高引起的应变片电阻值改变量如式(3-9)所示。温度误差一部分由电阻温度系数引起,另一部分由敏感栅和弹性元件的膨胀系数不同引起,这两者带来了额外的阻值增量。

$$\frac{\Delta R_t}{R} = \alpha_0 \Delta t + K(\beta_g - \beta_s)\Delta t \tag{3-9}$$

式中,α_0 是电阻温度系数;β_g 是试件的膨胀系数;β_ε 是敏感栅的膨胀系数。

电阻温度系数 α_0 是温度每升高 1℃ 时电阻的阻值发生的变化。由电阻温度系数引起的应变片的阻值改变量如式(3-10)所示。

$$\frac{\Delta R_t}{R} = \alpha_0 \Delta t \qquad (3\text{-}10)$$

应变片粘贴在弹性元件上,随着温度升高,弹性元件和应变片都会发生热膨胀。如果应变片和弹性元件的膨胀系数不同,会产生一个额外的应力。这个应力产生相应的应变,并带来阻值的增量。由线膨胀系数不同引起的应变片的阻值改变量如式(3-11)所示。常用金属材料的温度系数和膨胀系数如表 3-2 所示。

$$\frac{\Delta R_t}{R} = K(\beta_g - \beta_s)\Delta t \qquad (3\text{-}11)$$

表 3-2 常用金属材料的温度系数和膨胀系数

材 料	β_g (膨胀系数)	α_0 (温度系数)
钢	11×10^{-6}	8×10^{-6}
杜拉铝	22×10^{-6}	-14×10^{-6}
不锈钢	14×10^{-6}	2×10^{-6}
钛合金	8×10^{-6}	14×10^{-6}

温度系数 α_0 随材料的退火温度不同会发生变化。α_0 与退火温度的关系曲线如图 3-7 所示。选取合适的退火温度,可以使 α_0 抵消一部分线膨胀系数引起的温度误差。

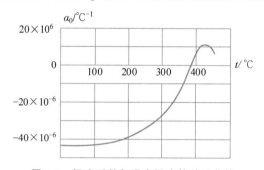

图 3-7 温度系数与退火温度的关系曲线

常用的温度误差补偿方法是电桥补偿法,其电路如图 3-8 所示。R_1 和 R_2 是两个完全相同的应变片。粘贴应变片时选择合适的位置,使 R_1 受力产生应变;而 R_2 不受力,仅作为补偿应变片。由于 R_1 和 R_2 处于相同环境,因此由温度引起的阻值改变量相等。把 R_1 和 R_2 接到电桥的相邻桥臂,由温度引起的阻值改变相互抵消。电路的输出电压只和应变片 R_1 受力引起的阻值变化有关,从而实现温度补偿。

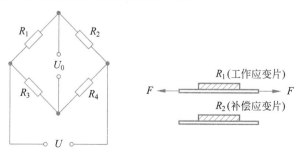

图 3-8 温度补偿电路

3.4　测量电路

由于应变片阻值的改变量 ΔR 较小,因此应变片的测量电路一般采用电桥电路。根据电源不同,电桥分为直流电桥和交流电桥。

3.4.1　直流电桥

直流电桥电路如图 3-9 所示。在初始时刻应变片没有受力时,电桥处于平衡状态,输出电流 $I_0 = 0$。电路的平衡条件为

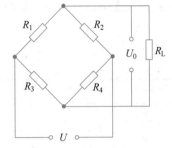

$$R_1R_4 = R_2R_3 \tag{3-12}$$

当受力作用时应变片的阻值发生变化,电桥不平衡,此时输出电压 U_0 为

$$U_0 = I_0R_L \tag{3-13}$$

图 3-9　直流电桥电路

式中,R_L 为负载电阻。由电桥电路可以求得输出电流为

$$I_0 = \frac{U(R_1R_4 - R_2R_3)}{R_L(R_1 + R_2)(R_3 + R_4) + R_1R_2(R_3 + R_4) + R_3R_4(R_1 + R_2)} \tag{3-14}$$

将式(3-14)代入式(3-13),可得到输出电压 U_0。

当电桥电路满足以下条件时,输出电压 U_0 可以采用近似值并化简。

(1) $R_L \to \infty$。一般负载电阻 R_L 远大于应变片的阻值 R。假定负载电阻 $R_L \to \infty$,将式(3-14)代入式(3-13),忽略分母中的小项,得到输出电压近似为

$$U_0 = \frac{U(R_1R_4 - R_2R_3)}{(R_1 + R_2)(R_3 + R_4)} \tag{3-15}$$

假定电路的四个桥臂都是应变片,当电阻值发生变化时,每一个应变片都产生电阻的改变量 ΔR。此时输出电压为

$$U_0 = \frac{(R_1 + \Delta R_1)(R_4 + \Delta R_4) - (R_2 + \Delta R_2)(R_3 + \Delta R_3)}{(R_1 + \Delta R_1 + \Delta R_2 + R_2)(R_3 + \Delta R_3 + R_4 + \Delta R_4)}U \tag{3-16}$$

(2) 等臂电桥。假定初始时刻四个应变片阻值完全相等,即 $R_1 = R_2 = R_3 = R_4 = R$。则输出电压式(3-16)可进一步化简为

$$U_0 = \frac{R(R_1 + \Delta R_4 - \Delta R_2 - \Delta R_3) + \Delta R_1\Delta R_4 - \Delta R_2\Delta R_3}{(2R + \Delta R_1 + \Delta R_2)(2R + \Delta R_3 + \Delta R_4)}U \tag{3-17}$$

(3) $R \gg \Delta R$。一般电阻的改变量 ΔR 远小于应变片的电阻值 R。当 $R \gg \Delta R$ 时,式(3-17)中分母的小项 ΔR_1、ΔR_2、ΔR_3 和 ΔR_4 忽略不计,分子中的 $\Delta R_1\Delta R_4$ 和 $\Delta R_2\Delta R_3$ 忽略不计,可得输出电压近似为

$$U_0 = \frac{U}{4}\left(\frac{\Delta R_1}{R_1} - \frac{\Delta R_2}{R_2} - \frac{\Delta R_3}{R_3} + \frac{\Delta R_4}{R_4}\right) \tag{3-18}$$

ΔR 是应变片电阻值的改变量。根据应变片的受力不同,其电阻值可能增大或减小,即 ΔR 可为正数或负数。由于应变片电阻的相对改变量 $\Delta R/R = K\varepsilon$,所以输出电压式(3-18)也可表示为

$$U_0 = \frac{UK}{4}(\varepsilon_1 - \varepsilon_2 - \varepsilon_3 + \varepsilon_4) \tag{3-19}$$

式中，K 是应变片的灵敏度；$\varepsilon_1 \sim \varepsilon_4$ 分别是电路中四个应变片承受的应变。

1. 单臂电桥电路

单臂工作时只有一个桥臂是应变片，其他三个桥臂是固定阻值的电阻。单臂电桥电路如图 3-10 所示。输出电压 U_0 为电路中 A 和 B 两点的电位差。若满足条件负载电阻 $R_L \to \infty$，$R \gg \Delta R$，则输出电压近似为

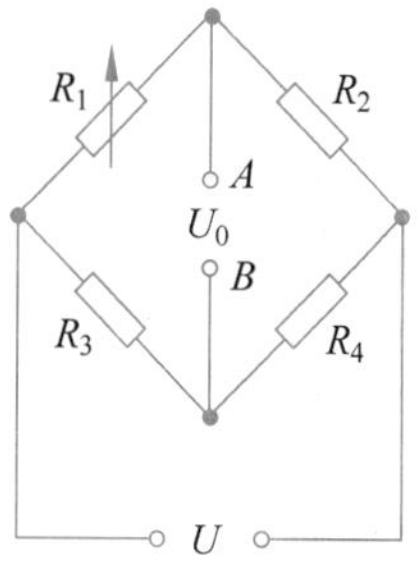

$$U_0 = \left(\frac{R_1 + \Delta R_1}{R_1 + \Delta R_1 + R_2} - \frac{R_3}{R_3 + R_4} \right) U \tag{3-20}$$

由初始平衡条件 $R_1 R_4 = R_2 R_3$，将上式化简得

图 3-10 单臂电桥电路

$$U_0 = \frac{\Delta R_1 R_4}{(R_1 + \Delta R_1 + R_2)(R_3 + R_4)} U \tag{3-21}$$

定义桥臂比 n 为

$$n = \frac{R_2}{R_1} = \frac{R_4}{R_3} \tag{3-22}$$

式(3-21)可以写成如下形式：

$$U_0 = \frac{\dfrac{\Delta R_1 R_4}{R_1 R_3} U}{\left(1 + \dfrac{\Delta R_1}{R_1} + \dfrac{R_2}{R_1}\right)\left(1 + \dfrac{R_4}{R_3}\right)} \tag{3-23}$$

将桥臂比 n 代入上式，忽略分母中的小项 $\Delta R_1 / R_1$，得到单臂工作的输出电压近似为

$$U_0 \approx \frac{n}{(1+n)^2} \cdot \frac{\Delta R_1}{R_1} U \tag{3-24}$$

电路的电压灵敏度 K_u 如式(3-25)所示。

$$K_u = \frac{U_0}{\dfrac{\Delta R_1}{R_1}} = \frac{n}{(1+n)^2} U \tag{3-25}$$

可以求得电压灵敏度 K_u 的最大值和相应输出电压的最大值。当 $(\mathrm{d}K_u)/\mathrm{d}n = 0$ 时，即

$$\frac{\mathrm{d}K_u}{\mathrm{d}n} = \frac{1+n}{(1+n)^3} = 0$$

可得 $n = 1$。此时，电压灵敏度最大为 $K_u = U/4$。所以，等臂工作时灵敏度和输出电压最大。此时输出电压如式(3-26)所示。

$$U_0 = \frac{U}{4} \cdot \frac{\Delta R_1}{R_1} \tag{3-26}$$

输出电压式(3-24)是在近似条件下求得的，它和实际输出电压之间存在非线性误差。实际输出电压 U_0' 为

$$U_0' = \frac{\dfrac{\Delta R_1 R_4}{R_1 R_3} U}{\left(1 + \dfrac{\Delta R_1}{R_1} + \dfrac{R_2}{R_1}\right)\left(1 + \dfrac{R_4}{R_3}\right)}$$

所以,单臂工作的非线性误差 γ_{L} 为

$$\gamma_{\mathrm{L}} = \frac{U_0 - U_0'}{U_0} = \frac{\dfrac{\Delta R_1}{R_1}}{1 + n + \dfrac{\Delta R_1}{R_1}} \tag{3-27}$$

当 $n=1$ 时,非线性误差 γ_{L} 化简为

$$\gamma_{\mathrm{L}} = \frac{\dfrac{\Delta R_1}{2R_1}}{1 + \dfrac{\Delta R_1}{2R_1}} \tag{3-28}$$

当 $\Delta R \ll R$ 时,分母中 $\Delta R_1 / 2R_1$ 可以忽略。所以,非线性误差 γ_{L} 近似为

$$\gamma_{\mathrm{L}} = \frac{\Delta R_1}{2R_1 + \Delta R_1} \approx \frac{\Delta R_1}{2R_1} \tag{3-29}$$

单臂电桥电路应变片的连线示意图如图 3-11 所示。图中三个桥臂是固定阻值的电阻,一个桥臂为应变片。连接直流电源,可测得输出电压。

2. 两臂差动(半桥差动)电桥电路

两臂差动电桥电路如图 3-12 所示。电桥的相邻两臂是应变片,另外两臂是固定阻值的电阻。初始时刻两个应变片 R_1 和 R_2 的阻值相等,输出电压为零。工作时,两个应变片承受不同的应变,电阻值发生相应变化。一个应变片的电阻值增大,由 R_1 变为 $R_1 + \Delta R_1$;另一个应变片的电阻值减小,由 R_2 变为 $R_2 - \Delta R_2$。

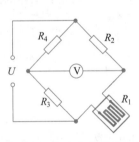

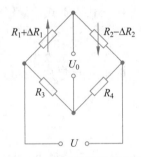

图 3-11　单臂电桥电路应变片的连线示意图　　　　图 3-12　两臂差动电桥电路

考虑负载电阻 R_{L} 较大的情况,$R_{\mathrm{L}} \to \infty$ 时,由式(3-15)可得输出电压为

$$U_0 = U\left[\frac{R_1 + \Delta R_1}{R_1 + \Delta R_1 + R_2 - \Delta R_2} - \frac{R_3}{R_3 + R_4}\right] \tag{3-30}$$

考虑电阻改变量较小的情况,有 $R \gg \Delta R$。由平衡条件 $R_1 R_4 = R_2 R_3$ 和等臂工作的条件,式(3-30)可以写为

$$U_0 = U\left[\frac{2R(R_1 + \Delta R_1) - R_3(2R + \Delta R_1 - \Delta R_2)}{(R_1 + \Delta R_1 + R_2 - \Delta R_2)(R_3 + R_4)}\right]$$

因此,输出电压可以化简为

$$U_0 = \frac{U}{4}\left(\frac{\Delta R_1}{R} + \frac{\Delta R_2}{R}\right) \tag{3-31}$$

由于 $\Delta R / R = K\varepsilon$,输出电压也可写为

$$U_0 = \frac{KU}{4}(\varepsilon_1 + \varepsilon_2) \tag{3-32}$$

式中，ε_1 和 ε_2 分别是两个应变片承受的应变。

若两个应变片的电阻改变量大小相等，$\Delta R_1 = \Delta R$，$\Delta R_2 = \Delta R$，输出电压可化简为

$$U_0 = \frac{U}{2} \cdot \frac{\Delta R_1}{R_1} \tag{3-33}$$

可以看出，电路输出是线性的，电压灵敏度 $K_u = U/2$，是单臂工作时的两倍。

两臂差动电桥电路同时具有温度补偿作用。设由温度引起的电阻改变量是 ΔR_t，两个应变片由于处于相同的环境，当温度升高时其电阻的增量都为 ΔR_t。此时，若只考虑应变片由温度引起的阻值改变，不考虑受力情况，则电路的输出电压为

$$U_0 = U\left[\frac{R_1 + \Delta R_t}{R_1 + \Delta R_t + R_2 + \Delta R_t} - \frac{R_3}{R_3 + R_4}\right] \tag{3-34}$$

可以看出，由于 $R_1 = R_2$，由温度引起的 ΔR_t 将相互抵消。所以，两臂差动电桥电路的输出电压不受温度影响。

两臂差动电路中应变片的连线示意图如图 3-13 所示。电桥的相邻两臂分别连接两个参数完全相同的应变片 R_1 和 R_2，构成两臂差动电路。这两个应变片的贴片示意图如图 3-14 所示。两个应变片上下对称粘贴在悬臂梁的上下两个表面。当悬臂梁的前端加载力 F 时，悬臂梁上表面受到拉伸的力，下表面受到压缩的力。一般定义拉力为正，压力为负。若上下表面粘贴的应变片受到的应力大小相等，则上面应变片承受的应变为 ε，下面应变片的应变为 $-\varepsilon$。由于 $\Delta R/R = K\varepsilon$，两个应变片的电阻值改变量分别为 ΔR 和 $-\Delta R$。在负载电阻 $R_L \to \infty$，等臂工作，以及 $R \gg \Delta R$ 条件下，电路的输出电压为 $U_0 = U\Delta R/(2R)$。

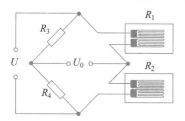

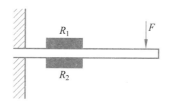

图 3-13 两臂差动电路中应变片的连线示意图　　图 3-14 应变片的贴片示意图

3. 四臂差动(全桥差动)电桥电路

四臂差动电桥电路如图 3-15 所示，图中四个桥臂均为应变片，应变片的初始电阻值相等。测量时，四个应变片的电阻值发生相应变化。其中两个应变片的电阻值增大，另两个应变片的电阻值减小。相邻桥臂的电阻改变量相反，构成四臂差动电桥电路。根据式 (3-18)，在负载电阻 $R_L \to \infty$，等臂工作，以及 $R \gg \Delta R$ 条件下，四臂差动电桥电路的输出电压为

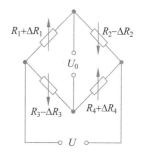

图 3-15 四臂差动电桥电路示意图

$$U_0 = \frac{U}{4}\left(\frac{\Delta R_1}{R_1} - \frac{\Delta R_2}{R_2} - \frac{\Delta R_3}{R_3} + \frac{\Delta R_4}{R_4}\right)$$

式中，$\Delta R_1 \sim \Delta R_4$ 是四个应变片电阻值的改变量，根据受力情况其值为正数或负数。设四个应变片电阻值改变量的大小相等，即 $\Delta R_1 = \Delta R_4 = \Delta R$，$\Delta R_2 = \Delta R_3 = -\Delta R$。将这些电阻

改变量代入输出电压公式,得到四臂差动电桥电路的输出电压为

$$U_0 = U \frac{\Delta R}{R} \tag{3-35}$$

可以看出,四臂差动电桥电路输出为线性,其电压灵敏度 $K_u = U$,是单臂工作时的四倍。

四臂差动电桥电路应变片的连接示意图如图 3-16 所示。将四个参数完全相同的应变片分别连接到电路的四个桥臂。应变片的贴片示意图如图 3-17 所示。在悬臂梁的上表面粘贴应变片 R_1 和 R_4,在下表面粘贴应变片 R_2 和 R_3。当悬臂梁的前端加载力 F 时,上面两个应变片受到拉伸力,承受的应变为正,导致其电阻值增大。下面两个应变片受到压缩力,承受的应变为负,其电阻值减小。四个应变片连接到电路中构成四臂差动电桥电路。

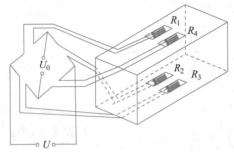 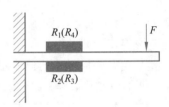

图 3-16 四臂差动电桥电路应变片的连接示意图   图 3-17 四臂差动工作应变片的贴片示意图

3.4.2 交流电桥

应变片的测量电路常采用交流电桥,如图 3-18(a)所示。图中 Z_1 和 Z_2 均为应变片,Z_3 和 Z_4 为固定阻值的电阻。在交流电桥电路中,应变片的引线分布电容不能忽略。交流电桥的等效电路如图 3-18(b)所示,两个应变片等效于各并联了一个电容。

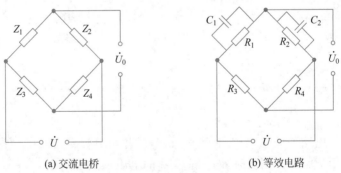

(a) 交流电桥   (b) 等效电路

图 3-18 交流电桥电路图

所以,每个桥臂的复阻抗分别为

$$\begin{cases} Z_1 = \dfrac{R_1}{1 + j\omega R_1 C_1} \\[2mm] Z_2 = \dfrac{R_2}{1 + j\omega R_2 C_2} \\[2mm] Z_3 = R_3 \\[1mm] Z_4 = R_4 \end{cases} \tag{3-36}$$

式中，C_1 和 C_2 为应变片引线的分布电容。

将式(3-36)中复阻抗 $Z_1 \sim Z_4$ 分别代入电桥平衡条件 $Z_1 Z_4 = Z_2 Z_3$，可得

$$\frac{R_1}{1 + j\omega R_1 C_1} R_4 = \frac{R_2}{1 + j\omega R_2 C_2} R_3 \tag{3-37}$$

令式(3-37)中的实部和虚部分别相等，可以得到交流电桥电路的初始平衡条件。在测量之前，使电桥处于平衡状态。测量时，应变片的阻抗发生变化。交流电桥的输出电压为

$$\dot{U}_0 = \dot{U} \left(\frac{Z_1}{Z_1 + Z_2} - \frac{Z_3}{Z_3 + Z_4} \right) \tag{3-38}$$

整理可得

$$\dot{U}_0 = \dot{U} \frac{Z_1 Z_4 - Z_2 Z_3}{(Z_1 + Z_2)(Z_3 + Z_4)} \tag{3-39}$$

如果采用半桥差动电路，其中 Z_1 和 Z_2 是应变片，则测量时应变片的阻抗分别变为 $Z_1 + \Delta Z_1$ 和 $Z_2 + \Delta Z_2$。由于差动工作，两个应变片的电阻值一个增大，另一个减小。将 $\Delta Z_1 \approx \Delta R_1$，$\Delta Z_2 \approx -\Delta R_1$ 代入式(3-39)，可得交流半桥差动电路的输出电压为

$$\dot{U}_0 = \frac{\dot{U}}{2} \cdot \frac{\Delta R_1}{R_1} \tag{3-40}$$

3.5 电阻应变式传感器的应用

下面介绍几种常用的电阻应变式传感器。在电阻应变式传感器中，应变片必须粘贴在弹性元件，以实现测量。应变片的实物粘贴图如图 3-19 所示。为了便于测量，应变片应尽量粘贴在应变较大并且应变分布较均匀的区域。应变在弹性元件上的分布图如图 3-20 所示。图中浅色区域的应变较大，且应变数值的差异较小，适合粘贴应变片。

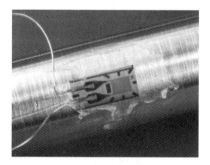

图 3-19 应变片的实物粘贴图

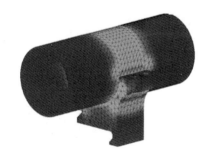

图 3-20 应变分布示意图

3.5.1 电阻应变式力传感器

电阻应变式力传感器的被测物理量为荷重或力，主要用途为测力和称重等。电阻应变式力传感器的弹性元件有柱式、筒式、环式和悬臂梁式等。根据弹性元件及结构的不同，测量力的范围为 $10^{-2} \sim 10^{-7}$ N，满量程精度可以达到 $0.03\% \sim 0.05\%$。电阻应变式力传感器具有线性好、工作性能稳定、可靠、测量范围广和精度高等优点。

1. 柱(筒)式力传感器

柱(筒)式力传感器的弹性元件为柱式或筒式,其结构可以是实心或空心,如图 3-21(a) 和图 3-21(b)所示。弹性元件的材料包括钢、不锈钢和铝合金等。应变片粘贴在圆柱体的侧面,侧面展开图如图 3-21(c)所示。应变片 R_1 和 R_4 沿圆柱体的纵向(也称轴向)粘贴,承受柱体轴向的应力;R_2 和 R_3 沿圆柱体的横向(也称径向)粘贴,承受柱体半径方向的应力。将应变片分别接到电桥电路的相邻两臂,构成四臂差动电桥电路,如图 3-21(d)所示。

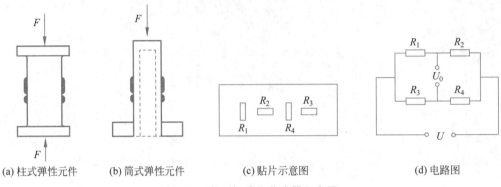

| (a) 柱式弹性元件 | (b) 筒式弹性元件 | (c) 贴片示意图 | (d) 电路图 |

图 3-21　柱(筒)式力传感器示意图

设四个应变片 $R_1 \sim R_4$ 完全相同,它们承受的应变分别为 $\varepsilon_1 \sim \varepsilon_4$。径向应变 ε_2 和轴向应变 ε_1 的关系为 $\varepsilon_2 = -\mu\varepsilon_1$。由于四个应变片处于相同的环境,因此接入差动电桥电路后,温度引起的电阻值改变量相互抵消。根据式(3-18),四臂差动电桥电路的输出电压为

$$U_0 = \frac{U}{4}\left(\frac{\Delta R_1}{R_1} - \frac{\Delta R_2}{R_2} - \frac{\Delta R_3}{R_3} + \frac{\Delta R_4}{R_4}\right)$$

由于 $\frac{\Delta R}{R} = K\varepsilon$,输出电压又可写为

$$U_0 = \frac{UK}{4}(\varepsilon_1 - \varepsilon_2 - \varepsilon_3 + \varepsilon_4) \tag{3-41}$$

将应变 $\varepsilon_1 \sim \varepsilon_4$ 代入式(3-41),可得输出电压为

$$U_0 = \frac{UK}{4} \cdot 2\varepsilon(1+\mu) = \frac{UK}{2}\varepsilon(1+\mu) \tag{3-42}$$

式中,K 是应变片的灵敏度;μ 是材料的泊松系数;ε 是应变片承受的应变;U 是输入电压。

可以看出,电阻应变式传感器的输出电压与所受应变成正比关系。电路的输出灵敏度是采用单个应变片的 $2(1+\mu)$ 倍。这种应变片粘贴配置对所测外力 F 偏离中心位置而产生的弯应力不敏感。

2. 悬臂梁式力传感器

悬臂梁式力传感器的弹性元件为悬臂梁,其一端固定,另一端受力。梁的应变传递给粘贴在上面的应变片实现测量。悬臂梁的结构分为等截面梁和等强度梁两种。

等截面梁如图 3-22(a)所示,梁的各个横截面积相等。由于力加载在梁的一端,因此,在等截面梁的不同位置应力大小不同。应变片应粘贴在相同位置,以使应变大小相等。

等强度梁如图 3-22(b)所示,梁的各处横截面积大小不等。梁的各断面产生的应力大

小相等,如式(3-43)所示。由于等强度梁的应变各处相等,因此对应变片的粘贴位置要求不严格。

$$\varepsilon = \frac{\sigma}{E} = \frac{6Fl}{b_0 h^2 E} \tag{3-43}$$

式中,F 是加载的外力;l 是梁的长度;b_0 是梁固定端的宽度;h 是梁的厚度;E 是材料的弹性模量。

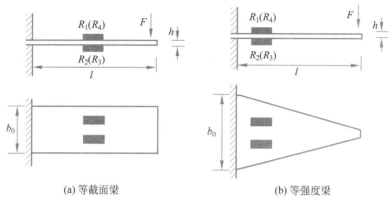

(a) 等截面梁 (b) 等强度梁

图 3-22 悬臂梁式力传感器示意图

3.5.2 电阻应变式压力传感器

关于电阻应变式压力传感器主要介绍膜片式压力传感器、筒式压力传感器和压阻式压力传感器。

1. 膜片式压力传感器

膜片式压力传感器如图 3-23(a)所示,其弹性元件是周边固定的圆形金属膜片。膜片上的箔式应变片如图 3-23(b)所示,其敏感栅沿着半径方向和切向方向分布。压力 p 作用在膜片上,使膜片发生弯曲变形。膜片上任一点处的径向应变和切向应变分别由式(3-44)和式(3-45)计算。径向应变 ε_r 和切向应变 ε_t 随着位置 x 的不同发生变化,如图 3-23(c)所示。

$$\varepsilon_r = \frac{3p(1-\mu^2)(R^2 - 3x^2)}{8h^2 E} \tag{3-44}$$

$$\varepsilon_t = \frac{3p(1-\mu^2)(R^2 - 3x^2)}{8h^2 E} \tag{3-45}$$

式中,x 表示测量点的坐标,对应膜片的不同位置;R 是膜片半径;μ 是材料的泊松系数;p 是被测压力;h 是膜片厚度;E 是材料的弹性模量。

在 $x=R$ 处,即膜片的边缘位置,$\varepsilon_t=0$。此处箔式应变片的栅线方向为半径方向,便于测量径向应变。在 $x=0$ 处,$\varepsilon_t=\varepsilon_r$,此处应变片的栅线方向为切向方向。在 $x=R/\sqrt{3}$ 处,径向应变大小为零。所以,R_1 和 R_4 为切向,靠近中心位置。R_2 和 R_3 为径向,靠近边缘位置。相应电阻接入全桥差动电路,可实现压力测量。

2. 筒式压力传感器

筒式压力传感器可以测量较大的压力,例如机床的液压系统的压力,以及枪炮的膛内压力。如图 3-24 所示,压力进入到中空筒内,使筒的内侧壁发生变形。变形传递给粘贴在筒

(a)压力传感器示意图　　　　(b)箔式应变片　　　　(c)膜片应变分布

图 3-23　膜片式压力传感器示意图

壁的应变片,产生相应的电阻值变化。在测量过程中,可以将温度补偿片粘贴在筒的其他位置,不承受应变。温度补偿片与测量应变片处于相同温度环境,接入电桥相邻桥臂,可抵消温度引起的电阻值改变。

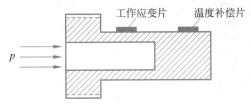

图 3-24　筒式压力传感器示意图

3. 压阻式压力传感器

压阻式压力传感器由半导体材料制成,如图 3-25(a)所示。硅膜片上的半导体应变片连接电桥电路实现压力测量。高压气体通过传感器下部的孔隙到达高压腔,传感器的上部为低压腔。高压腔和低压腔之间的硅膜片在压力作用下发生变形。硅膜片上的半导体应变片由于压阻效应产生电阻值变化。传感器中形状如倒扣的杯子,底部为硅膜片的部分称为硅杯,如图 3-25(b)所示。

硅膜片上的电阻分布如图 3-25(c)所示。在硅膜片上不同半径 r 处,应力的大小不同。根据压阻效应,电阻值的改变量等于压阻系数与应力之积,如式(3-46)所示。应力包含径向和切向两个方向,压阻系数也分为径向压阻系数和切向压阻系数。径向应力 σ_r 和切向应力 σ_t 分别如式(3-47)和式(3-48)所示。

$$\frac{\Delta R}{R} = \pi_r \sigma_r + \pi_t \sigma_t \tag{3-46}$$

$$\sigma_r = \frac{3p}{8h^2}\left[(1+\mu)r_0^2 - (3+\mu)r^2\right] \tag{3-47}$$

$$\sigma_t = \frac{3p}{8h^2}\left[(1+\mu)r_0^2 - (1+3\mu)r^2\right] \tag{3-48}$$

式中,r 表示硅膜片的半径位置;r_0 为硅膜片的半径;π_r,π_t 分别是材料径向和切向压阻系数;μ 是泊松系数;p 是外界输入的压力;h 是硅膜片的厚度。

可以求得,在硅膜片上 $0.635r_0$ 位置,径向应力为零。所以,硅膜片上的半导体应变片不能位于此处。硅膜片上的四个电阻沿一定晶向分别在 $0.635r_0$ 的内外排列。在硅膜片上 $0.635r_0$ 的外侧位置,径向应力为负值。而在 $0.635r_0$ 的内侧位置,径向应力为正值,其在靠近圆心位置时达到最大值。所以,正确选择电阻的径向位置,将四个电阻接入差动电桥,可以实现压力测量。

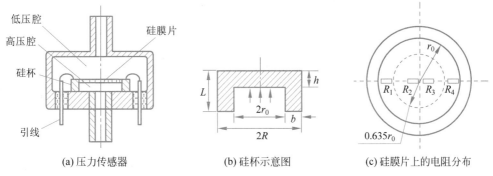

(a) 压力传感器　　　　(b) 硅杯示意图　　　　(c) 硅膜片上的电阻分布

图 3-25　压阻式压力传感器示意图

3.5.3　电阻应变式加速度传感器

电阻应变式加速度传感器的结构示意图如图 3-26(a)所示,其系统模型图如图 3-26(b)所示。加速度传感器由质量块、悬臂梁、粘贴在梁上的应变片和传感器外壳等组成。传感器的壳体中充满硅油作为阻尼液。测量加速度时,传感器固定在被测体上,随被测体一起振动。此时,悬臂梁前端连接的质量块上下摆动,带动悬臂梁发生变形,导致粘贴在悬臂梁上下表面的应变片电阻值发生变化。被测加速度越大,悬臂梁的振动幅度越大,其变形越大,相应应变片的电阻值变化量越大。

电阻应变式加速度传感器可以近似表示为图 3-26(b)所示的二阶系统模型,由质量块、阻尼和弹簧构成。当壳体位移为 x_1 时,质量块的位移为 x_2。经过分析与推导,质量块的位移和壳体的加速度成正比,如式(3-49)所示。可以看出,质量块的位移和系统的加速度成正比。

$$x_m \approx \frac{a_1}{\omega_0^2} \tag{3-49}$$

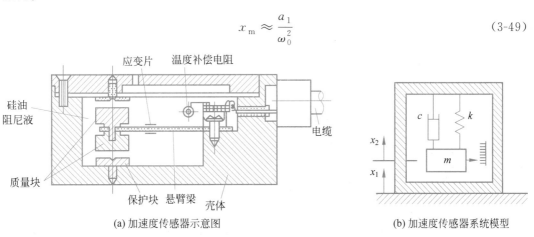

(a) 加速度传感器示意图　　　　　(b) 加速度传感器系统模型

图 3-26　电阻应变式加速度传感器示意图

由式(3-49)可知,电阻应变式加速度传感器的灵敏度为 $1/(\omega_0^2)$,所以,要求系统的固有频率 ω_0 较小,以获得较高的灵敏度。加速度传感器为二阶系统,其固有频率 $\omega_0 = \sqrt{k/m}$。其中,k 是弹簧刚度,m 是质量块的质量。由于固有频率低,因此电阻应变式加速度传感器适合于测量低频信号。当固有频率增大时,测量信号的频率范围变宽,但该系统的灵敏度将降低。

3.6 例题解析

例 3-1 一个悬臂梁上贴有两个电阻值均为 R 的应变片 R_1 和 R_2,设应变片上承受的应变大小相等。对下列两种情况,要使输出电压最大,应如何贴片及安排测量电路? 哪种情况可以实现温度补偿?

(1) 应变片一个受拉力,另一个受压力;

(2) 两个应变片均受拉力或压力。

解:

(1) 应变片一个受拉力,另一个受压力时,为获得最大输出电压,应变片应分别粘贴在悬臂梁的上下表面,如图 3-14 所示。将两个应变片置于电桥的相邻两臂,形成双臂差动电路,如图 3-12 所示。

考虑 $R_L \to \infty$,等臂电桥及 $R \gg \Delta R$ 条件时,双臂差动电桥的输出电压为

$$U_0 = \frac{U}{4}\left(\frac{\Delta R_1}{R_1} - \frac{\Delta R_2}{R_2}\right)$$

当应变片一个受拉力,另一个受压力时,有 $\Delta R_2 = -\Delta R_1$。此时,可得输出电压最大为

$$U_0 = \frac{U}{4}\left(\frac{\Delta R_1}{R_1} - \frac{(-\Delta R_1)}{R_2}\right) = \frac{U}{2}\frac{\Delta R_1}{R_1}$$

这种情况可以实现温度补偿。两个应变片由温度引起电阻改变量均为 ΔR_t 时,可得

$$U_0 = \frac{U}{4}\left(\frac{\Delta R_1 + \Delta R_t}{R_1} - \frac{\Delta R_2 + \Delta R_t}{R_2}\right) = \frac{U}{4}\left(\frac{\Delta R_1}{R_1} - \frac{\Delta R_2}{R_2}\right) = \frac{U}{2}\frac{\Delta R_1}{R_1}$$

可以看出,温度误差互相抵消,输出电压不变。

(2) 两个应变片均受拉力或压力时,为获得最大输出电压,应变片应粘贴在悬臂梁相同一侧的表面,其俯视图如图 3-22(a)所示。将两个应变片接入电桥的相对桥臂,即图 3-9 中的 R_1 和 R_4 时,输出电压最大。由于两个应变片受力相同,有 $\Delta R_1 = \Delta R_4$。此时,由式(3-18)可得直流电桥电路的输出电压为

$$U_0 = \frac{U}{4}\left(\frac{\Delta R_1}{R_1} + \frac{\Delta R_4}{R_4}\right) = \frac{U}{2}\frac{\Delta R_1}{R_1}$$

这种情况不能实现温度补偿。两个应变片由温度引起电阻改变量均为 ΔR_t 在该电路中不能相互抵消。

例 3-2 电阻应变片的电阻值为 120Ω,灵敏度为 $K = 2$。应变片沿纵向粘贴在直径为 0.05m 的圆形钢柱表面。钢材的弹性模量 $E = 2 \times 10^{11} \text{N/m}^2$,泊松比 $\mu = 0.3$。求钢柱受 10t 拉力作用时,应变片的电阻变化量。若应变片沿钢柱的圆周方向粘贴,受同样拉力作用时,应变片电阻的变化量为多少?

解:

(1) 由 $\sigma = F/A$,$\sigma = E\varepsilon$,$\frac{\Delta R}{R} = K\varepsilon$ 可得

$$\frac{\Delta R}{R} = K\varepsilon = K\frac{\sigma}{E} = K\frac{F}{AE} = 2 \times \frac{9.8 \times 10^4}{\pi\left(\frac{0.05}{2}\right)^2 \times 2 \times 10^{11}} = 5 \times 10^{-4}$$

而

$$\varepsilon = \frac{4F}{E\pi d^2} = \frac{4 \times 10t \times 9.8\text{N/kg}}{2 \times 10^{11} \times 3.14 \times 0.05^2} = 249.7(\mu\text{m/m})$$

解得

$$\Delta R = 120 \times 5 \times 10^{-4} = 0.06(\Omega)$$

(2) 圆周方向的应变 ε_2 和纵向应变 ε_1 的关系为 $\varepsilon_2 = -\mu\varepsilon_1 = -\mu\varepsilon$,有

$$\frac{\Delta R_2}{R} = K\varepsilon_2 = K(-\mu\varepsilon) = -0.3 \times (K\varepsilon) = -0.3 \times 5 \times 10^{-4} = -1.5 \times 10^{-4}$$

解得

$$\Delta R_2 = 120 \times (-1.5) \times 10^{-4} = -0.018 \approx -0.02(\Omega)$$

所以,纵向粘贴电阻变化量为 0.06Ω,圆周方向粘贴电阻变化量为 -0.018Ω。

例 3-3 单臂工作电桥电路如图 3-27 所示。电源电压 $U = 12\text{V}$,内阻 $r = 0$。工作臂应变片的灵敏度 $K = 2$。采用等臂工作,各桥臂的电阻值均为 3000Ω。当工作臂应变片承受应变 $\varepsilon = 5000 \times 10^{-6}\text{m/m}$ 时,用内阻 R_L 无限大的电压表测量,电桥的输出电压 U_0 为多少?测量的非线性误差 δ 为多少?若用内阻为 1000Ω 的电压表进行测量,电桥的输出电压 U_0 为多少?

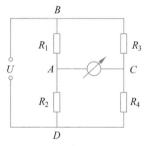

图 3-27 单臂工作电桥电路

解:

(1) 电压表的内阻 R_L 无限大。考虑 $R_L \to \infty$,等臂电桥和 $R \gg \Delta R$ 等条件,单臂工作电桥的输出电压为

$$U_0 = \frac{U}{4}\frac{\Delta R}{R}$$

由于应变片承受应变 $\varepsilon = 5000 \times 10^{-6}$,因此电阻的改变量为

$$\frac{\Delta R}{R} = K\varepsilon = 2 \times 5000 \times 10^{-6} = 0.01$$

输出电压为

$$U_0 = \frac{E}{4}\frac{\Delta R}{R} = \frac{12}{4} \times 2 \times 5000 \times 10^{-6} = 30(\text{mV})$$

此时,测量的非线性误差为

$$\gamma_L = \frac{\Delta R}{2R} = \frac{K\varepsilon}{2} = 5 \times 10^{-3} = 0.5\%$$

(2) 电压表内阻 $R_L = 1000\Omega$。如图 3-27 所示,在电路的节点 A 和 C 处,流入电路等于流出电流之和。假定流经 R_L 的电流方向为从 A 到 C,可得下列方程

$$\begin{cases} \dfrac{E - U_A}{R_1} = \dfrac{U_A}{R_2} + \dfrac{U_A - U_C}{R_L} \\ \dfrac{U_C}{R_4} = \dfrac{U_A - U_C}{R_L} + \dfrac{E - U_C}{R_3} \end{cases}$$

式中,U_A 和 U_C 分别为 A 点和 C 点的电位;$R_1 = R_2 = R_3 = R = 3000\Omega$;电阻改变 $\Delta R = RK\varepsilon = 30\Omega$;$R_4 = R + \Delta R = 3030\Omega$。

解方程可得 U_A 和 U_C,因此有

$$U_0 = U_A - U_C = 7.4 (\mathrm{mV})$$

3.7 本章小结

本章介绍了电阻应变式传感器,包括由金属应变片和半导体应变片构成的传感器。通过学习,应该掌握以下内容:电阻应变式传感器的工作原理,电阻应变片的种类,电阻应变片的温度误差及补偿方法,电阻应变式传感器的测量电路和典型应用等。

习题 3

3-1 电阻应变式传感器可以测量哪些被测量?

3-2 应变片的灵敏系数与电阻丝的灵敏系数相比有何不同?为什么?

3-3 一个量程为 10kN 的应变式测力传感器,其弹性元件为薄壁圆筒轴向受力,外直径 20mm,内直径 18mm,在其表面粘贴 8 个应变片,其中 4 个沿轴向粘贴,4 个沿圆周方向粘贴,应变片的电阻值均为 120Ω,灵敏度为 2.0,泊松比为 0.3,材料弹性模量 $E = 2.1 \times 10^{11} \mathrm{Pa}$。要求:

(1) 绘出弹性元件上应变片的贴片位置及全桥电路;

(2) 计算传感器在满量程时,各应变片电阻变化;

(3) 当桥路的供电电压为 10V 时,计算传感器的输出电压。

3-4 什么是电阻应变效应?简述电阻应变式传感器的测量原理。

3-5 应变片产生温度误差的原因及减小或补偿温度误差的方法是什么?

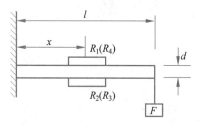

图 3-28 悬臂梁及应变片贴片图

3-6 有一个悬臂梁,在其中部上面和下面各贴两片应变片,组成全桥电路,如图 3-28 所示。已知 $\varepsilon_x = \dfrac{6F(l-x)}{WEt^2}$,$l = 25\mathrm{cm}$,$W = 6\mathrm{cm}$,$t = 3\mathrm{mm}$,$x = \dfrac{1}{2}l$,应变片的灵敏系数 $K = 2.1$,应变片空载电阻 $R_0 = 120\Omega$。在悬臂梁一端受一向下力 $F = 0.5\mathrm{N}$,试求此时这四个应变片的电阻值。

3-7 弹性元件在传感器中起什么作用?

3-8 应变片的电阻 $R = 120\Omega$,$K = 2.05$,用作应变为 $800\mu\mathrm{m/m}$ 的传感元件。

(1) 求 ΔR 和 $\Delta R/R$;

(2) 若电源电压 $U = 3\mathrm{V}$,求初始平衡时,惠斯登电桥的输出电压 U_0。

3-9 在材料为钢的实心圆柱形试件上,沿轴线和圆周方向各贴一个电阻为 120Ω 的金属应变片 R_1 和 R_2,把这两应变片接入电桥。若钢的泊松系数 $\mu - 0.285$,应变片的灵敏系数 $K = 2$,电桥电源电压 $U = 2\mathrm{V}$,当试件受轴向拉伸时,测得应变片 R_1 的电阻变化值 $\Delta R_1 = 0.48\Omega$,试求:

（1）轴向应变的大小；

（2）电桥的输出电压。

3-10 说明电阻应变片的组成和种类。电阻应变片有哪些主要特性参数？

3-11 简述电阻应变片的横向效应。

3-12 金属电阻应变片与半导体应变片的工作原理有何区别？各有何优缺点？

3-13 采用电阻值为120Ω、灵敏度系数 $K=2.0$ 的金属电阻应变片和电阻值为120Ω 的固定电阻组成电桥，电源电压为4V，并假定负载电阻无穷大。当应变片上的应变分别为 $1\mu\varepsilon$ 和 $1000\mu\varepsilon$ 时，试求单臂工作电桥、双臂工作电桥及全桥工作时的输出电压，并比较三种情况下的灵敏度。

3-14 有一个额定负荷为 2t 的圆筒荷重传感器，在不承载时，四片应变片电阻值均为120Ω，传感器灵敏度为 0.82mV/V，应变片的 $K=2$，圆筒材料的 $\mu=0.3$，电桥电源电压 $U=2V$，当承载为 0.5t 时（R_1 和 R_4 沿轴向粘贴，R_2 和 R_3 沿圆周方向粘贴），求：

（1）R_1 和 R_4 的电阻值；

（2）R_2 和 R_3 的电阻值；

（3）电桥输出电压 U_0。

3-15 简述压阻效应，并与应变效应进行比较。

3-16 单臂工作电桥电路如图 3-27 所示，电源电压 $U=5V$，内阻可不计，$R_1=100Ω$，$R_2=200Ω$，$R_3=1000Ω$，$R_4=2000Ω$，工作臂应变片电阻值变化 $\Delta R_4=5Ω$，R_L 是灵敏度等于 $10mm/\mu A$ 的检流计，内阻 $R_L=100Ω$，求输出电压 U_L 及检流计的偏转大小。

3-17 设计一个应变式低频加速度传感器。试画出工作原理图，应变片的贴片位置及相应的电桥测量电路。

3-18 已知康铜电阻丝应变片的电阻温度系数是 $\alpha=20\times10^{-6}/℃$，线膨胀系数是 $\beta=15\times10^{-6}/℃$，应变片的灵敏度 $K=2$，钢受力件的线膨胀系数 $\beta=11\times10^{-6}/℃$，弹性模量 $E=20\times10^4 N/mm^2$，当电阻应变片的测量范围是 $600N/mm^2$ 时，若环境温度变化 5℃，则将造成多大的温度误差？

3-19 同规格四个电阻应变片的电阻值均为3kΩ，灵敏度均为2，接成四臂差动电桥，电源电压 12V，电源内阻不计。当每个应变片所受应变 $\varepsilon=5000\times10^{-6}m/m$ 时

（1）求每个桥臂的电阻相对变化 $\Delta R/R$；

（2）若电压表内阻充分大，求电桥的输出电压 U_0 的大小；

（3）若接内阻为 200Ω 的检流计，求所测电流的大小。

3-20 比较单臂电桥、两臂差动电桥和四臂差动电桥三种测量电路的灵敏度。

3-21 柱式力传感器其弹性元件是钢质空心柱体，柱体截面积 $s=1000mm^2$，钢的泊松系数 $\mu=0.285$，弹性模量为 $E=20\times10^4 N/mm^2$。沿柱体的轴线和圆周方向各贴一个电阻为 2kΩ、灵敏度为2的金属应变片，分别接入双臂差动电桥的两个桥臂，电桥电源电压 $U=12V$。当给传感器施加轴向 $F=1200N$ 时，求电桥的输出电压 U_0。

3-22 电阻应变式力传感器，沿柱式弹性元件轴线两侧各贴一个电阻为 600Ω、灵敏度为3的金属应变片。将这两个应变片接入电桥的对角臂，电桥电源电压为 12V。当传感器受轴向拉伸时，测得应变片的电阻变化 $\Delta R_1=0.6Ω$，试求电桥的输出电压 U_0 和此时的应变的大小。

3-23 有一测量吊车起吊重物的拉力传感器如图 3-29(a)所示。R_1、R_2、R_3 和 R_4 贴在等截面轴上。已知等截面轴的截面积为 0.00196m^2,弹性模量 $E = 2.0 \times 10^{11}\text{N/m}^2$,泊松比为 0.30。$R_1$、$R_2$、$R_3$ 和 R_4 标称电阻值均为 120Ω,灵敏度为 2.0,组成电桥电路如图 3-29(b)所示,桥路电压为 2V,测得输出电压为 2.6mV。求:

（1）等截面轴的纵向及横向应变。

（2）重物 m 有多少吨？

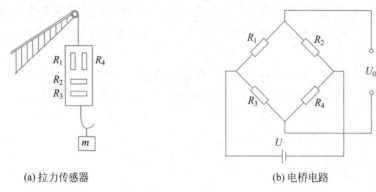

(a) 拉力传感器   (b) 电桥电路

图 3-29 测量吊车起吊重物重量的拉力传感器示意图

3-24 有一应变式等强度悬臂梁式力传感器,如图 3-22(b)所示。假设悬臂梁的热膨胀系数与应变片中的电阻热膨胀系数相等,$R_1 = R_2$,构成半桥电路。

（1）求证：该传感器具有温度补偿功能。

（2）设悬臂梁的厚度 $h = 0.5\text{mm}$,长度 $l = 15\text{mm}$,固定端的宽度 $b_0 = 18\text{mm}$,材料的弹性模量 $E = 2.0 \times 10^5\text{N/mm}^2$,桥路的输入电压 $U = 2\text{V}$,输出电压为 1.0mV,应变片灵敏度 $K = 2.0$。求作用力 F。

3-25 直流电桥电路如图 3-12 所示,供电电源电动势 $U = 3\text{V}$,$R_3 = R_4 = 100Ω$,R_1 和 R_2 为相同型号的电阻应变片,其电阻均为 100Ω,灵敏度系数 $K = 2.0$。两只应变片分别粘贴于等强度梁同一截面的正反两面,如图 3-14 所示。设等强度梁在受力后产生的应变为 $5000\mu\varepsilon$,试求此时电桥输出端电压 U_0。

第 4 章

CHAPTER 4

电感式传感器

本章要点：

◇ 电感式传感器的分类，电感式传感器的特点；

◇ 电感式传感器的测量电路：交流电桥电路，变压器电桥电路，谐振式电路；

◇ 零点残余电压及其补偿方法；

◇ 电涡流效应，电涡流的分布特点；

◇ 电涡流传感器的测量电路，电涡流传感器的应用。

电感式传感器(inductive sensor)是利用线圈的自感系数或者互感系数的变化实现物理量测量的一种传感器，广泛应用于机电自动化及控制等领域。电感式传感器可以测量位移、振动、压力、力和厚度等参数，具有结构简单、性能可靠、分辨率高、灵敏度高、零点稳定、精度高和输出功率大等优点。电感式传感器的分辨率可达 $0.1\mu m$，漂移最小仅 $0.1\mu m$。电感式传感器的主要缺点是测量范围受到分辨率和线性度的限制，其测量范围越大，则分辨率越低，并且电感式传感器的频率响应较低，不适用于快速变化动态量的测量。

电感式传感器分为自感式和互感式两大类，如图 4-1 所示。自感式传感器又称为变磁阻电感传感器。它具有一副通电线圈，通过被测量引起线圈的磁阻变化实现测量。互感式传感器又称为差动变压器。它具有两副线圈，其中一副线圈通交流电，另一副线圈不通电，其线圈内部产生感应电流。差动变压器通过被测量使两副线圈的互感变化来实现测量。根据传感器的结构形式不同，变磁阻电感传感器和差动变压器又分为气隙型、截面型和螺管型等结构类型。

图 4-1 电感式传感器的分类

4.1 变磁阻电感传感器

变磁阻电感传感器主要有气隙型电感传感器、截面型电感传感器和螺管型电感传感器三种类型。气隙型电感传感器适于测量微小位移,灵敏度高,是最常用的变磁阻电感传感器。截面型电感传感器的灵敏度为常数,线性度好,因衔铁可做成转动式,多用于角位移测量。螺管型电感传感器的量程较大,灵敏度低,结构较简单,便于制作。

4.1.1 变磁阻电感传感器的工作原理

气隙型电感传感器如图 4-2 所示。传感器由线圈、铁芯和衔铁组成。当衔铁上下移动时,空气隙的厚度发生变化,导致磁路的磁阻改变,从而使缠绕在铁芯上的线圈的电感发生变化。

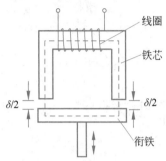

图 4-2 气隙型电感传感器示意图

线圈的电感 L 为

$$L = \frac{N^2}{R_m} \tag{4-1}$$

式中,N 是线圈匝数;R_m 是磁路的磁组。

磁路总磁阻 R_m 为

$$R_m = \frac{l_1}{\mu_1 A_1} + \frac{l_2}{\mu_2 A_2} + \frac{2\delta}{\mu_0 A_0} \tag{4-2}$$

式中,l_1 为铁芯磁路的长度;l_2 为衔铁磁路的长度;δ 为空气隙的厚度;μ_1 为铁芯的磁导率;μ_2 为衔铁的磁导率;μ_0 为空气的磁导率;A_1 为铁芯的横截面积;A_2 为衔铁的横截面积;A_0 为空气隙的横截面积。

当衔铁发生位移时,空气隙厚度 δ 发生变化,导致线圈的电感值变化。通过测量电路测得电感值的变化量,可以得到相对应的衔铁的位移量。

截面型电感传感器如图 4-3 所示。当衔铁上下移动时,空气隙的厚度不变,而空气隙的横截面积 A_0 发生变化,导致磁路的磁阻变化,从而使线圈的电感值发生变化。

螺管型电感传感器如图 4-4 所示。当衔铁发生水平位移时,螺管线圈内部的磁场发生改变,导致线圈的电感值发生变化。所以,根据线圈电感值的变化量可以得到衔铁的位移量。

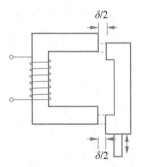

图 4-3 截面型电感传感器示意图

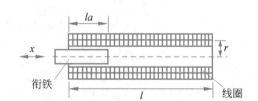

图 4-4 螺管型电感传感器示意图

4.1.2 变磁阻电感传感器的输出特性

本节以气隙型电感传感器为例,介绍变磁阻电感传感器的输出特性。随着空气隙厚度的变化,气隙型电感传感器的线圈电感值发生变化。线圈的初始电感值可以由式(4-3)

得到。

$$L_0 = \frac{\mu_0 A_0 N^2}{2\delta_0} \tag{4-3}$$

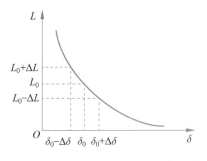

图 4-5 气隙型电感传感器的输出特性

式中，μ_0 为空气的磁导率；A_0 为空气隙的横截面积；N 为线圈的匝数；δ_0 为空气隙厚度的初始值。

当空气隙厚度变化时，线圈的电感值发生变化。线圈电感和空气隙厚度的关系曲线如图 4-5 所示。从图 4-5 可以看出，电感值的改变量 ΔL 和空气隙厚度的改变量 $\Delta\delta$ 之间的变化呈非线性。所以，气隙型电感传感器只适合于测量微小的位移。下面具体分析气隙型电感传感器的灵敏度和非线性特性。

1. 灵敏度

气隙型电感传感器的灵敏度是传感器线圈的电感值的改变量和空气隙厚度的改变量之比。下面分别对衔铁上移和下移时线圈电感值的改变量进行分析。

（1）当衔铁向上移动时，空气隙厚度减小，变为 $\delta_0 - \Delta\delta$。此时电感值为

$$L = L_0 + \Delta L = \frac{N^2 \mu_0 A_0}{2(\delta_0 - \Delta\delta)} \tag{4-4}$$

上式可以写为

$$L = \frac{L_0}{1 - \dfrac{\Delta\delta}{\delta_0}} \tag{4-5}$$

由于空气隙厚度的改变量很小，$(\Delta\delta/\delta_0) \ll 1$，可将式（4-5）泰勒级数展开，得到

$$L = L_0 + \Delta L = L_0 \left[1 + \frac{\Delta\delta}{\delta_0} + \left(\frac{\Delta\delta}{\delta_0}\right)^2 + \left(\frac{\Delta\delta}{\delta_0}\right)^3 + \cdots \right] \tag{4-6}$$

电感值的改变量 ΔL 为

$$\Delta L = L - L_0 = L_0 \frac{\Delta\delta}{\delta_0} \left[1 + \frac{\Delta\delta}{\delta_0} + \left(\frac{\Delta\delta}{\delta_0}\right)^2 + \cdots \right] \tag{4-7}$$

所以，电感值的相对改变量 $\Delta L/L_0$ 为

$$\frac{\Delta L}{L_0} = \frac{\Delta\delta}{\delta_0} \left[1 + \frac{\Delta\delta}{\delta_0} + \left(\frac{\Delta\delta}{\delta_0}\right)^2 + \cdots \right] \tag{4-8}$$

（2）当衔铁向下移动时，空气隙厚度增大，变为 $\delta_0 + \Delta\delta$。此时电感值为

$$L = L_0 + \Delta L = \frac{N^2 \mu_0 A_0}{2(\delta_0 + \Delta\delta)} = \frac{L_0}{1 + \dfrac{\Delta\delta}{\delta_0}} \tag{4-9}$$

同样，由于 $(\Delta\delta/\delta_0) \ll 1$，可将式（4-9）泰勒级数展开，得到

$$\Delta L = L_0 \frac{\Delta\delta}{\delta_0} \left[1 - \frac{\Delta\delta}{\delta_0} + \left(\frac{\Delta\delta}{\delta_0}\right)^2 - \left(\frac{\Delta\delta}{\delta_0}\right)^3 + \cdots \right] \tag{4-10}$$

电感值的相对改变量 $\Delta L/L_0$ 为

$$\frac{\Delta L}{L_0} = \frac{\Delta\delta}{\delta_0} \left[1 - \frac{\Delta\delta}{\delta_0} + \left(\frac{\Delta\delta}{\delta_0}\right)^2 - \left(\frac{\Delta\delta}{\delta_0}\right)^3 + \cdots \right] \tag{4-11}$$

对于衔铁上移或下移得到的式（4-8）和式（4-11），忽略其中的高阶项 $(\Delta\delta/\delta_0)^2$ 等，可以

得到电感值的相对改变量近似为

$$\frac{\Delta L}{L_0}=\frac{\Delta\delta}{\delta_0}\tag{4-12}$$

所以,得到灵敏度为

$$K_0=\frac{\frac{\Delta L}{L_0}}{\Delta\delta}=\frac{1}{\delta_0}\tag{4-13}$$

可见,气隙型电感传感器的灵敏度和初始空气隙的厚度成反比。所以,气隙型电感传感器适合测量微小位移,此时灵敏度较大。

2. 灵敏度 K 与 $\Delta\delta$ 的关系

当传感器的输出和输入关系为曲线时,用曲线的切线斜率表征该测量点处的灵敏度。气隙型电感传感器的输出特性如图 4-5 所示。衔铁的初始位置为 δ_0。当衔铁向上移动时,随着 $\Delta\delta$ 增大,曲线的切线斜率变大,即灵敏度增大。当衔铁向下移动时,随着 $\Delta\delta$ 增大,切线斜率变小,即灵敏度减小。下面具体分析灵敏度 K 与空气隙厚度 $\Delta\delta$ 之间的关系。

当衔铁上移 $\Delta\delta$ 时,电感值的改变量 ΔL 为

$$\Delta L=L-L_0=\frac{L_0}{1-\frac{\Delta\delta}{\delta_0}}-L_0=\frac{L_0\frac{\Delta\delta}{\delta_0}}{1-\frac{\Delta\delta}{\delta_0}}=L_0\frac{\Delta\delta}{\delta_0-\Delta\delta}\tag{4-14}$$

可以得到灵敏度为

$$K_0=\frac{\frac{\Delta L}{L_0}}{\Delta\delta}=\frac{1}{\delta_0-\Delta\delta}\tag{4-15}$$

所以,灵敏度与空气隙的实际厚度成反比。

当衔铁下移 $\Delta\delta$ 时,电感值的改变量 ΔL 为

$$\Delta L=L-L_0=\frac{L_0\frac{\Delta\delta}{\delta_0}}{1+\frac{\Delta\delta}{\delta_0}}=L_0\frac{\Delta\delta}{\delta_0+\Delta\delta}\tag{4-16}$$

灵敏度为

$$K_0=\frac{\frac{\Delta L}{L_0}}{\Delta\delta}=\frac{1}{\delta_0+\Delta\delta}\tag{4-17}$$

可见,变磁阻电感传感器的灵敏度与空气隙的实际厚度成反比。空气隙的初始厚度及厚度的改变量越小,灵敏度越大。空气隙厚度增大或减小时,灵敏度将发生变化。

3. 线性度与 $\Delta\delta$ 的关系

从分析可知,气隙型电感传感器的输出-输入关系为非线性,其非线性程度与空气隙厚度的改变量有关。当衔铁上移时,电感值的相对改变量为

$$\left(\frac{\Delta L}{L_0}\right)_{非线性部分}=\left(\frac{\Delta\delta}{\delta_0}\right)^2+\left(\frac{\Delta\delta}{\delta_0}\right)^3+\left(\frac{\Delta\delta}{\delta_0}\right)^4+\cdots\tag{4-18}$$

当衔铁下移时,电感值的相对改变量为

$$\left(\frac{\Delta L}{L_0}\right)_{非线性部分} = -\left(\frac{\Delta\delta}{\delta_0}\right)^2 + \left(\frac{\Delta\delta}{\delta_0}\right)^3 - \left(\frac{\Delta\delta}{\delta_0}\right)^4 + \cdots \tag{4-19}$$

可以看出,无论衔铁上移还是下移,电感值的相对改变量中都包含$(\Delta\delta/\delta_0)^2$等非线性项。所以,随着空气隙厚度的改变量$\Delta\delta$增大,非线性都将增大。

4. 差动变气隙型电感传感器

为了减小气隙型电感传感器的非线性误差,提高灵敏度,可以采用差动结构。差动变气隙型电感传感器的结构如图4-6所示,衔铁位于上、下两个气隙型电感传感器的中间位置。当衔铁向上移动时,上面的气隙型电感传感器的空气隙厚度减小,L_1的电感值增大;下面的气隙型电感传感器的空气隙厚度增大,L_2的电感值减小。将线圈L_1和L_2接到电桥电路的相邻两臂,可构成差动电桥电路。

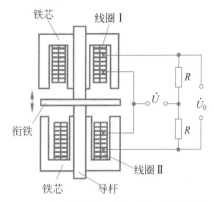

图 4-6　差动变气隙型电感传感器的结构

下面分析差动变气隙型电感传感器的线性度和灵敏度。当衔接上移$\Delta\delta$时,两个线圈的电感都将发生变化。电感值的改变量分别为ΔL_1和ΔL_2,总的电感值的改变量ΔL为

$$\Delta L = \Delta L_1 + \Delta L_2 = 2L_0\frac{\Delta\delta}{\delta_0}\left[1 + \left(\frac{\Delta\delta}{\delta_0}\right)^2 + \left(\frac{\Delta\delta}{\delta_0}\right)^4 + \cdots\right] \tag{4-20}$$

忽略式(4-20)中的高阶项得

$$\frac{\Delta L}{L_0} = 2\frac{\Delta\delta}{\delta_0} \tag{4-21}$$

所以,灵敏度近似为

$$K_0 = \frac{\dfrac{\Delta L}{L_0}}{\Delta\delta} = \frac{2}{\delta_0} \tag{4-22}$$

可以看出,差动变气隙型电感传感器的灵敏度是单个气隙型电感传感器的两倍,其电感改变量是两个线圈的电感改变量ΔL_1和ΔL_2之和。

对于非线性情况,忽略式(4-20)中的高阶项,差动变气隙型电感传感器的非线项为$2(\Delta\delta/\delta_0)^3$。而单个气隙型电感传感器的非线性项为$(\Delta\delta/\delta_0)^2$。由于$(\Delta\delta/\delta_0) \ll 1$,差动变气隙型电感传感器的非线性误差更小,其线性度得到明显改善。

4.1.3　变磁阻电感传感器的测量电路

变磁阻电感传感器的测量电路用于测量线圈电感值的变化,而电感值的改变量很小。常用电路包括交流电桥电路、变压器交流电桥和谐振式测量电路几种。

1. 交流电桥电路

交流电桥电路如图4-7所示,图中两臂Z_1和Z_2是电感传感器,其余两臂是阻值为R的电阻。所以,电桥的输出电压$\dot{U}_0$为

$$\dot{U}_0 = \dot{U}\left[\frac{Z_2}{Z_1 + Z_2} - \frac{R}{R + R}\right] \tag{4-23}$$

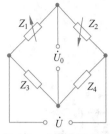

图 4-7 交流电桥电路

输出电压经整理,可得

$$\dot{U}_0 = \dot{U} \frac{Z_2 - Z_1}{2(Z_1 + Z_2)} \quad (4\text{-}24)$$

设上式中 Z_1 和 Z_2 组成差动变气隙型电感传感器,初始阻抗均为 Z。当气隙厚度变化时,阻抗 Z_1 变为 $Z+\Delta Z_1$,Z_2 变为 $Z-\Delta Z_2$。此时,输出电压如式(4-25)所示。输出电压与线圈阻抗的变化成正比。

$$\dot{U}_0 = -\dot{U} \frac{\Delta Z_1 + \Delta Z_2}{2(Z_1 + Z_2)} \quad (4\text{-}25)$$

2. 变压器交流电桥

变压器交流电桥是一种特殊的电桥电路,如图 4-8 所示。图中两个工作臂 Z_1 和 Z_2 是电感式传感器的线圈,平衡臂是变压器的两个副边。电路的输出电压为

$$u_0 = \frac{u}{Z_1 + Z_2} Z_2 - \frac{u}{2} = \frac{u}{2} \cdot \frac{Z_2 - Z_1}{Z_1 + Z_2} \quad (4\text{-}26)$$

式中,u 是交流电源的电压值。

如果采用差动工作,Z_1 和 Z_2 分别是差动变气隙型电感传感器中两个线圈的阻抗。当衔铁向上移动时,Z_1 变为 $Z+\Delta Z$,Z_2 变为 $Z-\Delta Z$,则输出电压为

$$u_0 = \frac{u}{2} \cdot \frac{\Delta Z}{Z} \quad (4\text{-}27)$$

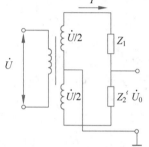

图 4-8 变压器交流电桥

当衔铁向下移动时,Z_1 变为 $Z-\Delta Z$,Z_2 变为 $Z+\Delta Z$,则输出电压为

$$u_0 = -\frac{u}{2} \cdot \frac{\Delta Z}{Z} \quad (4\text{-}28)$$

可见,变压器电桥电路的输出电压与线圈阻抗的变化成正比,同时输出电压的正负极性可以反映衔铁移动的方向。

3. 谐振式测量电路

电感式传感器中的电感线圈 L 可以和电阻、电容等元件构成谐振电路,来实现电感值改变量的测量。谐振式调幅电路及其输出特性如图 4-9 所示。谐振式调频电路及其输出特性如图 4-10 所示。谐振式测量电路的灵敏度较高,但输出特性为非线性,适合于对线性度要求不高的场合。谐振式测量电路可以得到较大的输出变化量。

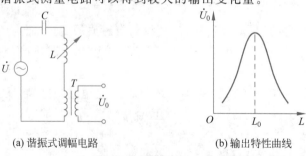

(a) 谐振式调幅电路　　　　　(b) 输出特性曲线

图 4-9 谐振式调幅电路及其输出特性

如图 4-9(a)所示,初始时刻衔铁处于平衡位置时,测量电路处于谐振状态。此时,输出电压 $\dot{U}_0$ 最大。测量时,衔铁的移动导致传感器线圈的电感值发生变化,电路不再处于谐振状态。此时,输出电压下降,如图 4-9(b)所示。根据输出电压的变化量可以得到相应电感值的变化,从而得到相应衔铁的位移量。

谐振式调频电路如图 4-10 所示。谐振电路的谐振频率 f 为

$$f = \frac{1}{2\pi\sqrt{LC}} \tag{4-29}$$

初始时刻电路处于谐振状态。测量时,电感值发生变化,导致谐振频率 f 改变。利用频率计可以测出电路的振荡频率。此时,根据频率的变化可求得 L 的改变量,从而得到相应衔铁的位移量。该测量电路的缺点是非线性比较严重,只能使用在线性度要求不高的场合。

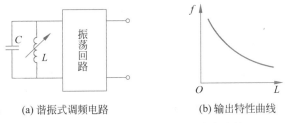

(a) 谐振式调频电路   (b) 输出特性曲线

图 4-10 谐振式调频电路及其输出特性

4.1.4 变磁阻电感传感器的应用

变磁阻电感传感器可以测量位移、力、压力、振动、速度和加速度等多种物理量。下面以气隙型电感压力传感器为例介绍其应用。气隙型电感压力传感器如图 4-11 所示。当高压气体进入膜盒时,膜盒发生膨胀,带动它上面的衔铁向上移动。此时,传感器的空气隙厚度减小,导致线圈的电感值增大,从而引起输出电压变化。输出电压的变化和被测压力的大小成正比。

差动变气隙型电感压力传感器如图 4-12 所示,图中上下两个气隙型电感传感器构成差动变气隙结构。

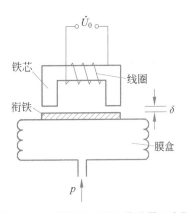

图 4-11 气隙型电感压力传感器示意图

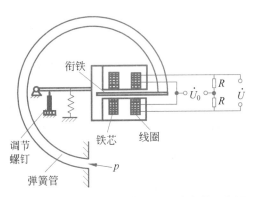

图 4-12 差动变气隙型电感压力传感器示意图

当被测高压气体进入弹簧管后使其变形,弹簧管的自由端产生位移,带动衔铁运动。气体压力越大,衔铁的位移量越大。衔铁的上下位移导致差动变气隙型电感传感器的两个线圈的电感值一个增大,另一个减小。通过电桥电路测得电感值的变化量,可以实现气体压力的检测。差动变气隙型电感压力传感器的灵敏度是单线圈电感压力传感器的两倍。

4.2 差动变压器

差动变压器利用线圈的互感变化实现测量,具有结构简单、灵敏度高、测量精度高、线性度好、稳定可靠、动态特性好等优点。差动变压器广泛用于位移、压力、力、振动和加速度等的测量。差动变压器的结构形式包括气隙型、截面型和螺管型等,它们的工作原理类似。下面主要介绍螺管型差动变压器。

4.2.1 差动变压器的工作原理

差动变压器主要由一个初级线圈、两个次级线圈、绝缘线圈骨架和圆柱形衔铁组成,其结构示意图如图 4-13 所示。当在初级线圈上加激励电压时,受交变电场的作用两个次级线圈内产生感应电动势。当螺线管中的衔铁在水平方向移动时,线圈周围的磁场发生变化,导致两个次级线圈的互感变化,从而使两个次级线圈内的感应电动势一个增大而另一个减小。两个次级线圈反向串联输出合成的感应电动势。这种传感器的结构类似于变压器,次级线圈为差动形式,故称为差动变压器。

差动变压器的等效电路如图 4-14 所示。图中左侧回路表示通以交流电 $\dot{E}_1$ 的初级线圈,初级线圈的电阻和电感分别为 R_1 和 L_1。右侧表示反向串联的两个次级线圈,它们产生的感应电动势分别为 $\dot{E}_{21}$ 和 $\dot{E}_{22}$。所以,差动变压器的输出电压 $\dot{E}_2$ 为

$$\dot{E}_2 = \dot{E}_{21} - \dot{E}_{22} = j\omega(M_1 - M_2)\dot{I}_1 \tag{4-30}$$

式中,$\dot{I}_1$ 是初级线圈的激励电流;M_1 和 M_2 分别是两个次级线圈与初级线圈之间的互感。

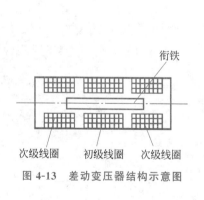

图 4-13 差动变压器结构示意图

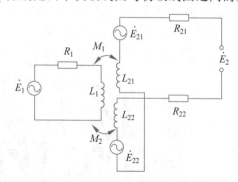

图 4-14 差动变压器的等效电路

随着衔铁水平方向的移动,互感值 M_1 和 M_2 发生变化。当衔铁处于中间平衡位置时,互感值 M_1 和 M_2 相等,均为 M。此时,输出电压 $\dot{E}_2$ 等于零。当衔铁向左侧移动时,M_1 增大为 $M+\Delta M$,M_2 减小为 $M-\Delta M$。把 M_1 和 M_2 代入式(4-30),可得

$$\dot{E}_2 = j\omega 2\Delta M \dot{I}_1 \tag{4-31}$$

当衔铁向右侧移动时，M_1 减小为 $M-\Delta M$，M_2 增大为 $M+\Delta M$。此时，可得 $\dot{E}_2 = -j\omega 2\Delta M \dot{I}_1$。由于电流 $\dot{I}_1$ 为激励电压与回路的阻抗之比，式(4-31)也可表示为

$$\dot{E}_2 = \frac{j\omega 2\Delta M \dot{E}_1}{R_1 + j\omega L_1} \tag{4-32}$$

可见，保持初级线圈的激励电压和线圈参数不变，输出电压与互感变化 ΔM 成正比。衔铁偏离中间位置的位移越大，ΔM 越大，则输出电压越大。差动变压器的输出电压反映了衔铁的位移量和运动方向。

差动变压器的输出特性如图 4-15 所示，图中 x 轴表示衔铁的位移。$\dot{E}_{21}$ 表示图中左侧的次级线圈产生的感应电动势，$\dot{E}_{22}$ 表示图中右侧次级线圈产生的感应电动势。总输出电压 U_0 为两个感应电动势之差。从图中可以看出，当衔铁向右侧移动时，$\dot{E}_{21}$ 逐渐增大，$\dot{E}_{22}$ 逐渐减小。当衔铁向左侧移动时，左侧线圈的磁场增强，$\dot{E}_{22}$ 逐渐增大。衔铁继续向左侧移动，$\dot{E}_{21}$ 达到最大值。当衔铁进一步向左侧移动，到达螺管线圈边缘时，磁场减小，感应电动

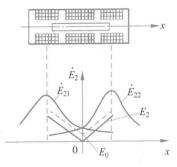

图 4-15 差动变压器的输出特性

势减小。在衔铁处于中间位置时，即图中零点时，两个次级线圈的感应电动势大小相等，输出电压为零。由于输出电压为两个次级线圈的感应电动势之差，随着衔接向右侧不断移动，输出电压逐渐增大。衔铁向左移动时，输出电压也逐渐增大。

如图 4-15 所示，图中 $\dot{E}_2$ 实线为输出电压的理想情况，实际输出电压如图中虚线所示。实际输出电压在零点位置存在零点残余电压，用 E_0 表示。零点残余电压是衔铁处于中间位置时存在的微小输出电压，一般为几毫伏到几十毫伏。零点残余电压经过放大后，有时会淹没正常信号。差动变压器必须减小零点残余电压，否则影响测量结果。零点残余电压产生的原因很多，主要包括两个次级线圈不完全相同、电气参数和几何尺寸不对称，以及磁性材料的非线性等。零点残余电压可以通过保持两个二次线圈的参数一致、磁路和线路对称，以及电路补偿等方法进行处理。

4.2.2 差动变压器的灵敏度

差动变压器的灵敏度是指衔铁移动单位长度时产生的输出电压变化，可用 mV/mm 表示。差动变压器的灵敏度与次级线圈匝数、激励电源电压、激励电源频率等有关。

次级线圈匝数越大，差动变压器的灵敏度越大，但匝数增大零点残余电压也增大。激励电源电压 $\dot{E}_1$ 越大，灵敏度越大，但 $\dot{E}_1$ 增大受线圈发热的限制。

灵敏度随初级线圈的激励电源频率变化的曲线如图 4-16 所示。图中横坐标表示差动变压器的激励电源频率，纵坐标表示差动变压器的灵敏度。灵敏度反映了输出电压的大小。

从图 4-16 中可以看出，当激励电源频率较小时，输出电压随频率的增大而逐渐增大。

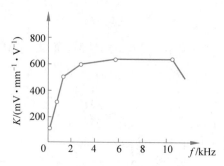

图 4-16　灵敏度随初级线圈的激励电源频率变化的曲线

由式(4-32)可知,差动变压器的输出电压 $\dot{E}_2$ 为

$$\dot{E}_2 = \frac{\mathrm{j}\omega 2\Delta M \dot{E}_1}{R_1 + \mathrm{j}\omega L_1}$$

当激励电源频率 f 较小时,由于 $\omega = 2\pi f$,上式分母中 $\omega L_1 \ll R_1$,输出电压变为

$$\dot{E}_2 = \frac{\mathrm{j}\omega 2\Delta M \dot{E}_1}{R_1} \tag{4-33}$$

所以,输出电压 $\dot{E}_2$ 随频率 f 增大而逐渐增大。

从图 4-16 中可以看出,当激励电源频率增大到一定程度时,输出电压保持不变。当激励电源频率继续增大至 $\omega L_1 \gg R_1$ 时,式(4-32)中分母项近似为 ωL_1。此时,输出电压为

$$\dot{E}_2 = \frac{2\Delta M \dot{E}_1}{L_1} \tag{4-34}$$

此时,灵敏度为常数,与频率无关。所以,激励电源频率增大时输出电压基本保持不变。

从图 4-16 中可以看出,当激励电源频率进一步增大时,输出电压下降。此时,线圈的趋肤效应(skin effect)增大,同时导体的涡流损耗和磁滞损耗增大,导致差动变压器的输出电压下降。趋肤效应指激励电流趋近于在金属材料的表面流动,导致线圈的阻抗增大。所以,差动变压器初级线圈的激励电源频率不能过高。

4.2.3　差动变压器的测量电路

差动变压器的主要误差是零点残余电压。为了消除零点残余电压,差动变压器的测量电路常采用差动整流电路和相敏检波电路。

1. 差动整流电路

差动整流电路如图 4-17 所示。差动变压器两个次级线圈的输出电压分别用二极管进行整流,整流后的电压或电流的差值作为输出。经过整流后,无论两个次级线圈输出电压的极性如何,流经电容 C_1 的电流方向都是从电路图中的节点 2 到节点 4；流经电容 C_2 的电流方向都是从节点 6 到节点 8。所以,整流电路的输出电压为

$$U_0 = U_{24} - U_{68} \tag{4-35}$$

当衔铁位于零位时, $U_{24} = U_{68}$,有 $U_0 = 0$；当衔铁位于零位以上时, $U_{24} > U_{68}$,此时 $U_0 > 0$；当衔铁位于零位以下时, $U_{24} < U_{68}$, $U_0 < 0$。所以, U_0 的正负极性可显示衔铁所处的位置。差动整流电路结构简单,性能较好,没有零点残余电压。

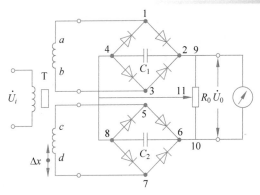

图 4-17 差动整流电路

2. 相敏检波电路

相敏检波电路如图 4-18(a) 所示。图中 u_0 是检波器的同步信号；$u_{y'}$ 是差动变压器的输出电压；$u_{y''}$ 是负载的输出电压，即相敏检波电路的输出电压。参考信号 u_0 的幅值远大于 $u_{y'}$ 的幅值，以便控制四个二极管的导通状态。当 u_0 和 $u_{y'}$ 均为正半周时，二极管 VD_2 和 VD_3 导通，VD_1 和 VD_4 截止。正半周的等效电路如图 4-18(b) 所示。当 u_0 和 $u_{y'}$ 均为负半周时，二极管 VD_2 和 VD_3 截止，VD_1 和 VD_4 导通。负半周的等效电路如图 4-18(c) 所示。

当衔铁位移 $\Delta x > 0$ 时，u_0 与 $u_{y'}$ 为同频同相。无论 u_0 与 $u_{y'}$ 是正半周还是负半周，负载电阻 R_L 两端的输出电压 $u_{y''}$ 始终为正。$u_{y''}$ 如式(4-36)所示，其中，n_1 是变压器的电压比。

$$u_{y''} = i_f \cdot R_f = \frac{R_f U_{y'}}{n_1(R + 2R_f)} \tag{4-36}$$

当衔铁位移 $\Delta x < 0$ 时，u_0 与 $u_{y'}$ 为同频反相。无论 u_0 与 $u_{y'}$ 是正半周还是负半周，负载电阻 R_L 两端的输出电压 $u_{y''}$ 始终为负。$u_{y''}$ 如式(4-37)所示。

$$u_{y''} = i_f \cdot R_f = -\frac{R_f U_{y'}}{n_1(R + 2R_f)} \tag{4-37}$$

所以，相敏检波电路的输出电压反映了衔铁位移的大小，输出电压的极性反映了衔铁位移的方向。

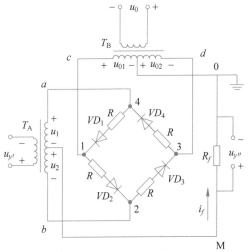

(a) 相敏检波电路示意图

图 4-18 相敏检波电路

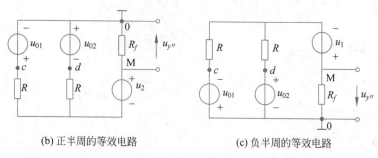

(b) 正半周的等效电路   (c) 负半周的等效电路

图 4-18 （续）

相敏检波电路的波形图如图 4-19 所示。假定衔铁位移 x 为正弦信号,当衔铁位移 $\Delta x > 0$ 时,输出电压为正;当衔铁位移 $\Delta x < 0$ 时,输出电压为负。相敏检波电路的输出电压在衔铁零位时输出为零,避免了如图 4-15 所示 V 形输出特性曲线的零点残余电压。相敏检波电路的输出电压需经过低通滤波得到被测信号。

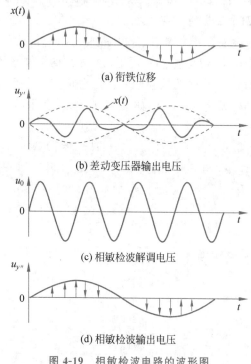

(a) 衔铁位移

(b) 差动变压器输出电压

(c) 相敏检波解调电压

(d) 相敏检波输出电压

图 4-19 相敏检波电路的波形图

4.3 电涡流式传感器

电涡流式传感器利用电涡流效应(eddy current effect)可实现多种被测量的静态或动态测量,包括位移、振幅、厚度、转速、温度、金属探伤、硬度等。电涡流式传感器可实现非接触测量,具有测量范围大、灵敏度高、响应速度快、抗干扰力强、不受油污等介质影响、结构简单、安装方便等特点,在工业生产和科学研究中应用广泛。

4.3.1　电涡流式传感器的工作原理

电涡流式传感器的工作原理是基于电涡流效应。当金属导体处于变化的磁场中时,导体内将产生流线闭合并呈漩涡状流动的感应电流,这种电流称为电涡流或涡流。电涡流将消耗磁场能量,导致线圈的阻抗发生变化,这种现象称为电涡流效应。

电涡流效应的示意图如图 4-20 所示。当线圈中通以交变电流时,线圈的周围将产生交变的磁场。当金属导体处于变化的磁场中时,导体内部产生电涡流。电涡流的磁场方向和激励电流的磁场方向相反。电涡流消耗激励电流磁场能量,引起线圈的阻抗发生变化。金属导体与线圈之间的距离 x 越小,产生的电涡流越大,线圈阻抗的变化越大。线圈的阻抗 Z 与距离 x、金属的电阻率 ρ、磁导率 μ、线圈的尺寸 r、线圈的激励电流频率 ω 等有关,可用函数表示为

$$Z = F(\rho, \mu, r, x, \omega) \tag{4-38}$$

若只改变其中一个参数而保持式中其他参数不变,则线圈的阻抗就成为这个参数的单值函数。例如只改变 x,保持材料的其他参数不变,可以利用阻抗的变化测量金属导体和激励线圈之间的位移。

线圈和金属导体的等效电路如图 4-21 所示。下面通过等效电路分析线圈阻抗 Z 的变化。图中左侧表示通交流电的激励线圈,右侧表示内有封闭电涡流的金属导体。线圈与金属导体之间存在互感 M,互感随间距 x 的减小而增大。图中 $\dot{U}$ 为激励电压;R_1 和 L_1 分别是线圈的电阻和电感;R_2 和 L_2 分别是金属导体的电阻和电感。根据等效电路,可以列出方程

$$\begin{cases} R_1\dot{I}_1 + j\omega L_1\dot{I}_1 - j\omega M\dot{I}_2 = \dot{U} \\ R_2\dot{I}_2 + j\omega L_2\dot{I}_2 - j\omega M\dot{I}_1 = 0 \end{cases} \tag{4-39}$$

解方程可得

$$\dot{I}_1 = \cfrac{\dot{U}}{\left\{ \left(R_1 + \cfrac{\omega^2 M^2}{R_2{}^2 + (\omega L_2)^2} R_2 \right) + j\left[\omega L_1 - \cfrac{\omega^2 M^2}{R_2{}^2 + (\omega L_2)^2} \omega L_2 \right] \right\}} = \cfrac{\dot{U}}{Z} \tag{4-40}$$

所以,线圈的等效阻抗 Z 为

$$Z = R + j\omega L \tag{4-41}$$

式中,等效电阻 R 为

$$R = R_1 + \cfrac{\omega^2 M^2}{R_2{}^2 + (\omega L_2)^2} R_2 \tag{4-42}$$

等效电感 L 为

$$L = L_1 - \cfrac{\omega^2 M^2}{R_2{}^2 + (\omega L_2)^2} L_2 \tag{4-43}$$

从式(4-41)可以看出,线圈的阻抗与激励线圈的频率,和线圈与金属之间的互感系数相关。线圈和金属导体之间的电涡流效应使线圈的电感由 L_1 减小为 L,电阻由 R_1 增大为 R。间距 x 越小,互感 M 越大,导致电感 L 的变化量越大。电感线圈的品质因数 Q 也是互感系数和线圈频率的函数。因此,当线圈和金属导体之间的距离变化时,激励线圈的阻抗、

电感和品质因数都将发生变化。通过测量电路得到 Z、L 和 Q 中的任一参量，可以测得位移的变化量。

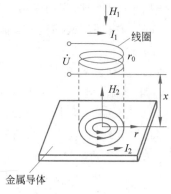

图 4-20　电涡流效应的示意图

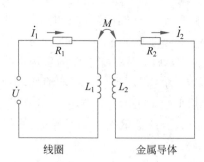

图 4-21　线圈和金属导体的等效电路

4.3.2　电涡流的分布范围

电涡流的大小不仅随线圈与金属导体之间距离不同而变化，在金属导体内部电涡流大小的分布也不同。

1. 电涡流与距离 x 的关系

金属导体中的电涡流密度可以表示为

$$j_2 = j_1 \left[1 - \frac{1}{\sqrt{1+(r_{OS}/x)^2}} \right] \tag{4-44}$$

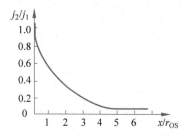

图 4-22　电涡流密度与距离 x 的关系

式中，j_1 是线圈的激励电流密度；j_2 是金属导体内的电涡流密度；x 是线圈与金属导体间的距离；r_{OS} 是线圈的外半径。

电涡流密度随着 x 的增大而逐渐减小，如图 4-22 所示。图中横坐标是 x/r_{OS}，纵坐标是 j_2/j_1。可以看出，要达到相同的电涡流密度比 j_2/j_1，当激励线圈的外半径 r_{OS} 越大时，距离 x 相应也越大。因此，要根据探测的金属与线圈之间的距离范围，选择合适的激励线圈半径。

2. 电涡流的径向分布范围

当金属导体与线圈的距离一定时，金属导体内的电涡流在半径方向有一定的形成范围。不同半径位置处，电涡流密度大小不同，如式（4-45）所示。在金属导体内半径为 r 处的电涡流密度 j_r 可以表示为

$$j_r = \begin{cases} j_0(r/r_{OS})^4 e^{-4(1-r/r_{OS})}, & 0 \leqslant r \leqslant r_{OS} \\ j_0(r/r_{OS})^{14} e^{14(1-r/r_{OS})}, & r \geqslant r_{OS} \end{cases} \tag{4-45}$$

式中，j_0 是金属导体表面产生的最大电涡流密度；r_{OS} 是激励线圈的外半径；r 是半径。

电涡流密度的径向分布范围如图 4-23 所示。图中横坐标为 r/r_{OS}，纵坐标为 j_r/j_0。当 $r=0$ 时，电涡流密度为零。当 $r=r_{OS}$ 时，电涡流密度最大。随着半径 r 继续增大，电涡

流密度逐渐减小为零。

因此,根据探测的金属导体尺寸,需要选择合适的激励线圈半径。如果被测金属导体的尺寸很小,不适合选择大半径的线圈进行测量。

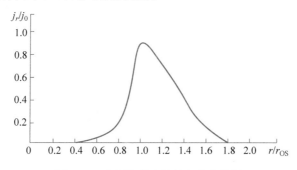

图 4-23　电涡流密度的径向分布范围

3. 电涡流的轴向贯穿深度

电涡流密度在金属导体内随着与金属表面距离的增大而呈指数衰减,其在轴向方向的分布如式(4-46)所示。

$$j_t = j_0 \mathrm{e}^{-\frac{t}{h}} \tag{4-46}$$

式中,t 是金属导体内某点到金属表面的距离;j_t 是在金属导体内与金属表面距离为 t 处的电涡流密度;j_0 是金属表面的电涡流密度;h 是轴向贯穿深度。

轴向贯穿深度是电涡流密度等于 j_0/e 时离金属导体表面的距离,也称趋肤深度。轴向贯穿深度与线圈的激励频率、金属导体的磁导率、电阻率等有关,如式(4-47)所示。

$$h = \sqrt{\frac{\rho}{\mu_0 \mu_r \pi f}} \tag{4-47}$$

式中,f 是激励频率;ρ 是导体的电阻率;μ_0 是真空磁导率;μ_r 是导体的相对磁导率。

电涡流密度在金属导体内沿轴向的分布如图 4-24 所示。电涡流密度随 t 的增大而逐渐减小,其在金属表面具有最大值。图中三条曲线分别对应激励线圈的频率为 f_1、f_2 和 f_3,且 $f_1 > f_2 > f_3$。可见,激励线圈的频率越大,轴向贯穿深度 h 越小。可以根据被测导体的厚度及被测环境选择合适的激励线圈频率。

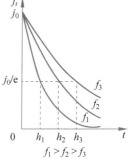

图 4-24　电涡流密度在金属导体内沿轴向的分布

4.3.3　电涡流式传感器的测量电路

电涡流式传感器的测量电路可采用电桥电路、谐振电路和正反馈电路等,将传感器线圈的品质因数、等效阻抗或等效电感参数的变化变换为电压或频率的变化。一般用电桥电路测量阻抗的变化,用谐振电路测量电感的变化。

1. 电桥电路

电涡流式传感器电桥电路如图 4-25 所示,图中 L_A 和 L_B 表示两个采用差动结构的电涡流式传感器的线圈。初始时刻,两个传感器线圈的阻抗完全相同,电桥输出为零。测量时,当线圈靠近被测导体时,两者之间距离 x 发生变化,导致线圈 L_A 和线圈 L_B 的阻抗发生变化。因此,电桥失去平衡,电压经过放大后输出。输出电压的大小和阻抗的变化量成正比,而阻抗的变化是距离 x 的函数。

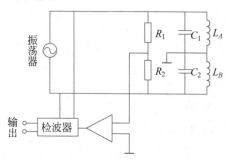

图 4-25　电涡流式传感器电桥电路

2. 谐振测量电路

电涡流式传感器的谐振测量电路分为调频式谐振测量电路和调幅式谐振测量电路两种。调频式谐振测量电路如图 4-26 所示。电涡流式传感器线圈的电感 L 与固定电容值的电容并联,构成谐振电路。初始时刻谐振电路的谐振频率 f_0 为

$$f_0 = \frac{1}{2\pi\sqrt{LC}} \tag{4-48}$$

当被测导体靠近传感器线圈时,位移量 Δx 使电感值发生变化,导致谐振频率变为

$$f = \frac{1}{2\pi\sqrt{(L+\Delta L)C}} \tag{4-49}$$

频率的改变量 Δf 可以用频率计测得,并通过频率-电压转换得到输出电压,从而得到位移量 Δx。调频式电路的稳定性较差,为避免连接电缆线分布电容的影响,通常将电容元件和电涡流式传感器装在一起。

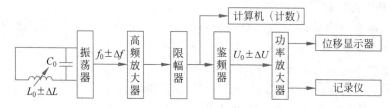

图 4-26　调频式谐振测量电路

调幅式谐振测量电路如图 4-27 所示,由电涡流式传感器线圈和电容器构成谐振电路。初始时刻电路处于谐振状态,谐振频率 f_0 如式(4-48)所示。当电涡流式传感器接近被测体时,线圈电感变化 ΔL 使电路失去谐振状态,输出电压的幅值下降。调幅式谐振电路输出电压随位移变化的曲线如图 4-28 所示。图中 x 表示线圈和被测导体之间的距离,x_0 表示初始时刻处于谐振状态时的距离。可见,无论 x 增大还是减小,输出电压幅值都下降。输出电压和距离 x 呈近似线性关系。

调幅电路的谐振曲线如图 4-29 所示。当电涡流式传感器接近被测体时,线圈的等效电感发生变化,电路失去谐振状态。当被测导体是非磁性材料时,线圈的等效电感减小。此

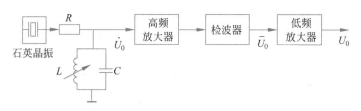

图 4-27 调幅式谐振测量电路

时,谐振频率增大,谐振峰右移,阻抗减小为 Z_1' 或 Z_2'。非磁性材料不能被磁化,例如铜、铝、镁、锌等金属。当被测导体是软磁性材料时,线圈的等效电感增大。此时,谐振频率减小,谐振峰左移,阻抗减小为 Z_1 或 Z_2。软磁材料易于磁化也易于退磁,例如铁硅合金、钢铁等。

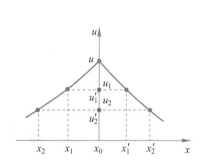

图 4-28 调幅式谐振电路输出电压随位移变化的曲线

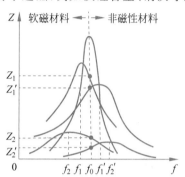

图 4-29 调幅电路的谐振曲线

4.3.4 电涡流式传感器的应用

电涡流式传感器具有结构简单、灵敏度较高和非接触测量等很多优点。电涡流式传感器可以测量位移、振动振幅、转速、厚度和表面不平整度等多种参量,以及探测材料属性和无损探伤等。

电涡流式传感器的激励线圈位于传感器的探头内,根据探测距离的不同应选择合适尺寸的线圈。探头的外半径越大,即线圈的尺寸越大,则传感器的测量范围越大。电涡流式传感器探头的示例如图 4-30 所示。图 4-30 中电涡流传感器的探头外径范围为 6～63mm,其测量的位移范围为 0～0.5mm 和 0～40mm,非线性误差为 0.6%～3.0%,分辨率最小为 0.1μm。

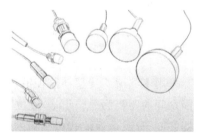

图 4-30 电涡流式传感器探头的示例

电涡流式传感器测量振幅和转速,以及进行无损探伤的示意图如图 4-31 所示。测量振幅的示意图如图 4-31(a)所示。被测金属转轴与电涡流式传感器之间的距离变化,可由传感器的输出电压测得。将多个传感器并排放置在转轴附近,用多通道指示仪输出并记录它们的电压,则转轴各个位置的瞬时振幅及转轴的振动波形图可以测得。悬臂梁的振幅和频率也可由电涡流式传感器测量。当悬臂梁振动时,其自由端与电涡流式传感器之间的距离不断变化。悬臂梁的最大振幅可由传感器的输出电压得到,而通过计数脉冲可以测得悬臂梁的振动频率。测量转速的示意图如图 4-31(b)所示。在高速旋转的转轴上固定了一个不影响其转动的金属小齿轮,电涡流式传感器靠近齿轮放置。当转轴带动齿轮旋转时,由于齿顶距离传感器较近而齿根距离较远,传感器因距离的变化将输出电脉冲。若齿轮的齿数为 n,转轴每转动一圈传感器将输出 n 个电脉冲。对脉冲进行计数可求得转轴的转速。无损探伤的示意图如图 4-31(c)所示。金属被测体上面可能有裂纹、划痕和内部凹陷等,电涡流式传感器可以对其进行非接触无损检测。金属材料的损伤会改变其电阻率、磁导率等参数,而这些参数影响传感器线圈的阻抗。测量时,电涡流式传感器靠近被测体并保持两者之间的距离不变,然后沿被测体表面移动。当经过裂纹等缺陷时,传感器线圈的阻抗发生变化,引起输出电压变化。因此,电涡流式传感器可以实现无损探伤。

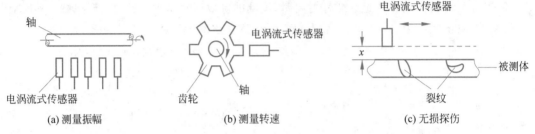

图 4-31　电涡流式传感器测量振幅、测量转速及无损探伤示意图

测量偏心和振动的示意图如图 4-32(a)所示。当高速旋转的转轴在半径方向发生振动或偏离中心时,转轴与传感器之间的距离发生变化,导致输出电压变化。如图 4-32(b)所示,汽轮机转动时叶片的振动情况也可用电涡流式传感器进行探测。

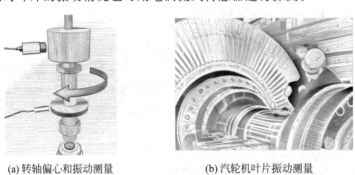

图 4-32　测量偏心和振动的示意图

采用电涡流式传感器监控液位的示意图如图 4-33 所示。设初始时刻涡流板和传感器线圈之间的距离为 x_0,此时,液位保持在预定高度。当液位下降时,浮子带动涡流板远离传感器线圈,导致电涡流式传感器的输出电压变化。经过测量电路及功率放大处理后,系统发出报警信号并通过继电器打开电动泵。电动泵启动给水使液位升高。当液位高于预定高度时,涡流板距离传感器线圈过近,导致传感器的输出电压变化。系统处理后产生报警信号并通过继电器控制电动泵停止工作,从而使液位保持在预定高度。

图 4-33　电涡流式传感器监控液位的示意图

电涡流式探雷器如图 4-34 所示。探雷器通过大尺寸的电涡流式传感器线圈,可感知地下埋藏的含金属成分的地雷。电涡流式探雷器的灵敏度较高,可以实现非接触探测。

图 4-34　电涡流式探雷器

4.4　例题解析

例 4-1　交流电桥电路如图 4-35 所示。初始时刻,$Z_1 = 400\Omega$,$Z_2 = 800\Omega$,$Z_3 = j0.1\omega\Omega$,电源电压为 10V,频率 $f = 1000\text{Hz}$。图中两臂 Z_3 和 Z_4 是电涡流式传感器。求:

(1) 电桥平衡时的阻抗 Z_4;

(2) 若负载电阻充分大,测量时,当 $Z_3 = j0.15\omega\Omega$ 时,电路的输出电压 U_0。

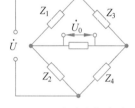

图 4-35　交流电桥电路

解:

由电桥平衡条件 $Z_1 Z_3 = Z_2 Z_4$ 可得

$$Z_4 = 400 \times j0.1\omega/800 = j0.2\omega$$

而 $\omega = 2\pi f = 2 \times 3.14 \times 1000 = 6280$,故

$$Z_4 = j0.2\omega = j1256(\Omega)$$

由于负载电阻充分大,由交流电桥式(4-23)可得,输出电压为

$$\dot{U}_0 = \dot{U}\left[\frac{Z_4}{Z_3 + Z_4} - \frac{Z_2}{Z_1 + Z_2}\right] = 10 \times \left[\frac{j0.2\omega}{j0.15\omega + j0.2\omega} - \frac{800}{400 + 800}\right] = -0.95(\text{V})$$

所以,电桥平衡时的阻抗 Z_4 为 $j1256\Omega$,输出电压为 -0.95V。

4.5　本章小结

本章介绍了变磁阻电感传感器、差动变压器和电涡流式传感器。通过学习,应该掌握以下内容:电感式传感器的分类,变磁阻电感传感器的工作原理、输出特性及其测量电路,差动变压器的工作原理、测量电路、零点残余电压及其补偿,电涡流式传感器的工作原理,电涡流分布范围,电涡流式传感器的测量电路及其应用等。

习题 4

4-1　电感式传感器有哪些类型? 简述其工作原理及特点。

4-2 比较差动式自感传感器和差动变压器的区别。

4-3 在电感传感器中常采用相敏检波电路,其作用是什么?

4-4 简述零点残余电压及消除零点残余电压的主要方法。

4-5 下列位移传感器中,_____可以实现非接触测量。

    A. 电阻应变式位移传感器

    B. 螺管式电感位移传感器

    C. 电涡流位移传感器

4-6 电感传感器中哪些类型适合测量 100mm 以上的大量程位移? 哪些类型适合高精度测量微小位移?

4-7 电涡流的形成范围和贯穿深度与哪些因素有关? 被测体对涡流传感器的灵敏度有何影响?

4-8 电涡流式传感器的主要优点是什么?

4-9 交流电桥电路如图 4-36 所示,$Z_1 = 500\Omega$,$Z_2 = 1000\Omega$,$Z_3 = -\mathrm{j}10^6/(0.2\omega)\Omega$,电源电压 10V,电源频率 $f = 1000\mathrm{Hz}$。求:

(1) 电桥平衡时 Z_4 的大小;

(2) 当 $Z_2 = 100^2\Omega$ 时,高阻检流计上的电压降 U_{AC}。

4-10 电感传感器电源电压 $U = 10\mathrm{V}$,$f = 500\mathrm{Hz}$,传感器线圈铜电阻与电感量分别为 $R = 10\Omega$,$L = 20\mathrm{mH}$,用两只匹配电阻设计成四臂等阻抗电桥,如图 4-37 所示。试求:

(1) 匹配电阻 R_3 和 R_4 的值;

(2) 当传感器阻抗变化 $\Delta Z = 2\Omega$ 时,采用单臂电桥和双臂差动电桥时的输出电压值分别为多少?

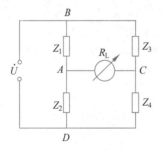

图 4-36　交流电桥电路

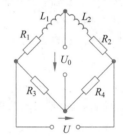

图 4-37　交流电桥电路图

4-11 简述电涡流效应及电涡流式传感器的应用。

4-12 画图说明电涡流密度在导体的径向的分布特点。

4-13 差动变气隙型电感传感器的性能有哪些改善?

4-14 简述差动变压器的灵敏度与激励电源频率的关系。

第 5 章

CHAPTER 5

电容式传感器

本章要点：

◇ 电容式传感器的工作原理及输出特性，灵敏度与非线性特性；

◇ 电容式传感器的分类：变极距型电容传感器、变面积型电容传感器和变介质型电容传感器；

◇ 电容式传感器的测量电路：二极管双 T 型电路工作原理及特点，差动脉冲调宽电路原理及特点；

◇ 电容式传感器的应用。

电容式传感器(capacitive sensor)具有结构简单、动态响应快、温度稳定性好、易于实现非接触测量等优点，可以测量位移、压力、厚度、加速度、转速、液位和成分含量等参量。随着集成技术的发展，电容式传感器易受干扰和存在分布电容影响等缺点已不断被克服。电容式传感器在工业自动化等很多领域应用广泛。

5.1 电容式传感器的工作原理及其特性

电容式传感器以各种类型的电容器作为传感元件，将被测物理量的变化转换为电容量的变化。传感器本身或者连同被测物体构成了一个可变电容器。以平板电容器为例，其电容值 C 为

$$C = \frac{\varepsilon A}{d} = \frac{\varepsilon_r \varepsilon_0 A}{d} \tag{5-1}$$

式中，介电常数 $\varepsilon = \varepsilon_0 \varepsilon_r$；$\varepsilon_r$ 是极板间介质的相对介电常数；真空介电常数 $\varepsilon_0 = 8.85 \times 10^{-12} \mathrm{F/m}$；$A$ 为两极板相互覆盖的面积；d 是两极板间距。

当极板间距、极板相对面积或相对介电常数中的任一参数发生变化，而其他参数不变时，电容式传感器的电容值都将发生变化。电容式传感器分为变极距型电容传感器、变面积型电容传感器和变介质型电容传感器三种类型。电容式传感器的常见结构示意图如图 5-1 所示。变面积型电容传感器如图 5-1(a)～图 5-1(e)所示。当被测量改变极板相对面积时，电容式传感器的电容值发生变化。变面积型电容传感器可以测量较大的线位移或角位移等。变介质型电容传感器如图 5-1(f)和图 5-1(g)所示。当被测量改变极板间的相对介电常数时，电容式传感器的电容值发生变化。变介质型电容传感器可以测量液位、湿度和密度

等。变极距型电容传感器如图 5-1(h)和图 5-1(i)所示。当被测量使极板间距发生变化时，电容式传感器的电容值变化。变极距型电容传感器适合测量微小的线位移。

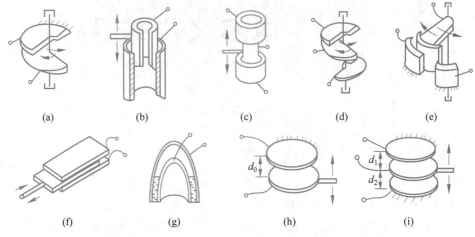

(a)   (b)   (c)   (d)   (e)

(f)   (g)   (h)   (i)

图 5-1   电容式传感器的常见结构示意图

5.1.1   变面积型电容传感器的特性

变面积型电容传感器通过改变电容器两个极板相互覆盖面积，使电容值发生变化。变面积型电容传感器分为测量线位移和角位移两种类型。

1. 线位移

测量线位移的变面积型电容传感器的结构形式分为平面线位移型和圆筒线位移型两种。平面线位移型电容传感器示意图如图 5-2 所示，圆筒线位移型电容传感器示意图如图 5-3 所示。

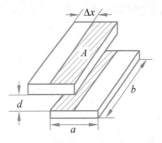

图 5-2   平面线位移型电容传感器示意图

图 5-3   圆筒线位移型电容传感器示意图

（1）平面线位移型。平面线位移型电容传感器的一个极板固定，而另一个极板可动，两个极板的间距保持不变。当可动极板移动时，两个极板相互覆盖的面积发生变化，导致电容值变化。

下面分析平面线位移型电容传感器的灵敏度和非线性特性。初始时刻，传感器的电容值 C_0 为

$$C_0 = \frac{\varepsilon a b}{d} \tag{5-2}$$

式中，ε 为极板间介质的介电常数；a 和 b 分别为极板的长度和宽度；d 为极板间距。

当可动极板发生位移 Δx 时,两个极板相互覆盖的面积发生变化。若极板发生位移后的电容值为 C,则电容值的改变量为

$$\Delta C = C - C_0 = \frac{\varepsilon b(a - \Delta x)}{d} - \frac{\varepsilon ab}{d} = -\frac{\varepsilon b \Delta x}{d} \tag{5-3}$$

灵敏度为输出的改变量与输入的改变量 Δx 的比值。所以,灵敏度为

$$K = \frac{\Delta C}{\Delta x} = -\frac{\varepsilon b}{d} \tag{5-4}$$

若考虑电容的相对改变量 $\Delta C/C$,得到灵敏度为

$$K = \frac{\frac{\Delta C}{C_0}}{\Delta x} = -\frac{1}{a} \tag{5-5}$$

可以看出,平面线位移型电容传感器的电容值的改变量与位移的变化 Δx 呈线性关系。灵敏度 K 为常数,增大极板宽度 b 及减小极板间距 d 均可提高灵敏度。

(2)圆筒线位移型。如图 5-3 所示,电容传感器由两个长度为 l 的圆筒状极板构成,其外侧为固定极板,内侧为动极板。初始时刻,两个极板重叠,传感器的电容值 C_0 为

$$C_0 = \frac{2\pi\varepsilon l}{\ln(R/r)} \tag{5-6}$$

式中,R 是外极板的半径;r 是内极板的半径。

当两极板发生相对位移 Δx 时,电容值 C 变为

$$C = \frac{2\pi\varepsilon(l - \Delta x)}{\ln(R/r)} = \frac{2\pi\varepsilon l\left(1 - \frac{\Delta x}{l}\right)}{\ln(R/r)} \tag{5-7}$$

上式整理可得

$$C = C_0\left(1 - \frac{\Delta x}{l}\right) \tag{5-8}$$

因此,可以得到电容值的改变量 ΔC。所以,灵敏度为

$$K = \frac{\Delta C}{\Delta x} = -\frac{2\pi\varepsilon}{\ln(R/r)} \quad 或 \quad K = \frac{\frac{\Delta C}{C_0}}{\Delta x} = -\frac{1}{l} \tag{5-9}$$

可以看出,圆筒线位移型电容传感器的电容改变量与位移的变化呈线性关系。

2. 角位移

角位移型电容传感器的示意图如图 5-4 所示。传感器由定极板和动极板组成。当动极板转动角度 θ 时,两极板相互覆盖的面积发生变化,导致电容值发生变化。初始时刻 $\theta = 0$ 时,电容值 C_0 为

$$C_0 = \frac{\varepsilon_r\varepsilon_0\pi r^2}{2d} \tag{5-10}$$

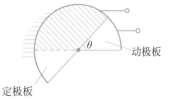

图 5-4 角位移型电容传感器的示意图

当转动角度为 θ 时,由扇形面积 $s = \frac{\theta r^2}{2}$,此时电容值 C 为

$$C = \frac{\varepsilon_r \varepsilon_0 (\pi r^2 - \theta r^2)}{2d} \tag{5-11}$$

电容值改变量 ΔC 为

$$\Delta C = -\frac{\theta}{\pi} C_0$$

角位移型电容传感器的灵敏度为电容值的改变量 ΔC 与角度变化之比。所以，灵敏度为

$$K = -\frac{\Delta C}{\theta} = -\frac{C_0}{\pi} \tag{5-12}$$

可以看出，电容值的改变量与角位移 θ 呈线性关系，灵敏度 K 为常数。

5.1.2　变介质型电容传感器的特性

变介质型电容传感器有三种结构形式，如图 5-5 所示。被测介质充满电容器极板的情况如图 5-5(a)所示，被测介质部分进入电容器极板的情况如图 5-5(b)所示，圆筒结构变介质型电容器如图 5-5(c)所示。

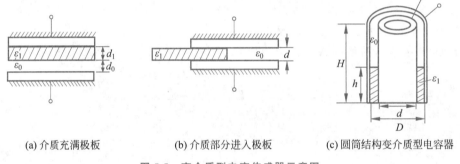

(a) 介质充满极板　　　　(b) 介质部分进入极板　　　　(c) 圆筒结构变介质型电容器

图 5-5　变介质型电容传感器示意图

对于图 5-5(a)的情况，传感器的电容值为

$$C = \frac{\varepsilon_0 \varepsilon_1 A}{\varepsilon_1 d_0 + d_1} \tag{5-13}$$

式中，介质厚度是 d_1；空气厚度是 d_0；介质介电常数为 ε_1。初始时刻，传感器的两极板间没有被测介质时，其电容值 C_0 为

$$C_0 = \frac{\varepsilon_0 A}{d_0 + d_1} \tag{5-14}$$

当被测介质置于两极板之间时，由式(5-13)和式(5-14)得到电容值的改变量 ΔC 为

$$\Delta C = C_0 \frac{\varepsilon_1 - 1}{\varepsilon_1 \dfrac{d_0}{d_1} + 1} \tag{5-15}$$

可以看出，电容值的改变量 ΔC 与介电常数 ε_1 是非线性关系。

对于图 5-5(b)的情况，相当于两个电容器并联。其中一个电容器介质的介电常数是 ε_1，而另一个电容器的介质是空气。因此，可得传感器的电容值为

$$C = \frac{\varepsilon_0 \varepsilon_1 A_1 + \varepsilon_0 A_2}{d} \qquad (5\text{-}16)$$

初始时刻,当没有介质进入两个极板之间时,电容值 C_0 为

$$C_0 = \frac{\varepsilon_0 A_1 + \varepsilon_0 A_2}{d} \qquad (5\text{-}17)$$

测量时,被测介质进入两个极板之间,则电容值 C 为

$$C = \frac{\varepsilon_0 \varepsilon_1 A_1 + \varepsilon_0 A_2}{d}$$

可以得到电容改变量 ΔC 与被测介质的介电常数 ε_1 之间的关系为

$$\Delta C = \frac{\varepsilon_0 A_1 (\varepsilon_1 - 1)}{d} \qquad (5\text{-}18)$$

由于式(5-18)中 A_1 和 d 都是常数,所以电容改变量与被测介质的介电常数呈线性关系。

圆筒结构的变介质型电容传感器可以测量被测介质的液位高度,如图 5-5(c)所示。初始时刻,极板间没有液体时,电容值 C_0 为

$$C_0 = \frac{2\pi\varepsilon_0 H}{\ln\dfrac{D}{d}} \qquad (5\text{-}19)$$

测量时,被测液体高度为 h 时,总电容值 C 为空气介质部分的电容值 C_1 和液体介质部分的电容值 C_2 之和,如式(5-19)所示。

$$C = C_1 + C_2 = \frac{2\pi\varepsilon_0 (H-h)}{\ln\dfrac{D}{d}} + \frac{2\pi\varepsilon_0 \varepsilon_1 h}{\ln\dfrac{D}{d}} = \frac{2\pi\varepsilon_0 H}{\ln\dfrac{D}{d}} + \frac{2\pi\varepsilon_0 h (\varepsilon_1 - 1)}{\ln\dfrac{D}{d}} = C_0 + \frac{2\pi h (\varepsilon_1 - 1)}{\ln\dfrac{D}{d}}$$

$$(5\text{-}20)$$

式中,液体的介电常数为 ε_1;圆筒上部分空气介质的高度为 $H-h$;空气的介电常数为 ε_0;D 是外圆筒的直径;d 是内圆筒的直径。

所以,电容变化量 ΔC 为

$$\Delta C = C - C_0 = \frac{2\pi h (\varepsilon_1 - 1)}{\ln\dfrac{D}{d}} \qquad (5\text{-}21)$$

在测量液位时,液体的介电常数 ε_1 一般不变,而 D 和 d 都是常数。可以看出,电容值的改变量和液体的高度呈线性关系。

5.1.3 变极距型电容传感器的特性

下面分析变极距型电容传感器的灵敏度和非线性特性,以及采用差动结构时其灵敏度和非线性特性的变化。

1. 灵敏度与非线性特性

变极距型电容传感器示意图如图 5-6 所示,电容器由一个定极板和一个动极板构成。当初始极板间距为 d_0 时,初始电容值 C_0 为

$$C_0 = \frac{\varepsilon_0 \varepsilon_r A}{d_0} \tag{5-22}$$

式中，A 是极板相对覆盖面积；d_0 是极板间初始距离；ε_0 是真空介电常数，$\varepsilon_0 = 8.85 \times 10^{-12}\text{F/m}$；$\varepsilon_r$ 是极板间介质的相对介电常数。对于变极距型电容传感器，ε_r 和 A 为常数。

当极板间距逐渐增大时，电容值逐渐减小，两者的关系曲线如图 5-7 所示。

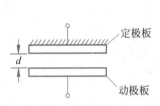

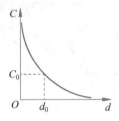

图 5-6 变极距型电容传感器示意图   图 5-7 电容值与极板间距的关系

如果电容器的极板间距由初始值 d_0 减小了 Δd，则电容值 C_0 将增大 ΔC。可以得到 ΔC 为

$$\Delta C = C - C_0 = \frac{\varepsilon A}{d_0 - \Delta d} - \frac{\varepsilon A}{d_0} \tag{5-23}$$

经过整理可以写成

$$\Delta C = C_0 \frac{\Delta d}{d_0 - \Delta d} \tag{5-24}$$

则电容的相对变化量 $\Delta C / C_0$ 为

$$\frac{\Delta C}{C_0} = \frac{\Delta d}{d_0}\left(1 - \frac{\Delta d}{d_0}\right)^{-1} \tag{5-25}$$

由于极板间距的变化量很小，有 $\Delta d / d_0 \ll 1$。将上式展开为泰勒级数形式，得到

$$\frac{\Delta C}{C_0} = \frac{\Delta d}{d_0}\left[1 + \left(\frac{\Delta d}{d_0}\right) + \left(\frac{\Delta d}{d_0}\right)^2 + \left(\frac{\Delta d}{d_0}\right)^3 + \cdots\right] \tag{5-26}$$

忽略上式中的高阶小项，可以得到电容的改变量和极板间距的改变量之间的关系为

$$\frac{\Delta C}{C_0} = \frac{\Delta d}{d_0} \tag{5-27}$$

可见，当极板间距的改变量较小时，ΔC 和 Δd 呈近似线性关系。间距 d_0 越小，灵敏度越大。但是，当极板间距过小时，电容器容易被击穿。为避免电容器被击穿，电容器的两个极板之间可以加入高介电常数的材料，例如云母片、纸或薄膜等。此时，电容值 C 变为

$$C = \frac{\varepsilon_0 A}{d_0 + \dfrac{d_g}{\varepsilon_g}} \tag{5-28}$$

式中，d_g 是极板间加入介质的厚度；ε_g 是所加介质的介电常数。

此时，随着 d_g / d_0 和 ε_g 的增大，传感器的灵敏度将增大。d_g / d_0 较大时，加入的介质几乎完全充满电容器的两个极板。从式(5-28)可以看出，这种变极距型电容传感器的输出特性是非线性的。常用介质材料的相对介电常数如表 5-1 所示。

表 5-1 常用介质材料的相对介电常数

材　　料	相对介电常数	材　　料	相对介电常数
真空	1	硬橡胶	4.3
其他气体	1～1.2	软橡胶	2.5
水	80	石英	4.5
普通纸	2.3	玻璃	5.3～7.5
硬纸	4.5	大理石	8
油纸	4	陶瓷	5.5～7.0
石蜡	2.2	云母	6～8.5
盐	6	三氧化二铝	8.5
聚乙烯	2.3	钛酸钡	1000～10 000
聚丙烯	2.3	木材	2～7
甲醇	37	电木	3.6
乙醇	20～25	纤维素	3.9
乙二醇	35～40	米	3～5
丙三醇	47	硅油	2.7
环氧树脂	3.3	松节油	2.2
聚氯乙烯	4.0	变压器油	2.2

　　根据电容的改变量与极板间距的改变量之间的关系式(5-26),可以得到变极距型电容传感器的灵敏度和非线性误差。忽略式中的高阶项,得到灵敏度近似为

$$K = \frac{\dfrac{\Delta C}{C_0}}{\Delta d} = \frac{1}{d_0} \tag{5-29}$$

　　若电容的改变量采用非近似值式(5-24),则实际灵敏度为

$$K = \frac{\dfrac{\Delta C}{C_0}}{d_0 - \Delta d} \tag{5-30}$$

　　忽略式(5-26)中的高阶小项,由第一项非线性项得到非线性误差为

$$\delta = \left| \frac{\Delta d}{d_0} \right| \times 100\% \tag{5-31}$$

　　由上述分析可得,要提高灵敏度 K,需减小传感器的极板间距。变极距型电容传感器的非线性误差将随极板位移的增大而增大。因此,变极距型电容传感器只适合测量微小的位移。

2. 差动结构

采用差动结构的差动变极距型电容传感器示意图如图 5-8 所示。传感器的上下两个极板是固定极板,而中间极板为可动极板。当中间极板向上移动时,上面电容器的电容值 C_1 将增大,而下面电容器的电容值 C_2 将减小,所以两个电容器构成差动结构。当可动极板在中间位置时,上下两个电容器的极板间距相等均为 d_0。此时,$d_1 = d_2 = d_0$,$C_1 = C_2 = C_0$。当可动极板向上移动 Δd 时,两个电容器的极板间距分别变为 $d_1 = d_0 - \Delta d$ 和 $d_2 = d_0 + \Delta d$。总电容值改变量

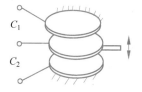

图 5-8　差动变极距型电容
传感器示意图

ΔC 为

$$\Delta C = C_1 - C_2 = 2C_0\left[\left(\frac{\Delta d}{d_0}\right) + \left(\frac{\Delta d}{d_0}\right)^3 + \left(\frac{\Delta d}{d_0}\right)^5 + \cdots\right] \tag{5-32}$$

由于 $\Delta d/d_0 \ll 1$,将上式展开为泰勒级数形式,得到

$$\frac{\Delta C}{C_0} = 2\frac{\Delta d}{d_0}\left[1 + \left(\frac{\Delta d}{d_0}\right)^2 + \left(\frac{\Delta d}{d_0}\right)^4 + \cdots\right] \tag{5-33}$$

所以,灵敏度 K 为

$$K = \frac{\dfrac{\Delta C}{C_0}}{\Delta d} = \frac{2}{d_0} \tag{5-34}$$

非线性误差为

$$\delta = \left(\frac{\Delta d}{d_0}\right)^2 \times 100\% \tag{5-35}$$

由上述分析可得,和单个传感器相比,差动结构的变极距型电容传感器的灵敏度提高了一倍,线性度也得到改善。

5.2　电容式传感器的测量电路

电容式传感器通过将被测量的变化转换为传感器电容值的变化实现测量。受传感器的结构和尺寸的限制,传感器的电容值较小,导致电容值的改变量非常小。因此,电容式传感器易受电磁干扰及电缆分布电容的影响,需要采用相应测量电路对电容改变量进行放大等处理。电容式传感器常用的测量电路有调频电路、运算放大器电路、变压器电桥电路、二极管双 T 型交流电桥电路和差动脉冲调宽电路等。

5.2.1　调频电路

为了测量电容值的微小改变量,可以采用谐振式调频电路,如图 5-9 所示。

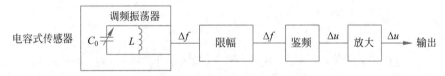

图 5-9　电容传感器调频电路

初始时刻,电路的谐振频率 f_0 为

$$f_0 = \frac{1}{2\pi\sqrt{L(C_1 + C_2 + C_0)}} \tag{5-36}$$

式中,C_0 是传感器初始电容值;L 是振荡回路的电感;C_1 是振荡回路的固有电容;C_2 是传感器引线分布电容。

测量时,传感器的电容值由 C_0 变为 $C_0 + \Delta C$,导致电路的谐振频率发生变化,如式(5-37)所示。鉴频器可将频率变化转换为电压变化,然后电压经放大后输出。最终通过测量输出电压的变化,可以得到电容值的改变量,从而实现被测量的测量。

$$f'_0 = \frac{1}{2\pi\sqrt{L(C_1 + C_2 + C_0 + \Delta C)}} = f_0 \mp \Delta f \qquad (5\text{-}37)$$

调频电路的特点是灵敏度高,可以测量 $0.01\mu m$ 甚至更小的位移变化量。抗干扰能力强,可以得到高电平的直流信号,缺点是受温度影响较大。

5.2.2 运算放大器

电容传感器运算放大器电路如图 5-10 所示。图中 C_x 是电容传感器;C_0 是固定电容值的电容器,其连接的放大器的放大倍数为 K。运算放大器电路的输出电压 u_0 和输入电压 u_i 之间的关系为

$$u_0 = -\frac{C_0}{C_x}u_i \qquad (5\text{-}38)$$

如果 C_x 为变极距型电容传感器,将电容值代入上式,可得

$$u_0 = -\frac{u_i C_0}{\varepsilon A}d \qquad (5\text{-}39)$$

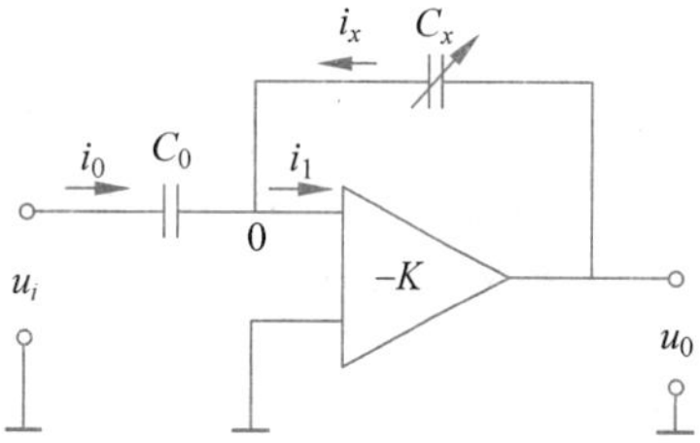

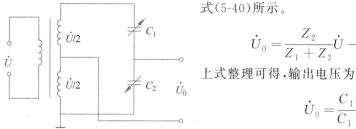

图 5-10 电容传感器运算放大器电路

式中,A 是极板面积;d 是极板间距。

可以看出,当变极距型电容传感器采用运算放大器电路测量时,传感器的输出电压与极板间距的位移之间为线性关系。由于运算放大器的放大倍数和输入阻抗足够大,该电路的非线性误差很小。

5.2.3 变压器式交流电桥

变压器式交流电桥电路如图 5-11 所示。变压器式交流电桥电路的输出电压 $\dot{U}_0$ 如式(5-40)所示。

$$\dot{U}_0 = \frac{Z_2}{Z_1 + Z_2}\dot{U} - \frac{\dot{U}}{2} = \frac{Z_2 - Z_1}{Z_1 + Z_2}\cdot\frac{\dot{U}}{2} \qquad (5\text{-}40)$$

上式整理可得,输出电压为

$$\dot{U}_0 = \frac{C_1 - C_2}{C_1 + C_2}\cdot\frac{\dot{U}}{2} \qquad (5\text{-}41)$$

如果传感器 C_1 和 C_2 是差动变极距型电容传感器,可得输出电压和极板位移之间的关系为

图 5-11 变压器式交流电桥电路

$$\dot{U}_0 = \pm\frac{\Delta d}{d_0}\cdot\frac{\dot{U}_i}{2} \qquad (5\text{-}42)$$

可见,差动工作时传感器的输出电压与位移呈线性关系。变压器式交流电桥电路具有使用元件少和桥路内阻小的特点。

5.2.4 二极管双 T 型交流电桥

二极管双 T 型电桥电路由电源、两个二极管、两个固定电阻、两个电容式传感器和负载

电阻连接而成,构成类似两个字母"T"的形状,故称为双 T 型交流电桥电路。二极管双 T 型电桥电路如图 5-12 所示,图中电源 e 为对称方波高频电源,其电压为 E,频率为 f;C_1 和 C_2 是差动电容式传感器;R_1 和 R_2 是电阻值均为 R 的固定阻值电阻。

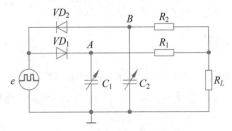

图 5-12 二极管双 T 型电桥电路

(1) 电路的测量原理。测量时,两个传感器的电容值将发生变化,导致流经负载电阻 R_L 的电流发生变化,从而使负载电阻两端的电压变化。电路的输出电压如式(5-43)所示。

$$U_0 = I_L R_L \approx \frac{R(R+2R_L)}{(R+R_L)^2} R_L E f(C_1 - C_2) \tag{5-43}$$

在方波的正半周和负半周时,流经负载 R_L 的电流分别是 I_L 和 I_L'。在一个时间周期 T 内对电流求积分,得到平均电流为

$$\bar{I}_L = \frac{1}{T} \int_0^T (I_L + I_L') \mathrm{d}t \tag{5-44}$$

经过电路分析,可得流经负载 R_L 的电流平均值近似为

$$\bar{I}_L \approx \frac{R(R+2R_L)}{(R+R_L)^2} E f(C_1 - C_2) \tag{5-45}$$

从式(5-45)可知,当初始时刻 $C_1 = C_2$ 时,平均电流为零,因此负载电压 $U_0 = I_L R_L = 0$。当测量时 $C_1 \neq C_2$,导致平均电流变化。而输出电压与 $C_1 - C_2$ 成正比,因此,二极管双 T 型电桥电路实现了对电容变化量的测量。

(2) 电路分析。下面通过电源正半周和负半周时的等效电路,分析流经负载 R_L 的电流 I_L 和负载电压 U_L。当电源为正半周时,二极管双 T 型电桥的等效电路如图 5-13(a)所示。此时,VD_1 导通,VD_2 截止。电流经过 VD_1 对 C_1 进行充电。同时,电流经过 VD_1 以 I_1 流经 R_1 和负载电阻 R_L。此时,C_2 处于放电状态,放电电流为 I_2。

正半周时,流经负载 R_L 的电流 I_L 为

$$I_L = I_1 - I_2 = \frac{E}{R+R_L} - \frac{E}{R+R_L} \mathrm{e}^{-\frac{t}{\tau_2}} \tag{5-46}$$

$$\tau_2 = \frac{R(R+2R_L)}{R+R_L} C_2 \tag{5-47}$$

当电源为负半周时,二极管双 T 型电桥的等效电路如图 5-13(b)所示。此时,VD_2 导通,VD_1 截止。电流经过 VD_2 对 C_2 进行充电。同时,电流经过 VD_2 以 I_2' 流经 R_L 和 R_2。此时,C_1 处于放电状态,放电电流为 I_1'。

负半周时,流经负载 R_L 的电流 I_L' 为

$$I_L' = I_1' - I_2' = \frac{E}{R+R_L} \mathrm{e}^{-\frac{t}{\tau_1}} - \frac{E}{R+R_L} \tag{5-48}$$

$$\tau_1 = \frac{R(R+2R_L)}{R+R_L}C_1 \tag{5-49}$$

所以,输出电流的平均值为

$$\bar{I}_L = \frac{1}{T}\int_0^T (I_L + I'_L)\,\mathrm{d}t$$

式中,T 是方波的时间周期。

经过整理可得,输出电流的平均值为

$$\bar{I}_L = \frac{R(R+2R_L)}{(R+R_L)^2}\frac{E}{T}(C_1 - C_2 - C_1\mathrm{e}^{-k_1} - C_1\mathrm{e}^{-k_2}) \tag{5-50}$$

k_1 和 k_2 是两个系数,分别为 $k_1 = \dfrac{(R+R_L)T}{2RC_1(R+2R_L)}$,$k_2 = \dfrac{(R+R_L)T}{2RC_2(R+2R_L)}$。

由于式(5-50)中的指数项较小,可以忽略。最终,得到输出电压近似为

$$U_0 = \bar{I}_L R_L \approx \frac{R(R+2R_L)}{(R+R_L)^2}R_L E f(C_1 - C_2)$$

由于初始时刻 C_1 和 C_2 相等,输出电压为零。测量时,C_1 和 C_2 不相等,从而产生相应输出电压。二极管双 T 型电桥电路的优点是结构较简单、灵敏度高和适合动态测量。其缺点是对电源要求较高,电路需要稳压稳频。二极管双 T 型电桥电路可以得到较大的直流输出电压。例如,当电源频率 $f=1.3\mathrm{MHz}$,电源电压 $E=46\mathrm{V}$ 时,若电容变化为 $-7\sim+7\mathrm{pF}$,则负载电阻值为 $1\mathrm{M\Omega}$ 时,可以得到 $-5\sim+5\mathrm{V}$ 的直流输出电压。

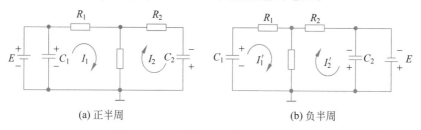

(a) 正半周　　　　　(b) 负半周

图 5-13　二极管双 T 型电桥等效电路

5.2.5　差动脉冲调宽电路

差动脉冲调宽电路如图 5-14 所示。图中 U_r 为参考电压;C_1 和 C_2 是差动式电容传感器的两个电容传感元件;R_1 和 R_2 是固定阻值的电阻;A_1 和 A_2 是两个比较器,其输出端连接双稳态触发器。设接通电源时双稳态触发器的 Q 端为高电位,$\bar{Q}$ 端为低电位。则 A 点电压 u_A 通过 R_1 向 C_1 充电,直至 M 点电压等于 U_r。此时,比较器 A_1 产生一个脉冲,触发双稳态触发器翻转。因此,A 点为低电位,B 点为高电位。B 点电压 u_B 经 R_2 向 C_2 充电,直至 N 点电压和 U_r 相等。此时,比较器 A_2 产生一个脉冲,触发双稳态触发器翻转。因此,A 点又为高电位,B 点为低电位,电容 C_1 开始充电,重复上述过程。

初始时刻,C_1 和 C_2 大小相等,其充电时间 T_1 和 T_2 相等,T_1 和 T_2 如式(5-51)和式(5-52)所示。所以,A 点和 B 点保持高电位的时间相同,输出电压 u_{AB} 为等宽的矩形波,其直流输出电压 U_0 为零,如图 5-15(a)所示。

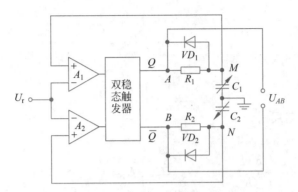

图 5-14　差动脉冲调宽电路

$$T_1 = R_1 C_1 \ln \frac{U_A}{U_A - U_r} \tag{5-51}$$

$$T_2 = R_2 C_2 \ln \frac{U_B}{U_B - U_r} \tag{5-52}$$

测量时，C_1 和 C_2 不相等，其充电时间 T_1 和 T_2 不相等。因此，输出电压 u_{AB} 为不等宽的矩形波。u_{AB} 经过低通滤波后，可以得到直流输出电压 U_0，如图 5-15(b)所示。当 $R_1 = R_2 = R$ 时，U_0 如式(5-53)所示。

$$U_0 = (u_{AB})_{DC} = \frac{C_1 - C_2}{C_1 + C_2} U_m \tag{5-53}$$

式中，U_m 是 A 和 B 两点电位 u_A 和 u_B 的幅值，并且 $u_A = u_B$。

当 A 点为低电位，B 点为高电位时，M 点电压通过二极管 D_1 迅速放电为零。同样，当 B 点为低电位时，N 点电位通过二极管 D_2 放电。即电容器 C_1 开始充电时，C_2 放电。C_2 开始充电时，C_1 放电，如图 5-15 所示。M 点电压表示为

$$u_M = u_A \left(1 - e^{-\frac{t}{\tau_1}}\right) \tag{5-54}$$

式中，t 为时间；τ_1 为电容器 C_1 的时间常数。

如果 C_1 和 C_2 是差动变极距型电容传感器中的两个电容值，初始时刻 $C_1 = C_2 = C_0$，而初始极板间距 $d_1 = d_2 = d_0$。所以，输出电压 $U_0 = 0$。测量时，$C_1 \neq C_2$，若 $d_1 = d_0 - \Delta d$，$d_2 = d_0 + \Delta d$，则输出电压为

$$U_0 = \pm \frac{\Delta d}{d} U_m \tag{5-55}$$

可见，输出电压和极板间距的改变量 Δd 成正比。若 C_1 和 C_2 是差动变面积型电容传感器中的两个电容值，则输出电压和面积改变量成正比，有

$$U_0 = \pm \frac{\Delta A}{A} U_m \tag{5-56}$$

所以，差动脉冲调宽电路适用于差动式电容传感器，其输出电压为线性。差动脉冲调宽电路采用直流电源，经低通滤波器后可得到较大的直流电压，并且电压频率的变化对输出没有影响。

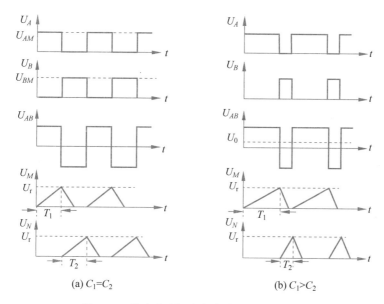

图 5-15 差动脉冲调宽电路的输出电压波形

5.3 电容式传感器的应用

电容式传感器常用于测量直线位移、角位移、压力、振动振幅和加速度等,尤其适合测量高频参量。变极距型电容传感器适用于微小位移的测量,其量程为 $0.01\mu m$ 至数十毫米,精度可达 $0.002\mu m$,分辨率可达 $0.001nm$。变面积型电容传感器可以测量较大的位移,其量程为零点几毫米至数百毫米,线性优于 0.2%,分辨率为 $0.01\sim0.001\mu m$。电容式角位移传感器的动态范围为 $0.1''$ 至几十度,分辨率约 $0.1''$。其零位稳定性可达角秒级,广泛用于高精度测角,例如高精度陀螺和摆式加速度计等。电容式振幅传感器测量振幅的峰值为 $0\sim50\mu m$,振动频率为 $10\sim20kHz$,灵敏度高于 $0.01\mu m$,非线性误差小于 $0.05\mu m$。下面举例介绍电容式传感器的应用。

1. 电容式压力传感器

电容式压力传感器如图 5-16 所示。气体压力从两侧的通气孔传递到中间的薄不锈钢膜片,该膜片作为可动极板。左侧金属镀层和膜片是电容器的两个极板,而右侧镀层和膜片是另一个电容器的两个极板,从而构成差动变极距型电容传感器。当两侧气体压力不相等时,膜片发生弯曲变形,导致一个电容器的极板间距减小,而另外一个电容器的极板间距增大。将两个电容器接入测量电路,通过输出电压可以测得膜片的位移量,从而实现气体压力的测量。电容式差压变送器如图 5-17 所示。膜片位于中间位置,左侧是低压侧进气口,右侧为高压侧进气口。气体的压力差使膜片发生变形,导致电容值变化,从而实现压力的测量。

2. 电容式位移传感器

电容式传感器可以测量振动位移、转轴的回转精度和轴心动态偏摆等,可实现动态非接触式测量。例如,振动位移的测量如图 5-18(a)所示。当被测振动体靠近电容式传感器时,被测体极板和传感器极板的间距发生变化,导致电容值发生变化,从而实现了非接触的振动

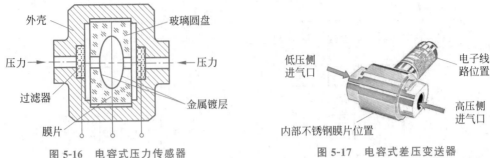

图 5-16 电容式压力传感器   图 5-17 电容式差压变送器

位移测量。转轴的回转精度及轴心动态偏摆测量如图 5-18(b)所示。当转轴在高速旋转时,轴心的偏离及径向的振动将导致被测体极板和电容传感器极板之间的极板间距变化,从而使电容值变化。

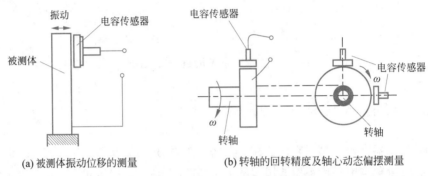

(a) 被测体振动位移的测量   (b) 转轴的回转精度及轴心动态偏摆测量

图 5-18 电容式位移传感器

3. 电容式接近开关

电容式接近开关的电路示意图和实物图分别如图 5-19(a)和图 5-19(b)所示。电容式接近开关可以用于物料位置测量,其被测物体并不限于金属导体,也可以是绝缘的液体或粉状物体。传感器的测量头内部有感应电极,构成电容器的一个极板,另一个极为被测物体。当被测物体靠近接近开关时,电容器的介电常数发生变化,导致电容值变化及电路输出改变。测量物料位置时,随着物料位置的升高,电容器极板间的介电常数发生变化。此时,可以设置合适的阈值,当物料位置超过一定高度时进行报警。

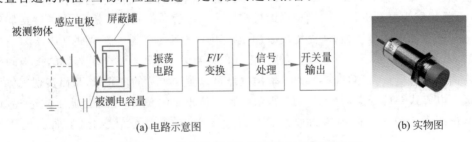

(a) 电路示意图   (b) 实物图

图 5-19 电容式接近开关的电路示意图和实物图

4. 电容式转速传感器

电容式转速传感器如图 5-20 所示。转轴上固定了一个不影响其转动的小齿轮。电容式传感器的测量端为一个极,齿轮作为电容器的另一个极板。当转轴带动齿轮旋转时,齿顶

和齿根到传感器的距离不同,导致电容器的极板间距发生变化。对传感器的输出电脉冲计数,可以得到转轴的转速 n 为

$$n = \frac{60f}{z} \tag{5-57}$$

式中,f 是测得的信号频率,z 是齿轮的齿数。转速 n 的单位为 r/min,即每分钟的转数。

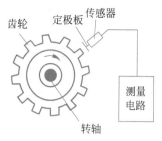

图 5-20 电容式转速传感器

5. 电容式液位计

电容式液位计可以用于油箱液位的测量,其示意图如图 5-21 所示。电容式液位计为变介质型电容传感器。当液位变化时,传感器的电容值变化,其电容值和液位成正比,如式(5-58)所示

$$C = \frac{k(\varepsilon_1 - \varepsilon_0)h}{\ln \dfrac{D}{d}} \tag{5-58}$$

如图 5-21 所示,传感器连接到电桥电路,其输出电压反映了油箱的液位,从而实现了液位在刻度盘的显示及预警。对于非导电液体,传感器的探头暴露于液体中即可。对于导电液体,探头需与液体用绝缘体隔离。电容式液位计可以用于液体、颗粒或粉末状固体等物位测量场合。

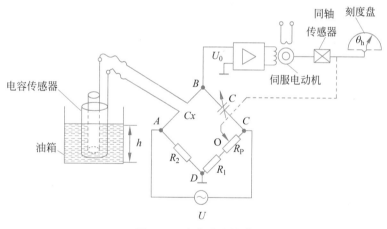

图 5-21 电容式液位计

6. 电容式加速度传感器

电容式加速度传感器如图 5-22 所示,其主要特点是频率响应快和量程范围大。电容式加速度传感器采用空气等作阻尼物质,在垂直方向有运动加速度时,两个固定极板与质量块在垂直方向上发生相对位移。位移的大小正比于被测加速度。此时,两个电容器的极板间距一个增加,而另一个减小,构成差动结构。电容 C_1 和 C_2 的改变量大小相等,符号相反。电容值的改变量正比于被测加速度。这种传感器的固有频率较大,因而频率范围较

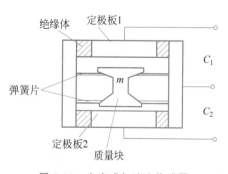

图 5-22 电容式加速度传感器

大。同时,传感器本身的动量小,频率响应较快。

5.4 例题解析

例 5-1 平板形变面积型电容传感器如图 5-2 所示。已知极板长度为 $a=2\text{mm}$;两极板相对覆盖的宽度 $b=4\text{mm}$;两极板的间距 $d=0.5\text{mm}$;极板间介质为空气,真空介电常数 $\varepsilon_0=8.85\times10^{-12}\text{F/m}$。求:

(1) 传感器的静态灵敏度;

(2) 若两极板相对移动 $\Delta x=2\text{mm}$,求电容改变量 ΔC 为多少?

解:

(1) 由式(5-4),得到灵敏度为

$$K=\frac{\Delta C}{\Delta x}=-\frac{\varepsilon b}{d}=-\frac{8.85\times10^{-12}\times4\times10^{-3}}{0.5\times10^{-3}}=-0.071(\text{pF/mm})$$

若考虑电容的相对改变量,则灵敏度为

$$K=\frac{\dfrac{\Delta C}{C}}{\Delta x}=-\frac{1}{a}=-\frac{1}{2\times10^{-3}}=-500(\text{m}^{-1})$$

其中,灵敏度为负数,表示随着极板的移动,电容值将减小。

(2) 根据式(5-4),得到

$$\Delta C=K\Delta x=-0.071\text{pF/mm}\times2\text{mm}=-0.142(\text{pF})$$

所以,当极板发生位移 $\Delta x=2\text{mm}$ 时,电容值减小了 0.142pF。

例 5-2 一个电容测微仪的圆形极板半径 $r=4\text{mm}$,工作初始极板间距 $\delta=0.3\text{mm}$。

(1) 当间距变化 $\Delta\delta=\pm2\mu\text{m}$ 时,电容改变量是多少?

(2) 若测量电路的灵敏度 $S_1=100\text{mV/PF}$,读数仪表的灵敏度 $S_2=5$ 格/mV,则当 $\Delta\delta=\pm2\mu\text{m}$ 时,读数仪表的指示值变化多少格?

解:

(1) 由于初始电容值 C_0、极距增大后的电容值 C_1 和极距减小后的电容值 C_2 分别为

$$C_0=\frac{\varepsilon_r\varepsilon_0\pi r^2}{d},\quad C_1=\frac{\varepsilon_r\varepsilon_0\pi r^2}{d+\Delta d},\quad C_2=\frac{\varepsilon_r\varepsilon_0\pi r^2}{d-\Delta d}$$

因此,极板间距增大后的电容改变量 ΔC_1 为

$$\Delta C_1=C_1-C_0=\frac{\varepsilon_r\varepsilon_0\pi r^2}{d}\cdot\frac{-\Delta d}{d+\Delta d}=C_0\cdot\frac{-\Delta d}{d+\Delta d}$$

极板间距减小后的电容改变量 ΔC_2 为

$$\Delta C_2=C_2-C_0=\frac{\varepsilon_r\varepsilon_0\pi r^2}{d}\cdot\frac{\Delta d}{d-\Delta d}=C_0\cdot\frac{\Delta d}{d-\Delta d}$$

将各已知参量代入 C_0,得到初始电容值为

$$C_0=\frac{\varepsilon_r\varepsilon_0\pi r^2}{d}=\frac{8.85\times10^{-12}\times1\times3.14\times(4\times10^{-3})^2}{0.3\times10^{-3}}=1.48\times10^{-12}(\text{F})$$

所以,极板间距增大 $2\mu\text{m}$ 后,电容值的改变量为

$$\Delta C_1 = C_0 \cdot \frac{-\Delta d}{d + \Delta d} = 1.48 \times 10^{-12} \cdot \frac{-2 \times 10^{-6}}{0.3 \times 10^{-3} + 2 \times 10^{-6}} = -9.8 \times 10^{-15} (\text{F})$$

极板间距减小 $2\mu\text{m}$ 后,电容值的改变量为

$$\Delta C_2 = C_0 \cdot \frac{\Delta d}{d - \Delta d} = 1.48 \times 10^{-12} \cdot \frac{2 \times 10^{-6}}{0.3 \times 10^{-3} - 2 \times 10^{-6}} = 9.9 \times 10^{-15} (\text{F})$$

所以,当间隙变化 $\pm 2\mu\text{m}$ 时,电容值的改变量 $\Delta C \approx 0.01 \times 10^{-12}\text{F} = 0.01(\text{pF})$

（2）由于系统的总灵敏度为串联各环节灵敏度的乘积,所以当间隙变化 $\pm 2\mu\text{m}$ 时,仪表的指示值的变化为

$$\Delta C \times S_1 \times S_2 = 0.01\text{pF} \times 100\text{mV/pF} \times 5 = 5(\text{格})$$

所以,当间隙变化 $\pm 2\mu\text{m}$ 时,电容值的改变量是 0.01pF,读数仪表的指示值变化了 5 格。

5.5　本章小结

本章介绍了电容式传感器的工作原理、类型及转换电路。通过学习,应该掌握以下内容：电容式传感器的工作原理,电容式传感器的分类及其性能,电容式传感器的常用测量电路,电容式传感器的应用。

习题 5

5-1　根据工作原理不同,电容式传感器可分为哪几类? 试分析每种电容式传感器的输出特性。

5-2　简述电容式传感器的特点,它可以测量哪些物理量?

5-3　一个电容测微仪,其传感器圆形极板的半径 $r = 4\text{mm}$,工作初始间隙 $\delta = 0.3\text{mm}$。当间隙变化 $\Delta\delta = 1\mu\text{m}$ 时,推导并计算电容变化量 ΔC 为多少? 静态灵敏度为多少? 非线性误差为多少?

5-4　简述二极管双 T 型电桥电路的原理及特点。

5-5　单组式变面积型圆柱形线位移电容传感器,其可动极筒外径为 9.8mm,定极筒内径为 10mm。两极筒覆盖长度为 1mm,极筒间介质为空气,试求其电容值。当供电频率为 60Hz 时,求其容抗值。

5-6　举例说明电容式传感器可以测量哪些物理量,并画出结构示意图。

5-7　简述变极距型电容传感器的极板间距对其灵敏度的影响,以及减小极板间距后如何避免电容器击穿。

5-8　简述变极距型电容传感器的非线性特性及差动结构对其灵敏度和非线性的影响。

5-9　试推导变介质型电容传感器的特性方程 $C = f(x)$,其中,C 为传感器的电容值；x 为介电常数为 ε_1 的介质的长度。设极板宽度为 W,介质的介电常数 $\varepsilon_2 > \varepsilon_1$,真空的介电常数为 ε_0。传感器的其他参数如图 5-23 所示。

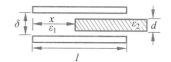

图 5-23　变介质型电容传感器示意图

5-10　简述电容式传感器的差动脉冲调宽电路的工作原理及特点。

5-11　现有一个直径为 2m,高为 5m 的铁桶。当往铁桶内连续注水时,注水量达到铁桶容量的 80% 时应停止注水。试分析用电容式传感器来解决该问题的途径和方法。

5-12　一个电容式传感器的两个极板均为边长为 10cm 的正方形,极板间距为 1mm。两极板间气隙内恰好放置一个边长为 10cm,厚度为 1mm,相对介电常数为 4 的正方形介质。该介质可在气隙中自由滑动。若用该电容式传感器测量位移,试计算当介质极板向某一方向移出极板相互覆盖部分的距离分别为 1cm、2cm 和 3cm 时,该传感器的输出电容值分别是多少?

5-13　有一个平面线位移型差动电容传感器,其测量电路采用变压器交流电桥,如图 5-24 所示。初始时刻,电容式传感器极板 $b_1 = b_2 = b = 20$mm,$a_1 = a_2 = a = 20$mm,极距 $d = 20$mm,极间介质为空气。测量电路中 $u_i = 3\sin\omega t$ V,且 $u = u_i$。试求动极板上输入位移量 $\Delta x = 5$mm 时的电桥输出电压 u_0。

5-14　差动变极距型电容传感器连接变压器电桥电路。已知电桥电源 $E = 24\sin(2\pi 50t)$,电容极板的初始距离 $d = 0.1$mm。测得电桥的输出电压幅值为 1.2V,则测量的位移为多大?

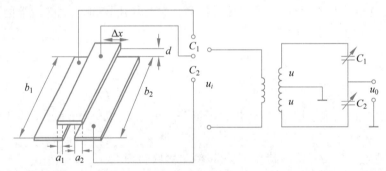

图 5-24　平面线位移型差动电容传感器及测量电路示意图

第 6 章

压电式传感器

本章要点：

◇ 压电效应：正压电效应，逆压电效应；

◇ 典型压电材料，压电效应产生的电荷及电压；

◇ 电压放大器电路的特点，电荷放大器电路的特点；

◇ 压电元件串联或并联时的输出电压和电荷；

◇ 压电式传感器的特点及应用。

压电式传感器(piezoelectric sensor)主要用于测量与力有关的动态参量，如动态力、机械冲击、振动等。压电式传感器可以将力、压力、位移和加速度等物理量转换为电量，也可以作为具有高电压和低电流的电源。压电式传感器为有源型传感器，属于能量变换型(或称发电型)传感器，它可将机械能转换为电能。压电式传感器具有体积小、结构坚固、灵敏度高、频率响应好、可靠性高和信噪比大等优点，在声学、力学、航空航天、医疗、消费电子等领域应用广泛。

6.1 压电效应和压电材料

压电式传感器利用材料的压电效应(piezoelectric effect)实现非电量的测量。对某些电介质沿一定方向施加外力而使其发生机械变形时，在其内部产生极化现象，同时在其两个表面上产生符号相反的电荷；当外力消失时又恢复不带电的状态，这种现象称为压电效应，或正压电效应。逆压电效应也称为电致伸缩效应，是指当在电介质的极化方向施加电场时，电介质产生机械变形的现象。

下面介绍具有明显压电效应的压电材料及其特性，包括石英晶体、压电陶瓷及压电高分子材料、压电材料的特性参数。

1. 石英晶体

石英晶体的化学成分为二氧化硅，属于单晶体。石英晶体具有机械强度高、温度稳定性好和居里点较高等优点。居里点是压电材料开始失去压电特性时的温度。石英晶体的居里点为 550℃。在此温度以下，石英晶体具有压电性能。

石英晶体的外形如图 6-1(a)所示，其坐标轴和晶体切片的示意图分别如图 6-1(b)和图 6-1(c)所示。天然石英晶体的外形为正六面体，各个方向的特性不同。在晶体学中用 3

个互相垂直的轴来表示其坐标。其中，x 轴为电轴，一般为引出电荷的方向；y 轴为机械轴，一般为施加力的方向；z 轴为光轴。在光轴施加力时，石英晶体不会产生电荷。通常把石英晶体切成薄片，其中，a、b 和 c 分别为晶片的长度、厚度和宽度。

如果沿 x 轴方向施加力，在 x 轴方向接收电荷，此时的压电效应称为纵向压电效应。如果沿 y 轴方向施加力，在 x 轴方向接收电荷，此时的压电效应称为横向压电效应。下面分析石英晶体的纵向压电效应和横向压电效应产生的电荷量。

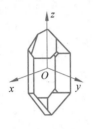
(a) 石英晶体的外形

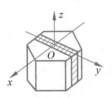
(b) 晶体的坐标轴

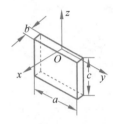
(c) 晶体切片

图 6-1　石英晶体示意图

1）纵向压电效应

纵向压电效应产生的电荷密度为

$$q_x = d_{11}\sigma_1 \tag{6-1}$$

式中，d_{11} 是纵向压电效应的压电系数；σ_1 为晶体在 x 轴方向受到的应力。压电系数的两个下标分别表示接收电荷和施加力的方向。一般用下标 1 对应 x 轴，2 对应 y 轴，3 对应 z 轴。

电荷密度表示单位面积上的电荷量，而应力表示单位面积上的作用力。由于纵向压电效应晶体的受力和接收电荷均为 x 轴方向，故受力面积和产生电荷的面积相同，均为 ac。所以，纵向压电效应产生的总电荷量 Q_x 为

$$Q_x = d_{11}F_x \tag{6-2}$$

式中，F_x 是沿 x 轴方向施加的力。

2）横向压电效应

横向压电效应产生的电荷密度为

$$q_x = d_{12}\sigma_2 = -d_{11}\sigma_2 \tag{6-3}$$

式中，d_{12} 是横向压电效应的压电系数；σ_2 为晶体在 y 轴方向受到的应力。

d_{11} 表示接收电荷和施加力均为 x 轴方向时的压电系数。d_{12} 表示在 x 轴方向接收电荷而沿 y 轴方向施加力时的压电系数，其值与 d_{11} 大小相等而符号相反。

由于横向压电效应接收电荷的方向为 x 轴，故接收电荷的面积为 ac。而施加力的方向为 y 轴，故力 F_y 的作用面积为 bc。所以，由式(6-3)得

$$\frac{Q_x}{ac} = -d_{11}\frac{F_y}{bc} \tag{6-4}$$

所以，横向压电效应产生的总电荷量 Q_x 为

$$Q_x = -d_{11}\frac{a}{b}F_y \tag{6-5}$$

由此可见，纵向压电效应产生的电荷量只和压电系数和所施加的力有关，而和材料的结

构尺寸无关。横向压电效应产生的电荷量,除了和压电系数及施加的力有关之外,还和材料的尺寸 a/b 有关。可以看出,当晶体的厚度 b 较小而长度 a 较大时,横向压电效应产生的电荷量较大。所以,压电晶体一般切割成薄片使用。

3）电荷量与压电系数

压电晶体表面产生的电荷量一般写为

$$Q = dF \tag{6-6}$$

式中,d 是压电系数;F 是施加的力。

表面的电荷密度为

$$q_i = d_{ij}\sigma_j \tag{6-7}$$

式中,q_i 为在 i 方向接收电荷时的电荷密度;d_{ij} 表示在 i 方向接收电荷,而沿 j 方向施加力时晶体的压电系数。σ_j 表示晶体在 j 方向受到的应力。

压电系数 d_{ij} 的大小和晶体方向及作用力的方向有关。晶体方向和作用力的方向的示意图分别如图 6-2(a)和图 6-2(b)所示。用数字 1、2 和 3 分别表示 x 轴、y 轴和 z 轴方向,数字 4、5 和 6 分别表示垂直于 x 轴、垂直于 y 轴和垂直于 z 轴的方向。因此,式(6-7)可以表示为

$$\begin{bmatrix} q_1 \\ q_2 \\ q_3 \end{bmatrix} = \begin{bmatrix} d_{11} & d_{12} & d_{13} & d_{14} & d_{15} & d_{16} \\ d_{21} & d_{22} & d_{23} & d_{24} & d_{25} & d_{26} \\ d_{31} & d_{32} & d_{33} & d_{34} & d_{35} & d_{36} \end{bmatrix} \begin{bmatrix} \sigma_1 \\ \sigma_2 \\ \sigma_3 \\ \sigma_4 \\ \sigma_5 \\ \sigma_6 \end{bmatrix} \tag{6-8}$$

式中,q_1、q_2 和 q_3 分别是在 x 轴、y 轴和 z 轴方向接收电荷时的电荷密度;$\sigma_1 \sim \sigma_6$ 分别表示沿下标 1~6 对应方向晶体所受的应力。例如,σ_4 表示垂直于 x 轴的剪切应力。

以石英晶体为例,其压电系数为

$$[d_{ij}] = \begin{bmatrix} d_{11} & -d_{11} & 0 & d_{14} & 0 & 0 \\ 0 & 0 & 0 & 0 & -d_{14} & -2d_{11} \\ 0 & 0 & 0 & 0 & 0 & 0 \end{bmatrix} \tag{6-9}$$

可见,石英晶体在某些方向上的压电系数为零。d_{14} 表示在 x 轴方向接收电荷,沿垂直于 x 轴方向施加剪切力时的压电系数。石英晶体的压电系数为 $d_{11} = 2.31 \times 10^{-12} \text{C} \cdot \text{N}^{-1}$,$d_{14} = 0.73 \times 10^{-12} \text{C} \cdot \text{N}^{-1}$。

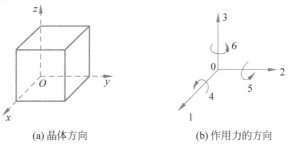

(a) 晶体方向   (b) 作用力的方向

图 6-2　晶体方向及作用力的方向示意图

4) 石英晶体压电效应的原理

石英晶体的化学分子式为 SiO_2。硅原子和氧原子在垂直于 z 轴的平面内呈正六边形排列，如图 6-3 所示。图中"＋"代表 Si^{4+} 离子，"－"代表 O^{2-} 离子。正电荷和负电荷形成电偶极子，而三个电偶极子的电偶极矩分别为 $\boldsymbol{p}_1$、$\boldsymbol{p}_2$ 和 $\boldsymbol{p}_3$。电偶极矩 $\boldsymbol{p} = q\boldsymbol{l}$，其中 q 是电荷电量；$\boldsymbol{l}$ 是正负电荷之间的位移。当外加作用力为零时，三个电偶极矩的矢量和等于零，处于平衡状态，没有产生额外的电荷，如图 6-3(a) 所示。

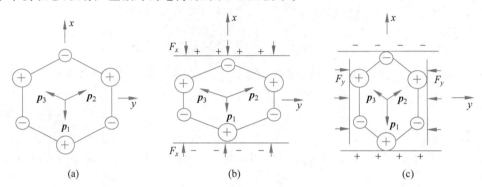

图 6-3　石英晶体压电效应的原理示意图

当受到外加作用力时，例如，当晶体受到 x 轴方向的压力时，晶体的正六边形结构被压扁。此时，$\boldsymbol{p}_1$ 减小，而 $\boldsymbol{p}_2$ 和 $\boldsymbol{p}_3$ 增大。所以，电偶极矩的矢量和不为零，在 x 轴的正方向出现正电荷。在 y 轴方向，$\boldsymbol{p}_2$ 和 $\boldsymbol{p}_3$ 分量平衡，不出现电荷，如图 6-3(b) 所示。当晶体受到 x 轴方向的拉力时，晶体的正六边形结构在 x 轴方向被拉伸。此时，$\boldsymbol{p}_1$ 增大，而 $\boldsymbol{p}_2$ 和 $\boldsymbol{p}_3$ 减小。所以，在 x 轴的反方向出现正电荷，如图 6-3(c) 所示。

当沿 x 轴方向加压力时，晶体的正六边形结构被压扁，其效果与沿 y 轴方向加拉力相同。当沿 x 轴方向加拉力时，晶体的正六边形结构被拉长，其效果与沿 y 轴方向加压力相同。一般将压力的方向设为正方向，而拉力的方向为负方向。由于沿 x 轴方向接收电荷及施加压力时，晶体的压电系数为 d_{11}。而沿 x 轴方向接收电荷而沿 y 轴方向加压力时的压电系数为 d_{12}，从而有 $d_{12} = -d_{11}$。

因此，当沿 x 轴方向施加压力与拉力时，压电晶体薄片产生的电荷极性相反。当沿 x 轴和沿 y 轴方向施加压力时，压电晶体薄片产生的电荷极性相反。

2. 压电陶瓷及压电高分子材料

压电陶瓷是由金属氧化物人工合成的多晶体材料，其具有压电系数大和成本低的优点，但缺点是居里温度低、性能不稳定。

压电陶瓷材料经过极化处理之后具有压电效应。极化处理是指在一定温度下对压电陶瓷施加强电场。例如，在 $20 \sim 30\text{kV/cm}$ 的直流电场下经过 $2 \sim 3$ 小时极化处理后，压电陶瓷就具备了压电性能。压电陶瓷只在极化方向具有压电效应。

压电陶瓷产生的电荷密度为

$$q = d_{33}\sigma \tag{6-10}$$

式中，d_{33} 是压电系数，其下标表示接收电荷和施加外力的方向均为 z 轴。z 轴是压电陶瓷的极化方向。

压电高分子材料是有机分子半结晶或结晶聚合物。目前已应用开发的压电高分子材料中,聚偏氟乙烯(PVDF)薄膜具有最高的压电系数。经过外电场和温度的联合作用后,压电高分子材料内部的电偶极矩将发生旋转和极化。压电高分子材料 PVDF 材质柔韧,具有低密度、低阻抗的特点,其压电系数较高,比石英晶体的压电系数高十几倍。PVDF 的频率响应范围较宽,且机械强度高,化学稳定性良好。

3. 压电材料的特性参数

压电材料的性能主要受以下特性参数影响。

(1) 压电系数。压电系数表示产生的电荷与外加作用力之间的关系。要求压电材料具有较大的压电系数,以获得较高的机-电转换效率。

(2) 刚度。要求压电材料具有较大的机械强度和刚度,以获得较高的固有频率。

(3) 介电常数和电阻率。要求压电材料具有较大的介电常数和电阻率,以减小电荷泄漏并减弱外部电容的影响,从而获得良好的低频响应。

(4) 居里点。要求压电材料具有较高的居里点,以获得较宽的工作温度范围。

常见压电材料的特性参数如表 6-1 所示。可见,石英的居里点较高,压电系数较小,而压电陶瓷的压电系数普遍较大。压电陶瓷 $BaTiO_3$ 的居里点较低。PZT_4(锆钛酸铅)具有良好的压电性能和温度稳定性,是应用最广泛的压电陶瓷材料。

表 6-1 常见压电材料的特性参数

材 料	介电常数	压电系数 $/10^{-12}C \cdot N^{-1}$	居里点/℃	电阻率/$10^9\Omega \cdot m$	弹性模量 $/10^9N \cdot m^{-2}$
石英 SiO_2	4.5	2.31	550	>1000	78.3
铌酸锂 $LiNbO_3$	85	192.2	1160	—	—
钛酸钡 $BaTiO_3$	1900	191	120	>10	92
锆钛酸铅 PZT_4	1300	285	325	>10	66
偏铌酸铅 $PbNb_2O_4$	225	85	570	7000	40

6.2 压电式传感器的等效电路与测量电路

压电式传感器中的压电材料在外力作用下,其表面将产生电荷。所以,压电式传感器可以等效为一个电压源或电荷源。而压电材料本身不导电,由于其表面聚集了电荷,因而可以等效为一个电容器。由于压电式传感器的内阻很高,所以其测量电路需要一个高输入阻抗的前置放大器作为阻抗匹配,从而将压电式传感器的输出变换成低阻抗输出,并放大其输出信号。压电式传感器测量电路的前置放大器有电压放大器和电荷放大器两种形式。

6.2.1 等效电路

压电式传感器的等效电压源电路和等效电荷源电路分别如图 6-4(a)和图 6-4(b)所示。

压电晶体表面产生的电荷量为

$$Q = d_{ij}F \tag{6-11}$$

式中,d_{ij} 是压电系数;F 是施加的作用力。

压电式传感器的电压 U_a 和电荷量之间的关系为

$$U_a = \frac{Q}{C_a} \qquad (6\text{-}12)$$

式中,压电式传感器的电容值 C_a 为如式(6-13)所示。

$$C_a = \frac{\varepsilon_r \varepsilon_0 A}{d} \qquad (6\text{-}13)$$

式中,d 是压电晶体的厚度;A 是输出电荷的表面积;ε_r 是相对介电常数;ε_0 是真空介电常数,$\varepsilon_0 = 8.85 \times 10^{-12} \mathrm{F/m}$。

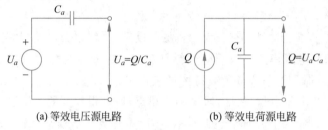

(a) 等效电压源电路　　　　　(b) 等效电荷源电路

图 6-4　等效电路示意图

6.2.2　电荷放大器

电荷放大器电路将压电元件看作一个电荷源,其电路原理图如图 6-5 所示。图中 C_a 表示压电元件的电容;C_c 是连接电缆的分布电容;G_c 和 G_i 分别表示电缆的漏电导和放大器的输入电导;C_i 和 C_f 分别表示放大器的输入电容和反馈电容。通过电路分析,可以求得放大器的输入电压 U_i,从而得到电路的输出电压 U_0。

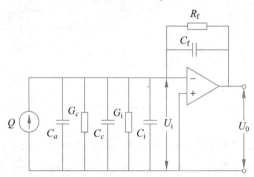

图 6-5　电荷放大器电路的原理图

反馈电容 C_f 可以等效为放大器前端的 C_f',所以有

$$C_f' = (1+K)C_f \qquad (6\text{-}14)$$

式中,K 是放大器的放大倍数。

放大器的输入电压 U_i 为

$$U_i = \frac{Q}{C} = \frac{Q}{C_a + C_c + C_i + (1+K)C_f} \qquad (6\text{-}15)$$

式中,Q 是压电元件的电荷量;C 是电路中所有电容并联后的电容。

输出电压 U_0 等于输入电压 U_i 乘以放大倍数 $-K$,即

$$U_0 = -KU_i = \frac{-KQ}{C_a + C_c + C_i + (1 + K)C_f} \qquad (6\text{-}16)$$

由于放大倍数 $K \gg 1$，分母中 $KC_f \gg C_a + C_c + C_i$，所以得到

$$U_0 = \frac{-Q}{C_f} \qquad (6\text{-}17)$$

由此可见，输出电压 U_0 和产生的电荷量 Q 成正比。反馈电容 C_f 的电容值固定，电路输出是线性的。输出电压和电缆电容 C_c 无关。

6.2.3 电压放大器

电压放大器将压电元件看作一个电压源，并对输出电压进行放大。电压放大器的原理图如图 6-6(a) 所示，图中 R_a 是传感器的泄漏电阻；C_c 是传感器的引线分布电容；R_i 和 C_i 分别是前置放大器的输入电阻和输入电容。电压放大器简化的等效电路图如图 6-6(b) 所示，图中 R 是 R_a 和 R_i 的并联电阻；C 是 C_c 和 C_i 的并联电容。

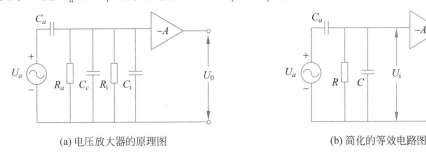

(a) 电压放大器的原理图   (b) 简化的等效电路图

图 6-6 电压放大器电路及其等效电路

根据简化电路，可得放大器的输入端电压 U_i 为

$$U_i = \frac{Z_R \; /\!/ \; Z_C}{Z_a + Z_R \; /\!/ \; Z_C} U_a \qquad (6\text{-}18)$$

式中，U_a 是压电元件的输出电压；Z_a 是压电元件的阻抗；Z_R 和 Z_C 分别是电路中 R 和 C 的阻抗。输入端电压 U_i 是 U_a 在 RC 并联处的分压。整个回路的阻抗为 Z_a 加上 RC 并联的阻抗。

设外加作用力 $\dot{F}$ 为动态变化力，则有

$$\dot{F} = F_m \sin\omega t \qquad (6\text{-}19)$$

式中，F_m 是作用力的幅值；ω 是作用力的频率。则压电元件的输出电压 U_a 为

$$U_a = \frac{Q}{C_a} = \frac{d_{33} F_m}{C_a} \sin\omega t = U_m \sin\omega t \qquad (6\text{-}20)$$

式中，d_{33} 为压电系数；U_m 表示电路输出电压的幅值。

将式(6-20)代入式(6-18)可得

$$\dot{U}_i = d_{33} \dot{F} \frac{\mathrm{j}\omega R}{1 + \mathrm{j}\omega R(C + C_a)} \qquad (6\text{-}21)$$

根据式(6-21)，可得放大器输入端电压的幅值 U_{im}。对上式求模，可得

$$U_{im} = |\dot{U}_i| = \frac{d_{33} F_m \omega R}{[1 + \omega^2 R^2 (C_a + C_c + C_i)^2]^{\frac{1}{2}}} \qquad (6\text{-}22)$$

当 $\omega R(C_a + C_c + C_i) \ll 1$ 时,分母约等于 1。此时,输入电压的幅值变为

$$U_{im} = d_{33}F_m\omega R \tag{6-23}$$

当 $\omega R(C_a + C_c + C_i) \gg 1$ 时,分母约等于 $\omega R(C_a + C_c + C_i)$。此时,输入电压的幅值变为

$$U_{im} = \frac{d_{33}F_m}{C_a + C_c + C_i} \tag{6-24}$$

电路输出端的电压为放大器的输入端电压与放大倍数的乘积,即

$$U_o = -AU_i \tag{6-25}$$

由此可见,当被测信号的频率 ω 较小,满足条件 $\omega R(C_a + C_c + C_i) \ll 1$ 时,电路的输出电压随频率的增大而增大。当被测信号的频率 ω 较大,满足条件 $\omega R(C_a + C_c + C_i) \gg 1$ 时,电路的输出电压和作用力成正比。采用电压放大器电路时,压电式传感器的高频响应好。由于电路的灵敏度与电缆电容 C_c 有关,若需要改变引线电缆的长度,灵敏度必须重新校正。因此,引线电缆不能随意更换。

当测量信号的频率固定时,可以增大 $R(C_a + C_c + C_i)$ 来满足条件 $\omega R(C_a + C_c + C_i) \gg 1$,从而使传感器工作在高频范围。其中,$R$ 是 R_a 和 R_i 的并联电阻,如式(6-26)所示。由于电路的灵敏度中包含 C_a、C_c 和 C_i,增大这些电容会导致灵敏度下降。因此,一般采用增大 R_i 的方法来提高 R,以满足条件 $\omega R(C_a + C_c + C_i) \gg 1$。

$$R = R_a R_i/(R_a + R_i) \tag{6-26}$$

测量电路的时间常数为 $\tau = R(C_a + C_c + C_i)$,而测量电路的频率为 $\omega_1 = 1/\tau$。所以,提高前置放大器的输入电阻 R_i,从而增大阻值 R,可以增大电路的时间常数,并扩大压电式传感器的低频工作范围。压电式传感器通常不能测量静态量,原因在于压电元件产生的电荷将通过其泄漏电阻和前置放大器的输入电阻而漏掉。

6.2.4 压电元件的结构形式

为了提高压电式传感器的输出电压或者输出电荷,压电元件一般采用两片或两片以上黏接在一起使用,其结构形式有并联连接和串联连接两种。两个压电元件并联的示意图如图 6-7(a)所示。此时,并联后的输出电荷为单片晶体的两倍,而输出电压保持不变。并联后的电容值为单片晶体的电容值的两倍。两个压电元件串联的示意图如图 6-7(b)所示。此时,串联后的输出电压为单片晶体的两倍,而输出电荷保持不变。串联后的电容值为单片晶体电容值的 $1/2$。

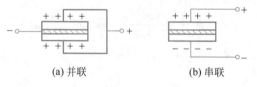

(a) 并联   (b) 串联

图 6-7 压电元件的串联和并联

在以上两种接法中,并联连接输出电荷量大、电容大,适宜于以电荷作为输出量的情况。而串联连接输出电压大、电容小,适宜于以电压作为输出信号且测量电路输入阻抗较高的情况。

6.3 压电式传感器的应用

压电式传感器具有良好的高频响应,配备合适的电荷放大器,低频段可低至 0.3Hz。压电式传感器常用来测量动态参量,如力、加速度等。

1. 压电式测力传感器

压电式测力传感器如图 6-8 所示。压电式测力传感器由多个石英晶片叠加在一起,可以测量施加在其上面的压力。例如,一个压电式测力传感器的参数为:测力范围为 0～50N;最小分辨率为 0.01N;固有频率为 50～60kHz;传感器的质量为 10g。由于固有频率较大,该传感器可以满足微小动态力的测量。

动态微压传感元件的实物图如图 6-9 所示。动态压力信号通过压电薄膜变成电信号后,经传感器内部的放大电路转换成电压输出。动态微压传感元件具有灵敏度高、抗过载和冲击的能力强、抗干扰性好、体积小、重量轻和成本低等优点。其典型应用包括脉搏计数、按键键盘、振动检测、冲击和碰撞检测、管道压力检测,以及其他机电转换和动态力检测等。

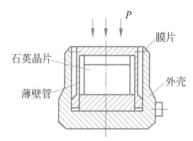

图 6-8 压电测力传感器

图 6-9 动态微压传感元件的实物图

压电传声器可实现将声音转换为电信号,其原理图和电路图分别如图 6-10(a)和图 6-10(b)所示。声音引起的振动通过膜片传递到压电晶体,从而使压电晶体产生电信号,然后该电信号经过放大后输出。

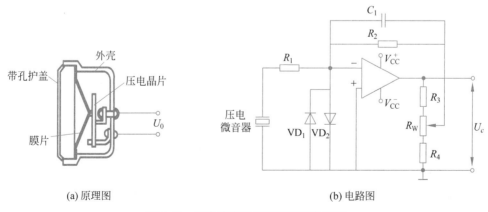

(a)原理图　　　　　　　　　　(b)电路图

图 6-10 压电传声器的原理图和电路图

2. 压电式加速度传感器

压电式加速度传感器的示意图如图 6-11 所示。其中,图 6-11(a)为单端中心压缩式结构；图 6-11(b)为悬臂梁式结构；图 6-11(c)为挑担式结构。在挑担式结构中，当质量块上下振动时，压电晶片因受到剪切力而产生压电效应。在悬臂梁式结构中，当质量块上下振动时，压电晶片受到压力，从而产生电荷。

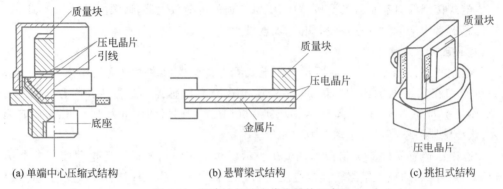

(a) 单端中心压缩式结构　　　　(b) 悬臂梁式结构　　　　(c) 挑担式结构

图 6-11　压电式加速度传感器的示意图

如图 6-12 所示为压电引信的破甲弹示意图，压电式传感器放置在破甲弹的前端。当破甲弹撞击到目标物体时，瞬时压力使压电元件产生电荷。产生的电荷通过导线连接到起爆装置，从而引爆炸药。

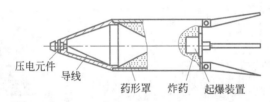

压电元件　导线　药形罩　炸药　起爆装置

图 6-12　压电引信的破甲弹示意图

6.4　例题解析

例 6-1　有一个压电晶体，其面积为 20mm^2，厚度为 10mm。当受到压力 $P=10\text{MPa}$ 作用时，对下面两种材料，分别求其产生的电荷量及输出电压。

（1）零度 X 切的纵向石英晶体；

（2）利用纵向效应的压电陶瓷 BaTiO_3。已知石英晶体的压电系数 $d_{11}=2.31\times10^{-12}\text{C}\cdot\text{N}^{-1}$，介电常数 $\varepsilon_r=4.5$，BaTiO_3 的压电系数 $d_{33}=191\times10^{-12}\text{C}\cdot\text{N}^{-1}$，介电常数 $\varepsilon_r=1900$，真空介电常数 $\varepsilon_0=8.85\times10^{-12}\text{F/m}$。

解：

（1）石英晶体的切片示意图如图 6-1 所示，而石英晶体的切向示意图如图 6-13 所示。X 切族表示晶体的切割方向垂直于 x 轴，而零度 X 切表示晶体的切割方向与 z 轴的夹角为零度，如图 6-13(a)所示；Y 切族表示晶体的切割方向垂直于 y 轴，如图 6-13(b)所示。

纵向石英晶体表示利用纵向压电效应进行测量，即沿 x 轴方向施加力，在 x 轴方向接收电荷。产生的总电荷量 Q 为

$$Q = d_{11}F = d_{11}PA$$

可得

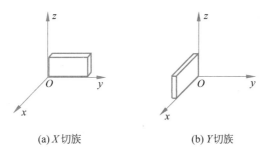

(a) X 切族   (b) Y 切族

图 6-13　石英晶体的切向示意图

$$Q = 2.31 \times 10^{-12} \times 10 \times 10^{6} \times 20 \times 10^{-6} = 4.62 \times 10^{-10} (\text{C})$$

即产生的电荷量是 4.62×10^{-10} C，或 462pC。

由于输出电压与电荷量的关系为

$$U = Q/C$$

而石英晶体的电容为

$$C = \frac{\varepsilon_r \varepsilon_0 A}{d} = \frac{4.5 \times 8.85 \times 10^{-12} \times 20 \times 10^{-6}}{10 \times 10^{-3}} = 7.965 \times 10^{-14} (\text{F})$$

因此，输出电压为

$$U = \frac{4.62 \times 10^{-10}}{7.965 \times 10^{-14}} = 5.8 \times 10^{3} (\text{V})$$

所以，石英晶片输出电压是 5800V。

（2）压电陶瓷的纵向压电效应是指引出电荷和施加外力的方向均为 z 轴方向。压电陶瓷在 z 轴方向产生的电荷量为

$$Q = d_{33}F = d_{33}PA$$

即

$$Q = 191 \times 10^{-12} \times 10 \times 10^{6} \times 20 \times 10^{-6} = 3.82 \times 10^{-8} (\text{C})$$

所以，压电陶瓷表面产生的电荷量是 3.82×10^{-8} C，或 38.2nC。

由输出电压

$$U = Q/C$$

压电陶瓷的电容为

$$C = \frac{\varepsilon_r \varepsilon_0 A}{d} = \frac{1900 \times 8.85 \times 10^{-12} \times 20 \times 10^{-6}}{10 \times 10^{-3}} = 3.363 \times 10^{-11} (\text{F})$$

可得输出电压为

$$U = \frac{3.82 \times 10^{-8}}{3.363 \times 10^{-11}} = 1.136 \times 10^{3} (\text{V})$$

所以，石英晶体表面产生的电荷量是 4.62×10^{-10} C，输出电压是 5800V；压电陶瓷产生的电荷量是 3.82×10^{-8} C，输出电压是 1136V。

6.5　本章小结

本章介绍了压电式传感器的工作原理、压电材料、压电式传感器的测量电路及其应用

等。通过学习,应该掌握以下内容:压电效应及压电式传感器的工作原理,典型压电材料的压电效应,压电式传感器的等效电路,压电式传感器的测量电路和压电式传感器的应用。

习题 6

6-1 简述压电效应及产生压电效应的原因。

6-2 比较典型压电材料的特点。

6-3 用石英晶体加速度计及电荷放大器测量机器的振动时,已知加速度计的灵敏度为 $5\mathrm{pC/g}$,而电荷放大器的灵敏度为 $50\mathrm{mV/pC}$。若当机器达到最大加速度时,相应的输出电压幅值为 $2\mathrm{V}$,试求此时机器的振动加速度。

6-4 比较电压放大器和电荷放大器两种测量电路的特点。

6-5 已知某压电晶体的电容为 $1000\mathrm{pF}$,$K_q = 2.5\mathrm{C/cm}$,$C_c = 3000\mathrm{pF}$。示波器的输入阻抗为 $1\mathrm{M\Omega}$;并联电容为 $50\mathrm{pF}$。求:

(1) 压电晶体的电压灵敏度;

(2) 测量系统的高频响应;

(3) 若系统允许的测量幅值误差为 5%,则可测的最低频率是多少?

(4) 如果频率为 $10\mathrm{Hz}$,允许误差为 5%,当采用并联方式时,压电晶体的电容值是多少?

6-6 试分析压电式加速度传感器的频率响应特性。若测量电路的 $C_\Sigma = 1000\mathrm{pF}$,$R_\Sigma = 500\mathrm{M\Omega}$,传感器的固有频率 $f_0 = 30\mathrm{kHz}$,相对阻尼系数 $\zeta = 0.5$,求幅值误差在 2% 以内的使用频率范围。

6-7 石英晶体压电式传感器的面积为 $1\mathrm{cm}^2$,厚度为 $1\mathrm{mm}$,将其固定在两金属板之间用来测量通过晶体两面的力。已知材料的弹性模量是 $9\times10^{10}\mathrm{Pa}$,电荷灵敏度为 $2\mathrm{pC/N}$,相对介电常数是 5.1,材料的两个相对表面之间的电阻是 $10^{14}\Omega$。一个 $20\mathrm{pF}$ 的电容和一个 $100\mathrm{M\Omega}$ 的电阻与极板相连。若所加力为 $F = 0.01\sin(10^3 t)\mathrm{N}$,求:

(1) 两极板间的电压峰-峰值;

(2) 晶体厚度的最大变化。

6-8 简述压电式传感器中采用电荷放大器的优点,并解释为什么电缆长度与电压灵敏度有关,而与电荷灵敏度无关。

6-9 试说明为什么压电式传感器通常用来测量动态或瞬态参量,而不能测量静态和变化比较缓慢的信号。

6-10 采取何种措施可以提高压电式传感器的灵敏度?

6-11 将具有 $0.07\mathrm{kg}$ 质量的压电式传感器装到振动机械上,若安装传感器后机械装置的响应频率改变了 10%,试计算机械装置本身的质量。

6-12 为提高压电式传感器的灵敏度,将两片压电片并联在一起,此时电荷总量等于_____倍单片电荷总量,总电容量等于_____倍单片电容量。

6-13 根据下列情况,选择合适的传感器。

(1) 现有激磁频率为 $2.5\mathrm{kHz}$ 的差动变压器式测振传感器和固有频率为 $50\mathrm{Hz}$ 的磁电式测振传感器各一只,欲测量频率为 $400\sim500\mathrm{Hz}$ 的振动,应该选哪一种?为什么?

(2) 有两只压电式加速度传感器,它们的固有频率分别为 $30\mathrm{Hz}$ 和 $50\mathrm{Hz}$,阻尼比均为

0.5,欲测量频率为 15Hz 的振动,应该选哪一只?为什么?

6-14 用压电式传感器和电荷放大器测量某种机器的振动,其示意图如图 6-14 所示。已知传感器的灵敏度为 100pC/g,电荷放大器的反馈电容 $C_f = 0.01\mu F$,测得输出电压峰值为 $U_m = 0.4V$,振动频率为 100Hz。

(1)求机器振动的加速度最大值 $a_m (m/s^2)$;

(2)假定振动为正弦波,求振动的速度 v;

(3)求出振动幅度的最大值 x_m。

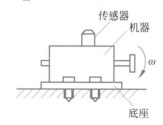

图 6-14 压电式加速度传感器测振示意图

第 7 章

磁电式传感器

本章要点：
◇ 磁电感应式传感器的工作原理及应用；
◇ 霍尔效应，霍尔电动势及载流子浓度，霍尔效应与迁移率和电阻率的关系；
◇ 霍尔元件的误差及补偿方法，不等位电势产生的原因；
◇ 霍尔元件的应用。

7.1 磁电感应式传感器

磁电感应式传感器又称为电动势式传感器或磁电式传感器（magnetoelectric sensor），它是利用电磁感应原理将被测量（如振动、位移、转速和扭矩等）转换成电信号的一种传感器。磁电感应式传感器属于有源传感器，或称为能量转换型传感器，它可将机械能转换为电能。由于磁电感应式传感器的输出功率大，性能稳定，并具有一定的工作带宽（10～1000Hz），因此，磁电感应式传感器得到普遍应用。

7.1.1 磁电感应式传感器的工作原理

磁电感应式传感器的工作原理为被测量（如振动、位移、转速、扭矩等）使得线圈的磁通量发生变化，导致线圈中产生感应电动势。感应电动势的大小为

$$e = -N \frac{\mathrm{d}\Phi}{\mathrm{d}t} \tag{7-1}$$

式中，N 是线圈的匝数；Φ 是磁通量。

磁电感应式传感器分为恒定磁通式和变磁通式两种类型。

1. 恒定磁通式

磁电感应式传感器的恒定磁通式的结构如图 7-1 所示。在这种结构中，磁场强度恒定不变，磁路系统的空气隙厚度固定不变，即气隙中的磁通量保持恒定。测量线速度的磁电感应式传感器的结构示意图如图 7-1(a) 所示。线圈在水平方向做直线运动时，永久磁铁的磁力线方向垂直于线圈的运动方向。因此，线圈切割磁力线，产生的感应电动势 e 为

$$e = -NBLv \tag{7-2}$$

式中，N 是线圈的匝数；B 是磁场的磁场强度；L 是单匝线圈的长度；v 是线圈与磁场的相

对运动速度。

测量角速度的磁电感应式传感器的结构示意图如图 7-1(b)所示。当转轴带动线圈旋转时,磁力线方向为转轴的半径方向,线圈的运动方向为切向方向。因此,线圈切割磁力线,产生的感应电动势 e 为

$$e = -NBS\omega \tag{7-3}$$

式中,S 是单匝线圈的截面积;ω 是线圈的运动角速度。

磁电感应式传感器的结构有动圈式和动铁式两种,它们都可使线圈和磁铁产生相对运动。在动圈式结构中,永久磁铁保持不动,而线圈运动。在动铁式结构中,线圈保持不动,而磁铁运动。线圈和磁铁的相对运动导致线圈的磁通量变化,从而使线圈内产生感应电动势。

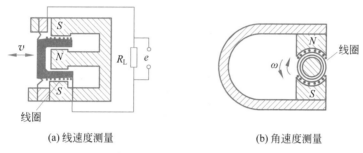

(a) 线速度测量   (b) 角速度测量

图 7-1 恒定磁通磁电感应式传感器示意图

2. 变磁通式

磁电感应式传感器的变磁通式的结构分为开磁路和闭磁路两种形式,分别如图 7-2(a)和图 7-2(b)所示。开磁路转速传感器如图 7-2(a)所示。在被测转轴上安装一个测量齿轮,永久磁铁和线圈固定不动。当转轴带动齿轮旋转时,齿轮的齿根及齿顶与铁芯之间的空气隙厚度发生周期性变化,磁路的磁阻变化导致线圈的磁通量变化。因此,线圈内部产生感应电动势。开磁路转速传感器的特点是结构较简单,但输出信号较小。

闭磁路转速传感器的结构如图 7-2(b)所示。当被测转轴带动椭圆形测量轮在磁场中旋转时,空气隙厚度发生周期性变化。因此,磁路的磁阻和磁通量也周期性变化,导致线圈内产生感应电动势。变磁通式传感器对环境要求不高,工作频率下限约为 50Hz,上限可达 100Hz。

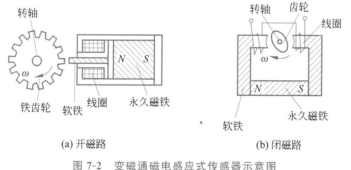

(a) 开磁路   (b) 闭磁路

图 7-2 变磁通磁电感应式传感器示意图

7.1.2 磁电感应式传感器的应用

磁电感应式传感器在振动、扭矩和转速等参量的测量中应用广泛。例如,磁电感应式振

动速度传感器、磁电感应式扭矩仪、磁电感应式转速传感器及电磁流量计等。

1）磁电感应式振动速度传感器

磁电感应式振动速度传感器的示意图如图 7-3 所示。传感器采用动圈式恒定磁通结构，用于测量图示水平方向的振动速度。传感器的壳体一般紧固在被测振动体上。永久磁铁的磁力线方向为垂直方向，线圈水平方向运动时切割磁力线，线圈内产生感应电动势。阻尼器用于防止过度振动。引线将感应电动势输出到测量电路，而测量电路中接入积分电路和微分电路后，可以测量振动的振幅和加速度。例如，CD-1 型磁电感应式振动速度传感器的灵敏度为 $604\,\mathrm{mV}/(\mathrm{cm \cdot s^{-1}})$，可测振幅范围为 $0.1 \sim 1000\,\mu m$，可测最大加速度为 $5g$（g 为重力加速度）。

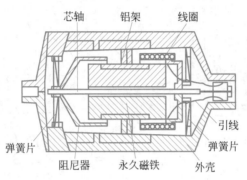

图 7-3　磁电感应式振动速度传感器的示意图

2）磁电感应式扭矩仪

磁电感应式扭矩仪的示意图如图 7-4 所示。扭矩仪是测量转轴的扭转力矩的传感器。被测转轴的两端安装了两个磁电感应式传感器。传感器外壳上固定的外齿轮是永久磁铁，称为定子。被测转轴上固定的内齿轮，称为转子。当转轴带动内齿轮旋转时，内齿轮和外齿轮中间的空气隙厚度发生变化，导致磁通量变化，从而线圈内产生感应电动势。两个磁电感应式传感器的转子分别固定在转轴的两端。其中一个传感器的定子的齿顶与转子的齿顶相对，另一个传感器的定子的齿槽与转子的齿顶相对。

当无外加扭矩时，转轴以角速度 ω 旋转，两个传感器将产生幅值和频率相同，而相位差为 $180°$ 的感应电动势。当转轴存在扭矩时，转轴的两端产生扭转角 φ。此时，两个传感器产生的感应电动势将产生附加的相位差，该附加相位差与轴的扭转角 φ 成正比。

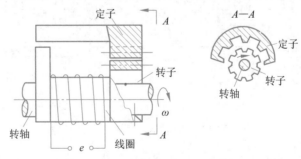

图 7-4　磁电感应式扭矩仪的示意图

3）磁电感应式转速传感器

磁电感应式转速传感器的示意图如图 7-5 所示，它用于测量转轴的转速。在待测转轴上固定一个小磁轮,磁电感应式转速传感器靠近转轴放置。当转轴带动磁轮旋转时,由于磁轮的齿形结构,传感器与磁轮间的空气隙厚度发生周期性变化。传感器线圈因磁通量周期性变化而产生感应电动势,输出电压脉冲。对输出脉冲计数,可得转轴的转速。磁电感应式转速传感器可以应用于较高温度的环境,不适合测量速度很低的信号。例如,用于喷气式发动机中涡轮转速的测量。

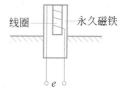

图 7-5　磁电感应式转速传感器的示意图

4)电磁流量计

磁电感应式电磁流量计的示意图如图 7-6 所示。电磁流量计用来测量管道内有一定导电率的流体物质的流量。电磁流量计的结构如图 7-6 所示,在管道的外侧安装激励线圈用来产生恒定的磁场,然后在垂直于磁场方向安装导电电极。导电电极在测量管道内壁与被测液体直接接触,引出感应电动势。当被测导电液体流动时,导体切割磁力线产生感应电动势。感应电动势 E 如式(7-4)所示。

$$E = BDv \tag{7-4}$$

式中,B 是磁场强度;D 是管道的内直径;v 是液体的流速。

流体的流量为每秒钟产生的体积,流量为

$$q_V = \frac{\pi D^2}{4} v \tag{7-5}$$

式中,管道的横截面积为 $(\pi D^2)/4$;每秒钟移动的距离为 v。流量的单位为 $\mathrm{m^3/s}$。

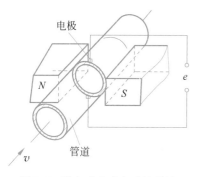

图 7-6　磁电感应式电磁流量计的示意图

由式(7-4)可得速度 v,将其代入式(7-5),可得流量为

$$q_V = \frac{\pi D E}{4B} = K \cdot E \tag{7-6}$$

式中,K 为常数,$K = \pi D/4B$。

所以,由式(7-6)可以看出,流量与感应电动势成正比。电磁流量计要求磁场方向、电极连线及管道轴线三个方向相互垂直。电磁流量计适合测量各种腐蚀性液体或含颗粒浆流的流体,要求被测介质的电导率大于 $0.002 \sim 0.005 \Omega/\mathrm{m}$。

7.2 霍尔式传感器

霍尔式传感器利用霍尔效应(Hall effect)将被测量转换为电动势实现测量。霍尔式传感器具有体积小、成本低、灵敏度高、性能可靠、频率响应宽和动态范围大等特点,并可采用集成电路工艺制成集成霍尔式传感器。因此,霍尔式传感器广泛用于磁场强度、压力、加速度和振动等参量的测量。

霍尔效应由美国物理学家霍尔于 1879 年在金属材料中发现。金属材料中的霍尔效应较弱,当时霍尔效应没有得到应用。由于半导体材料具有显著的霍尔效应,霍尔效应随着半导体加工技术的发展而快速发展并得以应用。

7.2.1 霍尔效应

霍尔效应的原理图如图 7-7 所示。一块长度为 l，宽度为 b，厚度为 d 的半导体材料，当在其侧面通以电流 I，在与电流垂直的方向外加磁场 B 时，运动电子受洛伦兹力的作用将发生偏转，导致电子在半导体的侧面发生聚集，形成电场。同时电子又受电场的作用，当洛伦兹力与电场力相等时，电子积累达到动态平衡。此时两个侧面之间建立的电场称为霍尔电场 E_H，相应的电动势称为霍尔电动势 U_H，这种现象称为霍尔效应。

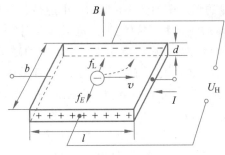

图 7-7　霍尔效应的原理图

下面分析霍尔电动势 U_H 与输入电流 I、磁场强度 B 之间的关系。考虑电子所受的洛伦兹力 f_L 为

$$f_L = evB \tag{7-7}$$

电场力 f_E 为

$$f_E = eE_H = \frac{eU_H}{b} \tag{7-8}$$

式中，e 是电子电荷量，$e = 1.60 \times 10^{-19}$C；v 是电子运动速度；B 是磁场强度；b 是材料的宽度；E_H 是霍尔电场；U_H 是霍尔电动势。

当洛伦兹力和电场力相等时，有 $F_L = F_E$。根据式(7-7)和式(7-8)可得霍尔电动势为

$$U_H = Bvb \tag{7-9}$$

由于电子的运动速度 v 与电流密度有关，下面将 v 用电流 I 和材料的参数表示。考虑电流 I 为单位时间内通过导体横截面积的电荷量，可以表示为

$$I = jbd \tag{7-10}$$

式中，j 是电流密度。电流密度为单位时间内通过某一单位面积的电量，可以表示为

$$j = nev \tag{7-11}$$

式中，n 是单位体积中的载流子数。

将式(7-11)代入式(7-10)，整理可得

$$I = nevbd \tag{7-12}$$

因此，由式(7-12)可得 v 的表达式，将所得 v 代入式(7-9)，可得霍尔电动势为

$$U_H = \frac{BI}{ned} = K_H IB \tag{7-13}$$

式中，K_H 为霍尔元件的灵敏度。可见，K_H 和材料的厚度 d 及载流子的浓度 n 有关。

可以看出，当通以恒定的电流 I 时，霍尔电动势 U_H 随磁场强度 B 而发生变化。因此，霍尔元件常用于测量磁场强度。如果外加磁场 B 的方向和霍尔元件的法线方向之间存在

夹角 α,此时霍尔电动势为

$$U_{\mathrm{H}} = K_{\mathrm{H}} I B \cos\alpha \qquad (7\text{-}14)$$

霍尔系数 R_{H} 如式(7-15)所示

$$R_{\mathrm{H}} = \frac{1}{ne} \qquad (7\text{-}15)$$

可见,霍尔系数取决于半导体材料的载流子浓度。某些半导体材料的霍尔系数较大,如表 7-1 所示。由于半导体材料的电阻率为

$$\rho = \frac{1}{ne\mu} \qquad (7\text{-}16)$$

所以,霍尔系数又可表示为

$$R_{\mathrm{H}} = \rho\mu \qquad (7\text{-}17)$$

式中,μ 是载流子的迁移率,表示单位电场强度下载流子的平均速度,即 $\mu = v/E$。

可见,迁移率与电阻率的乘积大的材料,其霍尔系数大,适合制作霍尔元件,并得到较大的霍尔电压。已知半导体材料的电阻率和迁移率,可以通过霍尔系数选择适合于制造霍尔元件的材料。表 7-1 给出了常用半导体材料在 300K 时的电阻率、迁移率和霍尔系数等参数。从表中可以看出,N 型 Ge、InSb 等材料的 $\mu\rho^{1/2}$ 较大。所以,一般常用 N 型 Ge、Si、GaAs、InSb 等半导体材料制作霍尔元件。

表 7-1 常用半导体材料的参数

材料(单晶)	电阻率 $\rho/\Omega \cdot \mathrm{cm}$	电子迁移率 $\mu/(\mathrm{cm}^2/(\mathrm{V}\cdot\mathrm{s}))$	霍尔系数 $R_{\mathrm{H}}/\mathrm{cm}^3\cdot\mathrm{c}^{-1}$	$\mu\rho^{1/2}$
N 型锗(Ge)	1.0	3500	4250	4000
N 型硅(Si)	1.5	1500	2250	1840
锑化铟(InSb)	0.005	60 000	350	4200
砷化铟(InAs)	0.0035	25 000	100	1530
磷砷铟(InAsP)	0.08	10 500	850	3000
砷化镓(GaAs)	0.2	8500	1700	3800

7.2.2 霍尔元件的结构及基本电路

霍尔元件的外形结构如图 7-8(a)所示,其实物图如图 7-8(b)所示。半导体材料的两个侧面焊接的金属引线用来加载控制电流,而另外两个侧面对称焊接的输出端引线将霍尔电动势引出。加载控制电流的电极称为控制电极或激励电极,而输出霍尔电压的电极称为霍尔电极。霍尔元件一般有 4 个管脚,其外形尺寸较小。例如,$l \times b \times d$ 的典型尺寸为

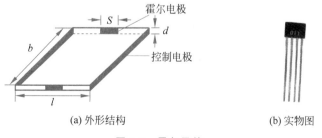

(a) 外形结构   (b) 实物图

图 7-8 霍尔元件

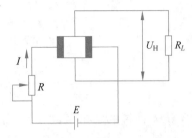

图 7-9　霍尔元件的基本测量电路

6.4mm×3.1mm×0.2mm，输出电极的宽度 s 为 0.5mm。由式(7-13)可知，霍尔元件的厚度越小，其灵敏度越大。

霍尔元件的基本测量电路如图 7-9 所示。激励电流由电源 E 供给，通过控制电极加载到霍尔元件，并由霍尔电极输出霍尔电压。图中可变电阻用于调节控制电流 I 的大小，负载电阻 R_L 可以是放大器或显示、记录器。

7.2.3　霍尔元件的基本特性

1）线性特性与开关特性

霍尔元件的输出特性曲线如图 7-10 所示。图中横坐标表示霍尔元件在磁场中的位移，纵坐标表示输出的霍尔电动势。测量时，霍尔元件处于磁场中，而被测量为磁场强度或被测量使磁场强度发生变化。如果霍尔元件所处磁场的磁场强度变化是均匀的，则霍尔元件呈线性特性。此时，当霍尔元件在磁场中发生位移时，其输出电压随着磁场强度增大而逐渐增大。如果霍尔元件所处磁场的磁场强度变化是不均匀的，则霍尔元件的输出特性呈非线性，即开关特性。霍尔式传感器根据不同的测量需要，可以采用不同的结构，实现线性或非线性输出。

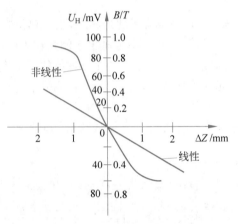

图 7-10　霍尔元件的输出特性曲线

2）不等位电阻

当没有外加磁场时，霍尔元件的输出电动势应该为零。但实际霍尔元件常存在空载电动势，该电动势称为不等位电势。这种误差也可用不等位电势 U_H 与输入电流 I 的比值来衡量，称为不等位电阻 r_0，如式(7-18)所示。在测量中，需要对不等位电阻进行补偿。

$$r_0 = \frac{U_H}{I} \tag{7-18}$$

霍尔元件的不等位电阻示意图如图 7-11 所示。产生这种现象的原因考虑有以下几种情况。

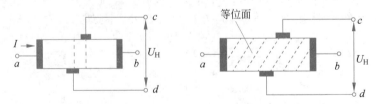

图 7-11　霍尔元件的不等位电阻示意图

（1）霍尔输出电极焊接不对称。这导致两个输出电极没有处于等位面上，从而产生了额外的输出电动势。

（2）半导体材料不均匀。厚度不均匀，以及材料中的掺杂程度不同，将导致霍尔元件各个区域的电阻分布不均匀,从而产生额外的输出电压。

（3）激励电极焊接接触不良。电极焊接时的非欧姆接触,将导致输出电压不为零。欧姆接触是指金属和半导体材料的接触面的电阻值远小于半导体本身的电阻值,此时焊接良好。

3）霍尔元件的负载特性

霍尔元件的实际输出电压小于理论值,这种现象称为霍尔元件的负载特性。如图 7-9所示,由于霍尔元件本身有内阻,在连接负载电阻时,霍尔元件的内阻产生压降,所以实际输出电压小于理论值。

4）霍尔元件的温度特性

霍尔元件由半导体材料制作而成,而半导体材料受温度影响较大,随着温度升高,材料的载流子浓度会发生变化;同时,半导体材料的电阻率、霍尔系数及霍尔元件的灵敏度等都将发生变化,所以霍尔元件需要进行温度补偿。

7.2.4　霍尔元件的误差及其补偿

霍尔元件的测量误差主要包括零位误差和温度误差等,需要避免产生误差并通过电路进行补偿。

1. 零位误差及其补偿

零位误差包括不等位电势和寄生直流电动势。不等位电势是霍尔元件在未加外磁场时,霍尔输出端的空载电动势。当霍尔元件的控制电流为交流电时,不等位电势也为交流电。此时,除了交流不等位电势以外,还有一个直流电动势,称为寄生直流电动势。寄生直流电动势一般由焊接时金属电极和半导体材料接触不良导致非欧姆接触,以及输出电极的焊点大小不同导致热容量不同等引起。减小寄生直流电动势的方法是尽量使输出电极与半导体材料欧姆接触,使霍尔元件散热均匀。

不等位电势可以通过桥路平衡原理进行补偿,其补偿电路图如图 7-12 所示。霍尔元件及其测量电路可以等效为包含四个电阻的四臂电桥,由于霍尔元件材料不均匀等原因导致4 个电阻的阻值不等。通过在桥臂上并联电阻,并调节可变电阻器的阻值,使外加磁场为零时霍尔输出电压为零的方法,可以实现不等位电势的补偿。不对称补偿电路如图 7-12(a)所示,对称补偿电路如图 7-12(b)所示。

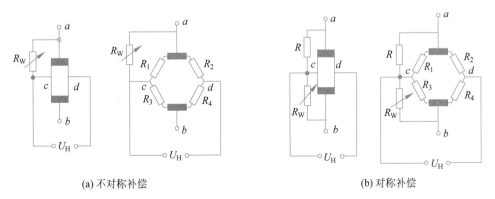

(a) 不对称补偿　　　　　　　　　　(b) 对称补偿

图 7-12　霍尔元件不等位电势的补偿

2. 温度误差及其补偿

1）温度误差

霍尔元件的灵敏度 K_H 和霍尔系数 R_H 随温度变化都会发生变化，所以霍尔元件需要进行温度补偿。由于 $K_H=1/ned$，$R_H=1/ne$，两者都与半导体材料的载流子浓度 n 有关。而载流子浓度 n 由材料的掺杂浓度 N_D 和本征电子浓度 n_i 构成，如式（7-19）和式（7-20）所示。

$$n=N_D+\frac{n_i^2}{N_D} \tag{7-19}$$

$$n_i=\sqrt{N_CN_V}\,e^{-\frac{E_g}{2kT}} \tag{7-20}$$

式中，N_D 为掺杂浓度；N_C 和 N_V 分别为电子和空穴的有效状态密度，是与温度有关的常数；E_g 为禁带宽度；k 为玻尔兹曼常数；T 为温度。

可见，本征电子浓度和温度有关，导致载流子浓度随温度升高而增大。所以，K_H 和 R_H 也随温度发生变化。

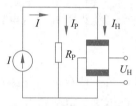

图 7-13　霍尔元件温度补偿电路

2）采用恒流源供电和输入回路并联电阻的温度补偿

霍尔元件的温度补偿包括采用恒流源供电并选择合适的负载电阻、采用温度补偿元件，以及采用恒流源供电和输入回路并联电阻的温度补偿等方法。下面介绍采用恒流源供电和选择合适的并联电阻 R_P，使温度变化时霍尔电压保持不变的方法。温度补偿电路如图 7-13 所示。

由于霍尔电压 $U_H=K_HIB$，当温度变化时，灵敏度由 K_{H0} 变为 K_{Ht}，输入电流由 I_{H0} 变为 I_{Ht}，外加磁场强度 B 不变。要保持霍尔电压不变，需要满足

$$K_{H0}I_{H0}B=K_{Ht}I_{Ht}B \tag{7-21}$$

即

$$K_{H0}I_{H0}=K_{Ht}I_{Ht} \tag{7-22}$$

式中，灵敏度 K_{Ht} 为

$$K_{Ht}=K_{H0}(1+\gamma\cdot\Delta T) \tag{7-23}$$

式中，γ 是霍尔元件灵敏度的温度系数，即霍尔电动势的温度系数。

下面通过电路分析 I_{H0} 和 I_{Ht} 的关系，以求得满足式（7-21）条件的并联电阻 R_P。

由电路图 7-13 可知

$$\begin{cases}I=I_P+I_H\\ I_PR_P=I_HR_I\end{cases} \tag{7-24}$$

式中，R_I 是霍尔元件的输入电阻，即激励电极之间的电阻。由于采用恒流源，电流 I 保持不变。由式（7-24）可得 I_H 为

$$I_H=\frac{R_PI}{R_I+R_P} \tag{7-25}$$

在温度为 T_0 的初始时刻，可得 I_{H0} 为

$$I_{H0}=\frac{R_{P0}I}{R_{I0}+R_{P0}} \tag{7-26}$$

式中,R_{P0} 和 R_{I0} 分别是温度为 T_0 时并联电阻 R_P 和输入电阻 R_I 的初值。R_P 和 R_I 分别表示为

$$R_P = R_{P0}(1 + \beta \Delta T) \tag{7-27}$$

$$R_I = R_{I0}(1 + \alpha \Delta T) \tag{7-28}$$

式中,α 是霍尔元件的内阻温度系数;β 是并联电阻的温度系数。

所以,根据式(7-26)~式(7-28),温度为 t 时的 I_{Ht} 可表示为

$$I_{Ht} = \frac{R_P I}{R_I + R_P} = \frac{R_{P0}(1+\beta \Delta T)I}{R_{I0}(1+\alpha \Delta T) + R_{P0}(1+\beta \Delta T)} \tag{7-29}$$

将式(7-23)和式(7-29)代入式 $K_{H0}I_{H0} = K_{Ht}I_{Ht}$,可得 R_{P0} 为

$$R_{P0} = \frac{(\alpha - \beta - \gamma)}{\gamma}R_{I0} \tag{7-30}$$

式中,α、β、γ 和输入内阻 R_{I0} 都是常数。由式(7-30)可以得到并联电阻 R_P 的初始值。

由于满足条件 $U_{H0} = U_{Ht}$,即霍尔电动势保持不变,采用恒流源并选择合适的并联电阻 R_P 的方法,霍尔元件可实现温度误差的补偿。

3) 典型霍尔元件的性能参数

典型霍尔元件的性能参数如表 7-2 所示。表中列出了常用霍尔元件的型号、构成材料与晶向,以及电阻率、元件尺寸、灵敏度和输入阻抗等参数。内阻的温度系数和 U_H 的温度系数分别为式(7-30)中 α 和 γ,而输入阻抗为 R_{I0}。输出阻抗是霍尔元件的输出电极间的电阻值。所以,根据霍尔元件的性能参数,可以选择合适的并联电阻,实现温度补偿。

表 7-2 典型霍尔元件的性能参数

型　　号	HZ-1N 型 Ge[111]	HZ-4N 型 Ge[100]	HT-1InSb	HT-2InSn
电阻率/Ω·cm	0.2~0.8	0.4~0.5	0.003~0.01	0.003~0.01
尺寸($l \times b \times d$)/mm	8×4×0.2	8×4×0.2	6×3×0.2	8×4×0.2
输入阻抗/Ω	110±20%	45±20%	0.8±20%	0.8±20%
输出阻抗/Ω	100±20%	40±20%	0.5±20%	0.5±20%
灵敏度/mV/mA·T	>12	>4	1.8±20%	1.8±20%
额定电流/mA	20	50	250	300
U_H 的温度系数/℃$^{-1}$	0.05%	0.03%	−1.5%	−1.5%
内阻的温度系数/℃$^{-1}$	0.5%	0.3%	−0.5%	−0.5%
工作温度范围/℃	0~60	0~75	0~40	0~40

7.2.5　霍尔元件的应用

当激励电流恒定时,霍尔元件的输出电压与磁场强度成正比。因此,霍尔元件可以测量磁场,或通过被测量改变霍尔元件周围的磁场来测量位移、压力、振动和转速等参量。例如,霍尔电子罗盘可以测量地球磁场,常用于导航及空间姿态测量等。由于南北极方向的地球磁场最强,当该磁场方向垂直于霍尔元件表面时,霍尔输出电压最大,从而可以实现地球南北极方向的定位。下面介绍几种常用的霍尔式传感器。

1. 霍尔式位移传感器

霍尔式位移传感器的结构及其静态输出特性如图 7-14 所示。霍尔元件在磁场中移动时,其所在位置的磁场强度变化,导致霍尔输出电压变化。磁场梯度越大,霍尔传感器的灵

敏度越大;磁场梯度变化越均匀,霍尔传感器的线性度越高。图中横坐标为霍尔元件在水平方向的位移,纵坐标为霍尔输出电压。图 7-14(a)所示磁路结构对应的传感器的输出特性曲线为图 7-14(d)中的曲线 1。当霍尔元件向左移动时,磁场逐渐增强;向右移动时,磁场逐渐减弱。这种传感器的线性范围小,且在 $z=0$ 时输出不为零。图 7-14(b)所示结构对应的传感器的输出特性曲线为图 7-14(d)中的曲线 2。当霍尔元件向左或向右移动时,磁场均逐渐增强。霍尔输出电压与位移之间具有较好的线性关系。图 7-14(c)所示结构对应的传感器的输出特性曲线为图 7-14(d)中的曲线 3。可见,这种霍尔式位移传感器的灵敏度最高。由于其磁场分布具有非线性,这种传感器测量的位移量较小,一般在 ±0.5mm,适合于微位移及振动的测量。

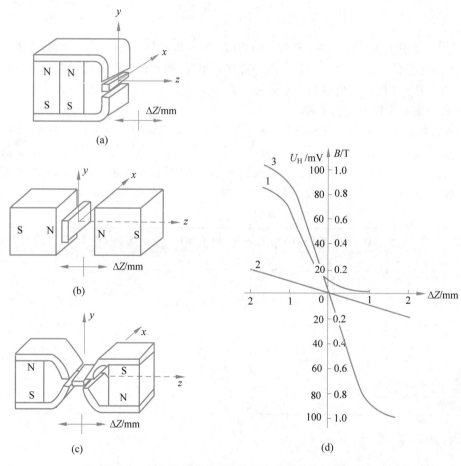

图 7-14　霍尔式位移传感器的结构及其静态输出特性

2. 霍尔式压力传感器

霍尔式压力传感器的结构原理图如图 7-15 所示。被测量压力通过管道传递到波登管,使波登管发生变形并带动它前端连接的霍尔元件发生位移。弹性元件波登管将被测压力转换为位移,使霍尔元件在均匀梯度的磁场中移动,并由磁场变化导致霍尔输出电压变化。

3. 霍尔式转速传感器

霍尔式转速传感器的原理图如图 7-16 所示。采用霍尔元件测量转轴的转速时,一个非磁性圆盘被固定在转轴上,并在圆盘上放置一个或多个小磁铁。当转轴带动圆盘旋转时,磁

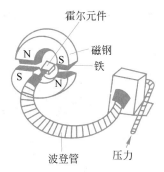

图 7-15　霍尔式压力传感器的结构原理图

铁靠近霍尔元件,导致霍尔元件周围的磁场发生变化。霍尔元件输出周期性电压脉冲信号,
对输出脉冲进行计数后可以得到转轴的转速。

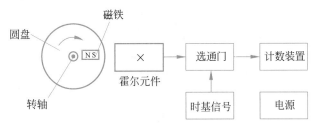

图 7-16　霍尔式转速传感器的原理图

　　霍尔式转速传感器除测量转速以外,还可用于汽车点火器和齿轮检测等。霍尔式汽车
点火器的示意图如图 7-17 所示。当磁轮鼓旋转时,霍尔元件 SL3020 处的磁场发生变化,导
致霍尔电压变化。电压信号经放大后送至点火线圈,产生点火用的高电压,从而实现火花塞
的点火。齿轮检测包括齿轮的转速、齿形、齿轮缺损和齿数等的检测。霍尔元件与磁铁放置
在齿轮旁。当齿轮旋转时,由于齿轮的齿根和齿顶到霍尔元件的距离不同,导致霍尔元件所
处的磁场强度发生周期性变化。霍尔元件输出周期性电压脉冲,对脉冲计数及检测电压波
形可以实现齿轮的检测。

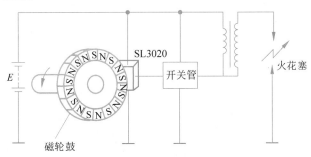

图 7-17　霍尔式汽车点火器的示意图

　　4. 霍尔式电流传感器

　　霍尔式电流传感器可以对通电导线的电流强度实现非接触测量,其示意图和实物图分
别如图 7-18(a)和图 7-18(b)所示。外形为钳形的导磁铁芯夹在通电导线周围,用于收集磁
力线。霍尔元件放置在磁环的气隙中,用于测量磁场强度。霍尔式电流传感器的测量原理
在于通电导线周围将产生磁场,其磁场强度和导线的电流强度成正比,而霍尔元件测得磁场

强度便可得到相应的电流强度。霍尔式电流传感器具有测量精度高、非接触测量、测量频率范围广和功耗低等优点。

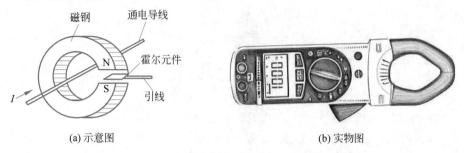

(a) 示意图 (b) 实物图

图 7-18 霍尔式电流传感器的示意图及实物图

5. 霍尔式加速度传感器

霍尔式加速度传感器示意图如图 7-19 所示。霍尔元件放置在悬臂梁的前端,并有一个质量块固定在悬臂梁上。当测量系统发生振动时,悬臂梁前端的霍尔元件在磁场中发生垂直方向的位移,导致霍尔元件所在位置的磁场强度变化,从而使霍尔输出电压变化。由于加速度与位移量成正比,霍尔输出电压反映了加速度的大小。

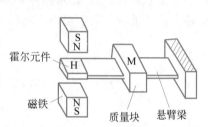

图 7-19 霍尔式加速度传感器示意图

6. 霍尔元件在汽车防锁死制动系统中的应用

霍尔元件在汽车防锁死制动系统(anti-lock braking system,ABS)中具有重要作用。ABS 的示意图如图 7-20 所示。霍尔转速传感器测量车轮的转速,并将测量结果传输到电子控制单元(electronic control unit,ECU)。ECU 和压力调节器调节各车轮的制动力矩,并通过制动泵实现制动。ABS 使车辆在最佳距离范围内保持车轮在滚动状态中制动,避免车轮锁死而导致车辆侧滑。

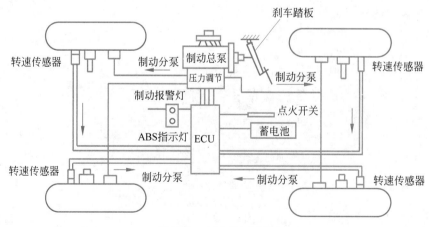

图 7-20 ABS 的示意图

霍尔式转速传感器的位置示意图如图 7-21 所示。霍尔式转速传感器安装在车辆的车轮处,在传感器的下方有一个脉冲轮。当车轴带动脉冲轮旋转时,霍尔元件所在位置的磁场强度发生周期性变化,导致霍尔元件输出脉冲信号,对脉冲信号计数可得车轴的转速。

ABS 各器件的连接示意图如图 7-22 所示。控制单元连接传感器及执行器件,如压力调节器和制动总泵。当位移传感器检测到驾驶员踩动制动踏板时,传感器输出相应信号并传递给 ECU。此时 ECU 启动液压制动,发送信号到执行器件。每个车轮通过制动分泵施加制动力矩实现制动。同时,霍尔转速传感器实时测量车轮的转速。为避免车轮转速急剧下降为零而导致的车辆侧滑,ABS 实时监测车轮的转速,并调节制动力矩的大小,实现防车轮锁死的安全制动。

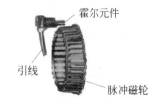

图 7-21 霍尔式转速传感器的位置示意图

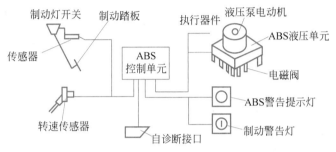

图 7-22 ABS 各器件的连接示意图

7.3 例题解析

例 7-1 某霍尔元件的尺寸 $l \times b \times d$ 为 $1.0\text{cm} \times 0.35\text{cm} \times 0.1\text{cm}$,已知沿 l 方向加载的电流 $I = 1.0\text{mA}$,在垂直于 lb 平面加有均匀磁场 $B = 0.5\text{T}$,传感器的灵敏度系数为 24V/AT,电子电荷量 $e = 1.6 \times 10^{-19}\text{C}$。求:

(1) 输出霍尔电动势的大小;

(2) 霍尔元件的载流子浓度。

解:

霍尔电动势为

$$U_H = K_H IB = 24 \times 1.0 \times 10^{-3} \times 0.5 = 12(\text{mV})$$

霍尔元件的灵敏度为

$$K_H = \frac{1}{ned}$$

可得,载流子浓度 n 为

$$n = \frac{1}{K_H ed} = (24 \times 1.6 \times 10^{-19} \times 0.1 \times 10^{-2})^{-1} = 2.6 \times 10^{20}(\text{个} / \text{m}^3)$$

所以,输出霍尔电动势为 12mV,载流子浓度 n 为每立方米 2.6×10^{20} 个。

例 7-2 有一个灵敏度 K_H 为 1.2mV/mA·kGs 的霍尔元件,将其置于一个梯度为 5kGs/mm 的磁场中,其额定控制电流 $I = 20\text{mA}$。如果霍尔元件在平衡点附近作 0.1mm 的摆动,则输出电压范围是多少?

解:

霍尔元件的位移范围为 0.1mm,所以磁场变化范围为

$$\Delta B = 5\text{kGs/mm} \times 0.1\text{mm} = 0.5(\text{kGs})$$

可得，霍尔电压的变化范围为

$$\Delta U = k_H I \Delta B = 1.2\text{mV/mA} \cdot \text{kGs} \times 20\text{mA} \times 0.5\text{kGs} = 12(\text{mV})$$

所以，当霍尔元件摆动范围为 0.1mm 时，输出电压的变化范围为 12mV。

7.4 本章小结

本章介绍了磁电式传感器和霍尔式传感器的工作原理、特点及转换电路。通过学习，应该掌握以下内容：磁电式传感器的工作原理、霍尔效应、霍尔元件的主要误差及补偿方法、霍尔式传感器的应用。

习题 7

7-1 磁电式速度传感器的弹簧刚度 $k = 3200\text{N/m}$，固有频率 $f_0 = 20\text{Hz}$，若将 f_0 减为 10Hz，则弹簧刚度应为多少？

7-2 试比较磁电式传感器与电感式传感器的区别。磁电式传感器可以测量哪些物理量？

7-3 分析霍尔元件的主要误差来源，如何改善其性能？

7-4 为什么霍尔元件用半导体材料而不能用金属导体制作？

7-5 什么是霍尔元件的不等位电势？如何减小不等位电势？

7-6 简述霍尔效应。霍尔电动势的大小与哪些因素有关？

7-7 用霍尔元件可以测量哪些物理量？试举例说明。

7-8 霍尔灵敏度与霍尔元件的厚度之间有什么关系？

7-9 简述霍尔式传感器的温度误差的补偿方法。

第8章

CHAPTER 8

热电式传感器

本章要点：

◇ 热电偶，热电效应，热电动势的组成，接触电动势，温差电动势；

◇ 热电偶的基本定律，中间导体定律，中间温度定律，参考电极定律，利用热电偶定律的相关计算；

◇ 热电偶的测温范围，热电偶的温度补偿；

◇ 热电阻，热电阻的测温范围及应用，铂热电阻，铜热电阻；

◇ 热敏电阻，热敏电阻的分类，NTC 负电阻温度系数，PTC 正电阻温度系数，CTR 临界温度系数，热敏电阻的测温范围及应用。

热电式传感器(thermoelectric sensor)可将温度的变化转换为电量的变化，常见的热电式传感器主要有热电偶、热电阻、热敏电阻和热辐射传感器等。热电偶可将温度转换成热电动势，即将热能转换为电能，因而热电偶属于有源传感器或称能量转换型传感器。热电阻和热敏电阻是两种特殊的电阻，其阻值随温度的变化发生显著改变。热电阻由金属材料制成，测量精度较高。热敏电阻一般由半导体材料制作，其灵敏度较高，应用广泛。

8.1 热电偶

热电偶是工业上应用较为广泛的热电式传感器，其测温精度可达 $0.1 \sim 0.2 ℃$。热电偶的测温范围较大，为 $-270 \sim 2800 ℃$。不同型号的热电偶的测温范围不同。热电偶的测温原理是基于热电效应(thermoelectric effect)。

8.1.1 热电效应

热电效应也称为塞贝克效应(Seebeck effect)。两种不同材料的导体 A 和 B 组成一个闭合回路，如果两个连接点的温度不同，在闭合回路中会产生热电动势，形成热电流。这种现象称为热电动势效应或热电效应。热电动势的大小与两个连接点之间的温度差，以及导体的材料有关。将温度差转换为热电动势的两种不同导体 A 和 B 的组合称为热电偶。A、B 两个导体称为热电极。两个连接点中接触热场的一端称为热端或工作端，另一端称为冷端或自由端。一般要求冷端恒温在 $0 ℃$ 或常温，热端进行测量。

热电偶的冷端和热端之间的温度差越大，产生的热电动势越大。热电偶的热电动势由两种导体的接触电动势和单一导体中的温差电动势组成。闭合回路中热电动势的示意图如图 8-1 所示。

1）接触电动势

在两种不同导体的接触结点，由于自由电子浓度不同，电子将发生扩散。假定电子从浓度高的导体 A 扩散到浓度低的导体 B，则 B 获得电子带负电，A 失去电子带正电。A 与 B 两导体间的接触电动势为

$$e_{AB}(T) = \frac{kT}{e} \ln \frac{N_A}{N_B} \tag{8-1}$$

式中，k 为波尔兹曼常数，$k = 1.38 \times 10^{-23}$（J/K）；T 是接触结点的温度；e 是电子电量；N_A、N_B 分别是导体 A、B 的自由电子浓度。

2）温差电动势

在同一导体内部，热端的电子由于受热具有更大动能，将向导体的冷端扩散。导体的热端因失去电子带正电，而冷端则带负电，从而形成温差电动势。A 导体的温差电动势表示为

$$e_A(T, T_0) = \int_{T_0}^{T} \sigma_A \, dT \tag{8-2}$$

式中，T_0 是冷端温度；T 为热端温度；σ_A 称为 A 导体的汤姆逊系数，表示导体 A 两端的温差为 1℃ 时所产生的温差电动势。不同材料具有不同的汤姆逊系数。例如，冷端为 0℃ 时，铜的汤姆逊系数为 $\sigma_A = 2\mu V/℃$。

3）总热电动势

在闭合回路中，热电偶的总热电动势由接触电动势和温差电动势组成。热电偶的热电动势示意图如图 8-1 所示，假设热电偶的总电动势方向为顺时针方向，则总电动势可表示为

$$E_{AB}(T, T_0) = e_{AB}(T) - e_{AB}(T_0) - e_A(T, T_0) + e_B(T, T_0)$$

$$= \frac{kT}{e} \ln \frac{N_{AT}}{N_{BT}} - \frac{kT_0}{e} \ln \frac{N_{AT_0}}{N_{BT_0}} + \int_{T_0}^{T} (-\sigma_A + \sigma_B) \, dT \tag{8-3}$$

式中，N_{AT} 和 N_{AT_0} 分别表示导体 A 在温度为 T 和 T_0 时的电子浓度；N_{BT} 和 N_{BT_0} 分别表示导体 B 在温度为 T 和 T_0 时的电子浓度；σ_A 和 σ_B 分别表示导体 A 和导体 B 的汤姆逊系数。当温度变化时，导体内的电子浓度也将发生变化。

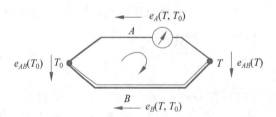

图 8-1　闭合回路中热电动势示意图

8.1.2　热电偶的基本定律

热电偶的基本定律主要包括中间导体定律、中间温度定律、标准（参考）电极定律和均质导体定律。现场应用中常涉及的是中间导体定律和中间温度定律。

1. 中间导体定律

将 A、B 导体构成的热电偶的 T_0 端断开,接入第三种导体 C,则只要保持第三种导体两端的温度相同,接入导体 C 后对回路的总电动势无影响。中间导体定律的示意图如图 8-2 所示,中间导体定律可表示为

$$E_{ABC}(T,T_0) = E_{AB}(T,T_0) \tag{8-4}$$

中间导体定律的实用价值为:当测量温度时,热电偶连接测量仪表或导线,只要保持两个冷端结点的温度相同,接入的导体对输出热电动势没有影响。当热电偶测量热端的高温时,测量仪表可以放在远处,并用相同的导线连接热电偶和测量仪表即可。

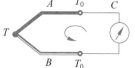

图 8-2 中间导体定律的示意图

中间导体定律可以利用式(8-3)进行证明。

接入导体 C 后,总热电动势包含三个接触电动势和三个温差电动势。由中间导体定律 $E_{ABC}(T,T_0) = E_{AB}(T,T_0)$,其左式表示为

$$E_{ABC}(T,T_0) = e_{AB}(T) + e_{BC}(T_0) + e_{CA}(T_0) - e_A(T,T_0) + e_B(T,T_0) + e_C(T_0,T_0) \tag{8-5}$$

式(8-5)可以根据式(8-3)表示为

$$E_{ABC}(T,T_0) = \frac{kT}{e}\ln\frac{N_{AT}}{N_{BT}} + \frac{kT_0}{e}\ln\frac{N_{BT_0}}{N_{CT_0}} + \frac{kT_0}{e}\ln\frac{N_{CT_0}}{N_{AT_0}} + \int_{T_0}^{T}(-\sigma_A + \sigma_B)\mathrm{d}T \tag{8-6}$$

式中,N_{AT}、N_{AT_0}、N_{BT}、N_{BT_0}、σ_A 和 σ_B 的含义同前。N_{CT} 和 N_{CT_0} 分别表示导体 C 在温度为 T 和 T_0 时的电子浓度。导体 C 两端的温度均为 T_0,故温差电动势 e_C 为零。式(8-6)整理可得

$$E_{ABC}(T,T_0) = E_{ABC}(T,T_0) = \frac{kT}{e}\ln\frac{N_{AT}}{N_{BT}} - \frac{kT_0}{e}\ln\frac{N_{AT_0}}{N_{BT_0}} + \int_{T_0}^{T}(-\sigma_A + \sigma_B)\mathrm{d}T \tag{8-7}$$

而中间导体定律式(8-4)的右式可以表示为

$$E_{AB}(T,T_0) = e_{AB}(T) - e_{AB}(T_0) - e_A(T,T_0) + e_B(T,T_0)$$

$$= \frac{kT}{e}\ln\frac{N_{AT}}{N_{BT}} - \frac{kT_0}{e}\ln\frac{N_{AT_0}}{N_{BT_0}} + \int_{T_0}^{T}(-\sigma_A + \sigma_B)\mathrm{d}T$$

所以,可得式(8-4)的左式等于右式,即证明了 $E_{ABC}(T,T_0) = E_{AB}(T,T_0)$。

2. 中间温度定律

结点温度为 T、T_0 时的热电动势,等于此热电偶在结点温度为 T、T_C 和 T_0 时的热电动势的代数和,其中 T_C 表示中间温度。中间温度定律的示意图如图 8-3 所示,中间温度定律可表示为

$$E_{AB}(T,T_0) = E_{AB}(T,T_C) + E_{AB}(T_C,T_0) \tag{8-8}$$

中间温度定律的实用价值为:当热电偶的冷端不为 0℃时,可用该定律进行修正。热电偶可以采用同种类型的导线延长,只要使两根补偿导线的接线点温度相同。

中间温度定律可以利用式(8-3)进行证明。

热电动势 $E_{AB}(T,T_C)$ 和热电动势 $E_{AB}(T_C,T_0)$ 均由两个接触电动势和两个温差电动势组成。因此,式(8-8)的右侧可以根据式(8-3)展开为

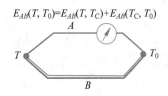 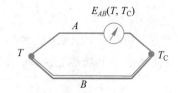 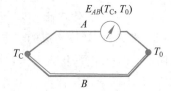

图 8-3　中间温度定律的示意图

$$E_{AB}(T,T_C)+E_{AB}(T_C,T_0)=\frac{kT}{e}\ln\frac{N_{AT}}{N_{BT}}-\frac{kT_C}{e}\ln\frac{N_{AT_C}}{N_{BT_C}}+\int_{T_C}^{T}(-\sigma_A+\sigma_B)\mathrm{d}T+$$

$$\frac{kT_C}{e}\ln\frac{N_{AT_C}}{N_{BT_C}}-\frac{kT_0}{e}\ln\frac{N_{AT_0}}{N_{BT_0}}+\int_{T_0}^{T_C}(-\sigma_A+\sigma_B)\mathrm{d}T \tag{8-9}$$

式中，N_{AT_C} 和 N_{BT_C} 分别表示导体 A 和导体 B 在温度为 T_C 时的电子浓度。由于式中温度为 T_C 的两个接触电动势符号相反，相互抵消。分段温差电动势合并为 T_0 到 T 的温差电动势。所以，式(8-9)整理可得

$$E_{AB}(T,T_C)+E_{AB}(T_C,T_0)=\frac{kT}{e}\ln\frac{N_{AT}}{N_{BT}}-\frac{kT_0}{e}\ln\frac{N_{AT_0}}{N_{BT_0}}+\int_{T_0}^{T}(-\sigma_A+\sigma_B)\mathrm{d}T=E_{AB}(T,T_0)$$

所以，可得式(8-8)的左侧等于右侧，即证明了 $E_{AB}(T,T_0)=E_{AB}(T,T_C)+E_{AB}(T_C,T_0)$。

3. 标准电极定律

两种导体构成热电偶的热电动势可以用这两种导体分别与第三种导体构成的热电动势之差来表示，称为标准电极定律，也称为参考电极定律。标准电极定律的示意图如图 8-4 所示，标准电极定律表示为

$$E_{AB}(T,T_0)=E_{AC}(T,T_0)-E_{BC}(T,T_0) \tag{8-10}$$

式中，导体 C 称为标准电极，或参考电极。

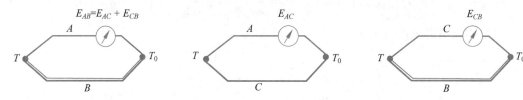

图 8-4　标准电极定律的示意图

标准电极定律的实用价值为：若已知不同导体对标准电极的热电动势，可方便求出这些导体之间组合成热电偶产生的热电动势。为获得较大的输出电动势，在制作热电偶之前可以利用标准电极定律筛选热电动势较大的导体组合。一般选择高纯度的铂丝做标准电极，测得铂和各种导体构成热电偶的热电动势，然后计算出其他导体之间组成热电偶的热电动势。

标准电极定律可以利用式(8-3)进行证明。

式(8-10)的右侧可以根据式(8-3)表示为

$$E_{AC}(T,T_0)-E_{BC}(T,T_0)=\frac{kT}{e}\ln\frac{N_{AT}}{N_{CT}}-\frac{kT_0}{e}\ln\frac{N_{AT_0}}{N_{CT_0}}+\int_{T_0}^{T}(-\sigma_A+\sigma_C)\mathrm{d}T-$$

$$\frac{kT}{e}\ln\frac{N_{BT}}{N_{CT}}+\frac{kT_0}{e}\ln\frac{N_{BT_0}}{N_{CT_0}}-\int_{T_0}^{T}(-\sigma_B+\sigma_C)\mathrm{d}T \tag{8-11}$$

式中，温度为 T 的两个接触电动势可以合并；T_0 端的两个接触电动势也可合并。所以，有

$$E_{AC}(T,T_0)-E_{BC}(T,T_0)=\frac{kT}{e}\ln\frac{N_{AT}}{N_{BT}}-\frac{kT_0}{e}\ln\frac{N_{AT_0}}{N_{BT_0}}+\int_{T_0}^{T}(-\sigma_A+\sigma_B)\mathrm{d}T=E_{AB}(T,T_0)$$

所以，可得式(8-10)的左侧等于右侧，即证明了 $E_{AB}(T,T_0)=E_{AC}(T,T_0)-E_{BC}(T,T_0)$。

4. 均质导体定律

由两种均质导体组成的热电偶，其热电动势只和两种导体的材质及两结点的温度有关，而与热电偶的尺寸、形状及温度分布无关。均质导体定律有助于检验热电极材料的均匀性。

8.1.3 热电偶的结构与类型

热电偶具有普通型、铠装型和薄膜型等结构形式。同时，根据热电极材料的不同，热电偶分为多种类型。常见型号的热电偶具有统一的分度表，以便查阅测得的热电动势对应的温度。

1. 结构

为了适应不同测量对象的测温要求和条件，热电偶的结构形式有普通型热电偶、铠装热电偶和薄膜热电偶等。

普通型热电偶的结构示意图如图 8-5(a)所示。热端的热电极封装在保护管中，热电动势通过引线输出到测量仪表。普通型热电偶可用于测量气体、液体等介质的温度。

铠装型热电偶的示例图如图 8-5(b)所示。铠装型热电偶由热电极材料及绝缘套管一起拉制成型，具有柔性良好、便于弯曲、热惯性小、动态响应快、耐高压和坚固耐用等优点。

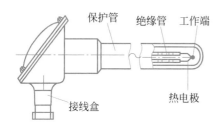 

(a) 普通型热电偶的结构示意图　　(b) 铠装型热电偶的示例图

图 8-5　普通型热电偶和铠装型热电偶

薄膜型热电偶的示意图如图 8-6 所示，它由真空蒸镀等方法将热电极材料蒸镀到绝缘板上制成。薄膜型热电偶的热接点极薄，达到 μm 量级。这种热电偶具有热容量小、反应速度快(μs 量级)等优点，适用于微小面积上的表面温度测量及快速变化的动态温度的测量。

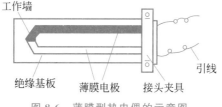

图 8-6　薄膜型热电偶的示意图

2. 热电极材料

制作热电偶的热电极材料要求具有以下特性。

（1）热电性能稳定。热电动势和温度之间的关系不随时间和被测介质变化。

（2）热电动势大，测温范围宽，线性好。此时，输出的灵敏度高，而输出的热电动势和温度之间的关系为线性时，便于测量和处理数据。

（3）化学和物理性能稳定，不易氧化或腐蚀。要求热电极材料的性能稳定，不易受到被测气体或液体的氧化或腐蚀。

（4）电阻温度系数 α 小，导电率高。由于导体材料的电阻值随温度变化而变化，电阻温度系数越大，电阻值变化越大。而热电偶输出的热电动势希望只随两个结点的温度差变化，即热电极材料的电阻值改变量尽量小，所以，要求电阻温度系数 α 小。

（5）机械强度高，复制性好，工艺简单，价格便宜。要求热电极材料的机械强度高，抗拉伸与弯折、不易断裂。要求热电极材料的复制性好，各批次间性能稳定，便于批量生产。

满足以上所有条件的导体材料较难得到。纯金属材料的复制性好、性能稳定，但两个电极均采用纯金属时，产生的热电动势较小，平均约为 $20\mu V/℃$。非金属材料产生的热电动势较大，可达 $1000\mu V/℃$，但是材料的复制性不好，且性能不稳定。合金材料的性能介于两者之间。所以，热电偶材料一般采用两个电极中一个是金属，另一个是合金，或者合金搭配合金的形式。

3. 热电偶的类型及特点

热电偶根据热电极材料的不同，可以分为一般金属和贵金属两大类。由一般金属构成的热电偶应用最普遍，例如，镍铬/镍硅、铜/康铜和镍铬/镍铝等合金作为热电极的热电偶。贵金属构成的热电偶性能较稳定，价格昂贵，一般用于标定及精密测量。例如，铂铑/铂、铂铑$_{30}$/铂铑$_6$ 热电偶等。铂铑/铂热电偶精度高，灵敏度较小，在 $0\sim100℃$ 范围灵敏度约为 $6\mu V/℃$。铜/康铜热电偶的灵敏度较大，在 $350℃$ 时灵敏度约为 $60\mu V/℃$。

标准热电偶的类型常用字母表示。下面给出几种常见型号的热电偶，分别为 B 型热电偶、S 型热电偶、K 型热电偶、E 型热电偶、J 型热电偶和 T 型热电偶。

B 型热电偶为铂铑$_{30}$/铂铑$_6$（$PtRh_{30}$/$PtRh_6$）热电偶。其热电极由铂铑合金（Platinum-Rhodium alloy）组成，分别为铑元素占比 30% 的铂铑$_{30}$ 和占比 6% 的铂铑$_6$。B 型热电偶的测温范围为 $0\sim1700℃$，适用于氧化性气氛，测温上限高，稳定性好，在冶金、钢铁等领域应用广泛。

S 型热电偶为铂铑$_{10}$/铂（$PtRh_{10}$/Pt）热电偶，其测温范围为 $0\sim1600℃$。S 型热电偶适用于氧化性和惰性气氛，性能稳定，精度高，其误差为读数的 0.25%；但其价格贵，热电动势较小。S 型热电偶常用作标准热电偶或用于高温测量。

K 型热电偶为镍铬/镍硅热电偶，其测温范围为 $-200\sim1200℃$。K 型热电偶适用于氧化和中性气氛，其热电动势与温度的关系近似为线性。K 型热电偶的热电动势大，价格低，其性能在一般金属中最稳定，应用非常广泛。

以下几种一般金属构成的热电偶适用于还原性气氛，容易被氧化。它们的热电动势较大，稳定性较好，适合于低温到中温的测量。

E 型热电偶为镍铬/康铜热电偶，其热电极为镍铬合金和铜镍合金（$Cu_{55}Ni_{45}$），测温范围为中温 $-200\sim900℃$。E 型热电偶适用于还原性或惰性气氛，其热电动势较其他热电偶大，具有稳定性好、灵敏度高和价格低等优点。

J 型热电偶为铁/康铜热电偶，其测温范围为中温 $-200\sim750℃$。J 型热电偶适用于还原性气氛,其价格低,热电动势较大,缺点是易于氧化。

T型热电偶为铜/康铜热电偶,其测温范围为低温－200～350℃。T型热电偶适用于还原性气氛,其精度高,价格低。T型热电偶在－200～0℃可制成标准热电偶,其缺点是易于氧化。

4. 分度表

分度表为热电偶的冷端温度为0℃时,热端在不同温度下测得的热电动势值的对照表。不同导体组成的热电偶,其温度与热电动势之间有不同的函数关系。一般通过实验的方法来确定温度与热电动势之间的对应关系。将不同温度下测得的电压值列成表格,得到热电动势与温度的对照表。热电偶测得热电动势后,查阅分度表便可得到热端温度。分度表每间隔10℃分档,例如,S型热电偶(铂铑$_{10}$/铂)的分度表如表8-1所示。

表8-1 分度表示例

分度号：S　　　　　　　　　　　　　　　　　　　　　　　　　　（参考端温度为0℃）

温度/℃	热电动势/mV									
	0	10	20	30	40	50	60	70	80	90
0	0.000	0.055	0.113	0.173	0.235	0.299	0.365	0.432	0.502	0.573
100	0.645	0.719	0.795	0.872	0.950	1.029	1.109	1.190	1.273	1.356
200	1.440	1.525	1.611	1.698	1.785	1.873	1.962	2.051	2.141	2.232
300	2.323	2.414	2.506	2.599	2.692	2.786	2.880	2.974	3.069	3.164
400	3.260	3.356	3.452	3.549	3.645	3.743	3.840	3.938	4.036	4.135
500	4.234	4.333	4.432	4.532	4.632	4.732	4.832	4.933	5.034	5.136
600	5.237	5.339	5.442	5.544	5.648	5.751	5.855	5.960	6.064	6.169
700	6.274	6.380	6.486	6.592	6.699	6.805	6.913	7.020	7.128	7.236
800	7.345	7.454	7.563	7.672	7.782	7.892	8.003	8.114	8.225	8.336
900	8.448	8.560	8.673	8.786	8.899	9.012	9.126	9.240	9.355	9.470
1000	9.585	9.700	9.816	9.932	10.048	10.165	10.282	10.400	10.517	10.635
1100	10.754	10.872	10.991	11.110	11.229	11.348	11.467	11.587	11.707	11.827
1200	11.947	12.067	12.118	12.308	12.429	12.550	12.671	12.792	12.913	13.034
1300	13.155	13.276	13.397	13.519	13.640	13.761	13.883	14.004	14.125	14.247
1400	14.368	14.489	14.610	14.731	14.852	14.973	15.094	15.215	15.336	15.456
1500	15.576	15.697	15.817	15.937	16.057	16.176	16.296	16.415	16.534	16.653
1600	16.771	16.890	17.008	17.125	17.245	17.360	17.477	17.594	17.711	17.826

如果测得的热电动势值没有在分度表中列出,温度可以用内插法进行计算,如式(8-12)所示。

$$T_M = T_L + \frac{E_M - E_L}{E_H - E_L}(T_H - T_L) \tag{8-12}$$

式中,T_M是被测温度;E_M是与T_M对应的热电动势;E_H和E_L分别是分度表中高于和低于E_M的热电动势;T_H和T_L是分度表中分别与E_H和E_L对应的温度。利用上式(8-12)可以求出测得的热电动势E_M所对应的温度T_M。

如果测量时冷端的温度不为0℃,热电偶的热端温度不能直接查找分度表求得。此时,需要利用中间温度定律式(8-8)进行修正。例如,冷端温度为室温25℃。由中间温度定律$E_{AB}(T,T_0)=E_{AB}(T,T_C)+E_{AB}(T_C,T_0)$可知,$T_C=25℃$和$T_0=0℃$。查找分度表可以

得到热电动势 $E_{AB}(T_C, T_0)$，而冷端为室温时测得的热电动势为 $E_{AB}(T, T_C)$。所以，两者求和便得到总热电动势 $E_{AB}(T, T_0)$，再查找分度表，最终得到总热电动势对应的热端温度 T。

8.1.4 热电偶的冷端温度补偿

由于热电偶的分度表是冷端为 0℃ 时温度与热电动势的对应表，而实际测量中，冷端通常不为 0℃。此时，需要对热电偶进行冷端温度补偿。冷端温度补偿方法主要有以下几种。

1. 延伸导线法

延伸导线可以使热电偶的冷端远离热端，从而保持冷端温度恒定，且不受测量现场高温环境的影响。延伸导线需要与热电极具有相同或相近的热电特性，并保持延伸导线与热电偶的两个结点的温度相等。根据热电偶的中间导体定律式(8-4)，只要两个结点的温度恒定，最终的输出电压不变，即 $E_{ABC}(T, T_0) = E_{AB}(T, T_0)$。

2. 零度恒温法

零度恒温法是将热电偶的冷端置于冰点槽中，保证冷端为 0℃ 的方法。这种方法适用于测量条件较好的实验室环境。此时，热端温度可以通过将测得的热电动势查找分度表得到。

3. 冷端温度校正法

利用中间温度定律 $E_{AB}(T, T_0) = E_{AB}(T, T_C) + E_{AB}(T_C, T_0)$ 进行计算补偿的方法称为冷端温度校正法。当冷端恒定在某一常温 T_C 时，查找热电偶的分度表得到 $E_{AB}(T_C, T_0)$，并利用中间温度定律加以修正，可以求得冷端为 0℃ 的 $E_{AB}(T, T_0)$。然后，再查找分度表得到与 $E_{AB}(T, T_0)$ 对应的被测温度 T。

4. 电桥补偿法

当热电偶的冷端温度不为 0℃ 时，根据中间温度定律，可以采用电桥电路产生大小等于 $E_{AB}(T_C, T_0)$ 的电位进行补偿，这种方法称为电桥补偿法。电桥补偿电路示意图如图 8-7 所示，图中 $R_1 \sim R_4$ 是固定阻值的电阻，调节可变电阻 R_W，可以使电桥电路的输出电压等于补偿电位。

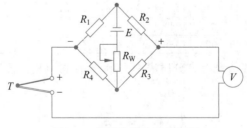

图 8-7　电桥补偿电路示意图

8.2　热电阻

热电阻是利用金属材料的电阻率随温度变化的特性制成的一种测温传感器。通过测量热电阻的阻值，得到被测体的温度。金属材料的电阻值随温度的变化可由式(8-13)表示。

$$R_t = R_0[1 + \alpha(t - t_0)] \tag{8-13}$$

式中,α 是电阻温度系数,对于金属材料是常数。R_t 和 R_0 分别是温度为 t 和 t_0 时的电阻值。

常用的制作热电阻的金属材料有铂、铜、镍、铁等。对制作热电阻的金属材料要求如下。

(1) 电阻温度系数大,以便提高灵敏度,实现精确测量。

(2) 电阻率较高,以便减小电阻体积和热容,使响应速度快。

(3) 物理、化学性能稳定,从而提高测量的稳定性和准确性。

(4) 良好的输出/输入特性,即具有线性或接近线性关系。

(5) 良好的工艺性,易加工及批量生产,成本低。

(6) 较大的测温范围。

热电阻的结构如图 8-8 所示。将细金属丝采用双线并绕法绕制在具有一定形状的云母、石英或陶瓷塑料支架上,构成一个电阻体。其中,支架起支撑和绝缘的作用。然后将电阻体封装在不锈钢的壳体中,通过引线将电阻连接到测量电路中实现测量。热电阻的实物图如图 8-9(a)所示,薄膜铂热电阻如图 8-9(b)所示,薄膜型热电阻的尺寸较小。

下面介绍两种常用的热电阻,铂热电阻和铜热电阻。

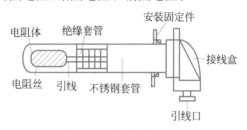

图 8-8 热电阻的结构

 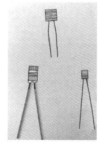

(a) 热电阻的实物图　　　　(b) 薄膜铂热电阻

图 8-9 热电阻实物图

8.2.1 铂热电阻

铂热电阻的测温性能非常好,测温范围较宽,为 $-200 \sim 850℃$。铂热电阻由细金属铂丝(直径 $0.02 \sim 0.07\text{mm}$)绕制成线圈制成。

铂热电阻具有以下特点。

(1) 在高温和氧化介质中性能极为稳定,易于提纯,工艺性好,加工性和延展性好。

(2) 输出-输入特性曲线接近线性。

(3) 铂热电阻的测量精度高,重复性好,测量误差较小。

（4）铂为贵重金属，成本较高。

铂热电阻具有不同的精度等级，可用于工业测量和标定等应用。铂热电阻作为国际温标的标准温度计，常用于标定其他测温元件。在高精度工业测温中，铂热电阻也常用于高温和低温的测量。铂热电阻的输出-输入特性如式(8-14)所示。

$$
\begin{cases}
R_t = R_0(1 + At + Bt^2), & 0 \sim 850\text{℃} \\
R_t = R_0[1 + At + Bt^2 + C(t-100)t^3], & -200 \sim 0\text{℃}
\end{cases} \tag{8-14}
$$

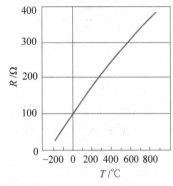

图 8-10　铂热电阻的温度特性

式中，R_0 是 0℃时的电阻；系数 A、B 和 C 可通过实验测得。例如，Pt100 的系数 $A = 3.908 \times 10^{-3}/\text{℃}$，$B = -5.802 \times 10^{-7}/\text{℃}$，$C = -4.274 \times 10^{-12}/\text{℃}$。标准铂热电阻的阻值有不同规格，包括 Pt10、Pt100、Pt500 和 Pt1000 等。其中，Pt100 表示在 0℃ 时的电阻值为 $R_0 = 100\Omega$。

铂热电阻 Pt100 的输出-输入特性曲线如图 8-10 所示。图中横坐标是温度，纵坐标是电阻值。可以看出，铂热电阻的输出-输入特性曲线近似为线性。

铂热电阻 Pt100 的分度表如表 8-2 所示，其标称电阻值为 100Ω。表中以 10℃ 为间隔列出了相对应的电阻值。测得热电阻的电阻值后，查找分度表可以得到相应的被测温度。可以看出，温度为 -200℃ 时，Pt100 的电阻值为 18.49Ω，而 100℃ 时其电阻值为 138.50Ω，电阻值的变化较大，其灵敏度较大。

表 8-2　铂热电阻 Pt100 的分度表

分度号：Pt100　　　　　　　　　　　　　　　　　　　　　　　　　　　　　　　$R_0 = 100\Omega$

温度/℃	电阻/Ω									
	0	10	20	30	40	50	60	70	80	90
-200	18.49	—	—	—	—	—	—	—	—	—
-100	60.25	56.19	52.11	48.00	43.87	39.71	35.53	31.32	27.08	22.80
-0	100.00	96.09	92.16	88.22	84.27	80.31	76.33	72.33	68.33	64.30
0	100.00	103.90	107.79	111.67	115.54	119.40	123.24	127.07	130.89	134.70
100	138.50	142.29	146.06	149.82	153.58	157.31	161.04	164.76	168.46	172.16
200	175.84	179.51	183.17	186.82	190.45	194.07	197.69	201.29	204.88	208.45
300	212.02	215.57	219.12	222.65	226.17	229.67	233.17	236.65	240.13	243.59
400	247.04	250.48	253.90	257.32	260.72	264.11	267.49	270.86	274.22	277.56
500	280.90	284.22	287.53	290.83	294.11	297.39	300.65	303.91	307.15	310.38
600	313.59	316.80	319.99	323.18	326.35	329.51	332.66	335.79	338.92	342.03
700	345.13	348.22	351.30	354.37	357.37	360.47	363.50	366.52	369.53	372.52
800	375.51	378.48	381.45	384.40	387.34	390.26	—	—	—	—

8.2.2　铜热电阻

铜热电阻的测温范围较小，为 -50～150℃。铜热电阻可用于小范围、较低温度、测量精度要求低、没有侵蚀性介质的测温。

铜热电阻有以下特点。

(1) 易于提纯，在 $-50 \sim 150℃$ 范围内性能稳定，价格低。

(2) 输出-输入特性曲线接近线性。

(3) 电阻率低，为铂热电阻的 $1/6$，体积较大。

(4) 高温时易被氧化，易被腐蚀。

(5) 测量精度低于铂热电阻。

铜热电阻的输出-输入特性如式(8-15)所示。

$$R_t = R_0 \left[1 + At + Bt^2 + Ct^3 \right], \quad -50 \sim 150℃ \tag{8-15}$$

式中，R_0 为 0℃时的电阻；A、B 和 C 是实验测得的常数。当 $W_{100}=1.428$ 时，$A=4.288\,99 \times 10^{-3}/℃$，$B=-2.133 \times 10^{-7}/℃$，$C=1.233 \times 10^{-9}/℃$。其中，$W_{100}$ 为百度电阻比，表示热电阻在 100℃ 和 0℃时的电阻的比值。标准铜热电阻的阻值为 Cu50 和 Cu100 等，即在 0℃ 时的电阻值分别为 50Ω 和 100Ω。

可以看出，铜热电阻的非线性系数 B 和 C 较小，其输出-输入曲线接近线性。铜热电阻 Cu50 的分度表如表 8-3 所示，标称电阻值为 50Ω。

表 8-3　铜热电阻 Cu50 的分度表

温度/℃	电阻/Ω									
	0	10	20	30	40	50	60	70	80	90
-0	50.00	47.85	45.70	43.55	41.40	39.24	—	—	—	—
0	50.00	52.14	45.28	56.42	58.56	60.70	62.84	64.98	67.12	69.26
100	71.40	73.54	75.68	77.83	79.98	82.13	—	—	—	—

8.2.3　热电阻的测量电路

热电阻的阻值常采用电桥电路进行测量。由于热电阻的阻值较小，所以，连接热电阻的导线的电阻值容易对测量产生影响。例如，在两线制接法的电桥电路中，引线电阻将带来误差。为避免连接导线带来的测量误差，电桥电路常采用三线制和四线制接法。

1. 两线制接法

电桥的两线制接法是传统的电阻连接方式，如图 8-11 所示。图中 R_3 桥臂为热电阻，它有两根引线连接到电桥电路。在电桥平衡时，有

$$R_1(R_t + 2r) = R_2 R_4 \tag{8-16}$$

式中，R_t 是热电阻的阻值；r 是热电阻引线的电阻值。由于热电阻的阻值较小，引线的电阻值不能忽略。

两线制接法接线简单，费用低，但是引线电阻及其变化会带来误差。两线制电路用于引线不长、测温精度要求较低的场合。

2. 三线制接法

三线制测量电路如图 8-12 所示，热电阻共有三根引线。同样长度和材料的三根引线的电阻值相等，随温度发生的电阻值变化也相等。在电桥的相邻两个桥臂上各有一根引线，所以，引线电阻相互抵消。而第三根引线的电阻变化对电桥平衡没有影响。在电桥平衡时，有

$$R_1(R_t + r) = (R_2 + r)R_4 \tag{8-17}$$

式中，r 是引线的电阻值，其在等臂工作时可以抵消。

三线制测量电路的测量精度得到提高,常用于工业测量。

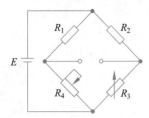

图 8-11　热电阻的两线制测量电路

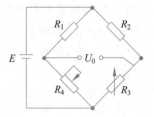

图 8-12　热电阻的三线制测量电路

3. 四线制接法

四线制测量电路如图 8-13 所示,热电阻的两侧共有四根引线。其中,两根引线连接恒流源,另外两根引线连接电位差计,用于测量热电阻两端的电压。热电阻的电阻值为

$$R_t = \frac{U}{I} \qquad (8\text{-}18)$$

式中,I 是恒流源的电流,I 值恒定。U 是热电阻两端的电压。引线电阻 r 对电压测量无影响。

在四线制测量电路中,热电阻的引线电阻不影响测量结果。这种电路常用于实验室等高精度测量中。

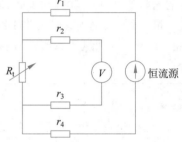

图 8-13　热电阻的四线制测量电路

8.3　热敏电阻

热敏电阻是利用半导体的电阻值随温度显著变化的特性制成的一种热敏元件。热敏电阻由某些金属氧化物(如 Mn、Ni、Co、Cu、Ti、Fe、Zn 等)按不同比例,经高温烧结而成。热敏电阻的温度系数大,是金属热电阻的 $10 \sim 100$ 倍。所以,热敏电阻可以不计引线电阻的影响。

热敏电阻是应用最广泛的测温元件,其特点主要包括以下几点。

(1) 温度系数大,电阻值随温度变化明显,灵敏度高。

(2) 结构简单,体积小,可以测量点温度。

(3) 电阻率高,热惯性小,响应快,适合于动态测量。

(4) 使用寿命很长,易于维护,适合在工业仪表上使用,适于现场测温。

(5) 互换性差,非线性严重,精度低。

(6) 成本低,应用广泛。

热敏电阻由敏感元件、引线和壳体组成,它有珠状、片状、杆状和圆盘状等不同形状。热敏电阻有不同的封装方式,例如环氧树脂封装、有机硅树脂封装、玻璃封装和贴片封装等。热敏电阻的典型厚度为 $0.125 \sim 1.5\text{mm}$,其标称电阻值为 $1\text{k}\Omega$、$2\text{k}\Omega$ 和 $10\text{k}\Omega$ 等。热敏电阻的测温范围为 $-200 \sim 1000℃$,但单个热敏电阻的量程范围小于该值,一般为常温 $-50 \sim 300℃$,高温 $500 \sim 1300℃$ 等。

8.3.1　热敏电阻的特性

热敏电阻主要分为负温度系数热敏电阻(negative temperature coefficient,NTC)、正温度系数热敏电阻(positive temperature coefficient,PTC)和临界温度系数热敏电阻(critical temperature coefficient,CTR)三种类型。不同材料的烧结配比可以制成具有不同温度系数的热敏电阻。NTC、PTC和CTR三种类型热敏电阻的温度特性如图8-14所示。铂热电阻的特性曲线为接近线性,随温度升高,其电阻值逐渐增大。热敏电阻的特性曲线为非线性,其灵敏度比热电偶和铂热电阻大。

1. 负温度系数热敏电阻

NTC热敏电阻的阻值随温度升高而逐渐减小,其输出-输入呈非线性关系,如式(8-19)所示。大多数NTC热敏电阻可以作−100～300℃的温度测量。

$$R_T = R_0 e^{B\left(\frac{1}{T}-\frac{1}{T_0}\right)} \tag{8-19}$$

式中,R_0是温度为T_0时的电阻值;R_T是温度为T时的电阻值;T为热力学温度,即绝对温度;T_0为参考温度,一般取0℃或室温25℃所对应的绝对温度;B是热敏电阻的材料参数,一般为2000～6000K。

2. 正温度系数热敏电阻

PTC热敏电阻是由钛酸钡掺稀土元素等烧结而成的半导体陶瓷,其电阻值随温度升高而逐渐增大。PTC热敏电阻在小于居里温度T_C时呈半导体特性;当温度大于T_C时,其电阻值随温度升高而急剧增大。PTC热敏电阻可用于恒温器、限流保护元件或温控开关,其温度特性如图8-14所示。

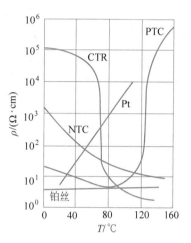

图 8-14　热敏电阻的温度特性

3. 临界温度系数热敏电阻

CTR热敏电阻的阻值随温度变化具有开关特性。当温度达到居里点时,其电阻值迅速下降到临界状态。电阻值突变的数量级为2～4,电阻值为$1k\Omega \sim 10M\Omega$。CTR热敏电阻主要用作温度开关,其温度特性如图8-14所示。

8.3.2　热敏电阻的应用

热敏电阻是在温度测量及控制应用中使用最普遍的测温元件。热敏电阻的应用领域包括家用电器、汽车电子、测量仪器、工业生产等,其应用示例如表8-4所示。热敏电阻具有体积小、寿命长、价格便宜、反应迅速和输出灵敏度大等很多优点。下面介绍基于热敏电阻的电机过热保护器和热敏电阻管道流量测量。

表 8-4　热敏电阻的应用示例

应 用 领 域	应 用 示 例
家用电器	冰箱、电饭煲、洗衣机、热水器、烘干机、烤箱、空调、加热器等
汽车电子	电子喷油嘴、空调、发电机防热装置、电热座椅等
测量仪器	流量计、风速表、真空计、浓度计、温湿度计、环境监测仪等

续表

应 用 领 域	应 用 示 例
办公设备	复印机、传真机、打印机、扫描仪等
农业园艺	温室控制、人工保温箱、烘干系统等
医疗器具	体温计、人工透析、散热系统等
工业生产	电动机过热保护、温度检测与控制等

1. 基于热敏电阻的电机过热保护器

电机在工作时需要有过热保护装置,以避免温度过高导致的电机损毁。基于热敏电阻的电机过热保护电路如图 8-15 所示。三个 NTC 热敏电阻 R_{T_1}、R_{T_2} 和 R_{T_3} 放在电机的三项绕组附近,用于实时测量电机的温度。当温度过高时,NTC 热敏电阻的阻值下降,其所在电路回路导通。因此,继电器吸合,电机停止运转。当温度正常时,NTC 热敏电阻的阻值较大,电路回路不导通。因此,继电器失电释放,电机正常运转。所以,热敏电阻可以实现电机的过热保护。

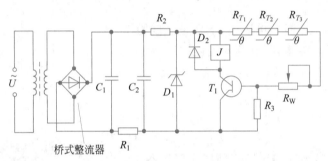

图 8-15 热敏电阻电机过热保护电路

2. 管道流量测量

采用热敏电阻的管道流量测量的示意图如图 8-16 所示。

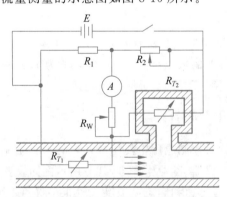

图 8-16 热敏电阻的管道流量测量示意图

两个相同型号的热敏电阻 R_{T_1} 和 R_{T_2} 接入电桥的相邻两臂,其中热敏电阻 R_{T_1} 放在待测流速的管道中,R_{T_2} 放在液体相对静止处。初始时刻,两个热敏电阻的阻值相等,电桥处于平衡状态,即电桥的输出电压为零。测量时,液体的流动带走热敏电阻 R_{T_1} 表面的热量,使其温度下降,导致其电阻值发生变化。流速越快,R_{T_1} 温度下降越大,其电阻值变化越大。而 R_{T_2} 处于液体相对静止处,其温度变化与液体的流速无关。因此,电桥失去平衡状态,电桥的输出电压和液体的流速成正比。而管道的流量是管道的横截面积和液体流速的乘积,所以,热敏电阻可以实现管道流量的测量。

8.4 热电式传感器的动态响应

热电式传感器的动态响应性能对温度的实时测量及控制具有重要意义。热电偶、热电阻和热敏电阻等测量温度的传感器可以用一阶系统模型来表示。待测介质的温度变化是瞬时的,而温度敏感元件由温度变化转换为电压或电阻变化存在滞后。这种现象与温度敏感元件的热传递系数(heat transfer coefficient)及热储存参数有关。由能量守恒定律,可得温度传感器的一阶系统模型为

$$UA(T_x - T_y)\mathrm{d}t = MC\mathrm{d}T_y \tag{8-20}$$

式中,U 是热传递系数;A 是热传递面积;T_x 是周围介质的温度;T_y 是传感器的显示温度;M 是敏感元件的质量;C 是敏感元件的比热容。

由式(8-20)整理可得

$$\tau \mathrm{d}T_y / \mathrm{d}t + T_y = T_x \tag{8-21}$$

式中,时间常数 τ 为

$$\tau = \frac{MC}{UA} \tag{8-22}$$

可见,减小温度传感器的时间常数,从而提高其响应速度的方法是减小敏感元件的质量 M 和比热容 C,或增大热传递系数 U 和热传递面积 A。由于热传递系数取决于周围的流体及其流动速度,所以,根据传感器的使用方式不同,时间常数会发生变化。

8.5 例题解析

例 8-1 镍铬-镍硅热电偶的灵敏度是 $0.04\mathrm{mV}/℃$,将其热端放在温度 1200℃ 处。若以指示仪表作为冷端,此处温度是 50℃,试求该热电偶的热电动势的大小。

解:

由中间温度定律

$$E_{AB}(T, T_0) = E_{AB}(T, T_C) + E_{AB}(T_C, T_0)$$

可得

$$0.04\mathrm{mV}/℃ \times 1200℃ = E_{AB}(T, T_C) + 0.04\mathrm{mV}/℃ \times 50℃$$

$E_{AB}(T, T_C)$ 是指示仪表测得的温度,解得 $E_{AB}(T, T_C) = 46\mathrm{mV}$。上式中 $E_{AB}(T, T_0) = 48\mathrm{mV}$,$E_{AB}(T_C, T_0) = 2\mathrm{mV}$。所以,热电动势的大小为 $46\mathrm{mV}$。

例 8-2 用一个热电偶测量炉温时,其冷端温度为 $T_0 = 25℃$。在直流电位计上测得的电动势为 $E_{AB}(T, 25) = 28.600\mathrm{mV}$,炉温为多少度?已知分度表的部分数据如表 8-5 所示。

表 8-5 分度表的部分数据(自由端为 0℃)

工作端温度/℃	−40	0	25	⋯	770	780	790
热电动势/mV	−0.968	0.000	1.013	⋯	28.310	29.613	30.926

解：

由中间温度定律

$$E_{AB}(T,T_0)=E_{AB}(T,T_C)+E_{AB}(T_C,T_0)$$

式中，$T_C=25℃$，$T_0=0℃$。由分度表 8-6 可得，$E_{AB}(T_C,T_0)=1.013\text{mV}$。所以，$E_{AB}(T,T_0)=28.600+1.013=29.613\text{mV}$。

查分度表 8-6 可得，对应的热端温度 $T=780℃$，所以炉温为 780℃。

8.6 本章小结

本章介绍了热电偶传感器的工作原理、热电偶的基本定律和应用，以及热电阻传感器和热敏电阻传感器的工作原理和基本类型。通过学习，应该掌握以下内容：热电偶传感器的工作原理，热电偶的基本定律及实际应用，热电阻传感器的工作原理及类型，热电阻的常用测量电路，热敏电阻传感器的工作原理及类型，热电式传感器的动态响应。

习题 8

8-1 简述热电偶测温的基本原理，并简述热电偶的基本定律及其实际意义。

8-2 将一个灵敏度为 0.08mV/℃ 的热电偶与电压表相连接，电压表接线端是 50℃。若电位计上的读数是 60mV，求热电偶的热端温度是多少？

8-3 已知铜热电阻 Cu_{100} 的百度电阻比 $W_{100}=1.42$，当用此热电阻测量的温度为 50℃ 时，其电阻值为多少？若测量时的电阻值为 92Ω，则对应的被测温度是多少？

8-4 某热敏电阻的 B 值为 2900k。若冰点电阻是 500kΩ，求热敏电阻在 100℃ 时的电阻值。

8-5 试分析金属导体产生接触电动势的原因。

8-6 用镍铬-镍硅热电偶测炉温时，其冷端温度为 $T_0=30℃$。在直流电位计上测得的电动势为 $E_{AB}(T,30)=38.500\text{mV}$，炉温为多少度？已知分度表的部分数据如表 8-6 所示。

表 8-6 镍铬-镍硅热电偶分度表的部分数据（自由端为 0℃）

工作端温度/℃	−50	0	30	⋯	950	960	970
热电动势/mV	−1.889	0.000	1.203	⋯	39.310	39.703	40.096

8-7 参考电极定律有何实际意义？已知在某特定条件下材料 A 与铂配对的热电动势为 13.967mV，材料 B 与铂配对的热电动势为 8.345mV，求在此条件下材料 A 与 B 配对后的热电动势。

8-8 分别选择一种合适的方法测量下列介质的温度：

(1) 水；

(2) 熔化的铁水；

(3) 内燃机上的部件。

8-9 简述热电偶产生热电动势的条件。

8-10 简述热敏电阻的三种常用类型及其特点。

8-11 不同型号的热电偶分别适用于哪些测温场合? 有哪些特点?

8-12 热电阻传感器有哪几种类型? 各有哪些特点?

8-13 简述热电动势效应,并简述接触电动势和温差电动势。

8-14 分析热电偶测温的误差因素,并说明减小其误差的方法。

8-15 试比较热电偶、热电阻和热敏电阻三种测温传感元件的特点。

8-16 镍铬-镍硅热电偶的测温示意图如图 8-17 所示。图中 A'、B' 为补偿导线,Cu 为铜导线。已知接线盒 1 的温度 $T_1=40.0℃$,冰水温度 $T_2=0.0℃$,接线盒 2 的温度 $T_3=20.0℃$。

(1) 当 $U_3=39.310\text{mV}$ 时,计算被测点温度 T。

(2) 如果 A'、B' 换成铜导线,此时 $U_3=37.699\text{mV}$,计算被测点温度 T。

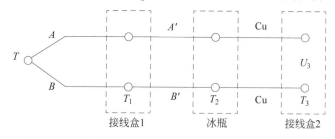

图 8-17 采用补偿导线的镍铬-镍硅热电偶的测温示意图

第 9 章

光电式传感器

本章要点：
◇ 光电式传感器的工作原理，常见光电元件；
◇ 外光电效应光电元件：光电管，光电倍增管；
◇ 内光电效应光电元件：光敏电阻，光电池，光敏二极管，光敏晶体管；
◇ CCD 图像传感器的工作原理、分类及其应用，位置敏感器件 PSD；
◇ 光纤的分类，光纤的传光原理，数值孔径与孔径角，光纤传感器的类型及应用；
◇ 计量光栅的分类，莫尔条纹及条纹宽度，莫尔条纹的特性，光栅传感器的分类及组成；
◇ 光电编码器的分类，码盘的编码方式。

光电式传感器(photoelectric sensor)可将光信号转换为电信号，它主要包括光源、光学通路和光电元件三部分。光源发出的光经过光学通路到达光电元件后，光电元件将光信号转换为电信号输出。测量时，被测量对光学通路进行调制，使光电元件接收到的光量发生变化，导致输出电量相应变化。光电式传感器可以实现被测量的非接触测量，其应用领域非常广泛，可以测量转速、位移、力、压力、角度和温度等参量，还可以检测工件的尺寸、形状及表面缺陷等。

光电式传感器可以分为三大类。

(1) 输出端为"有"或"无"电信号的两种状态，例如产品计数或光电式转速测量。

(2) 产生的光电流是光通量的函数，例如光电式位移传感器。

(3) 反映被测体的形状，例如电荷耦合器件测量工件尺寸及表面缺陷。

9.1 光源

光电式传感器的光源可以采用热辐射光源、气体放电光源、发光二极管(LED)和激光光源等类型。热辐射光源中最常用的为白炽灯，其优点为显色性好、光谱连续。但白炽灯具有发光效率低和使用寿命较短的缺点。气体放电光源中常用的包括日光灯(低压汞灯)、氢灯、钠灯和氙灯等。气体放电光源的优点为耗电量小，散热少，对检测对象和光电元件的温度影响小。气体放电光源的耗电量约为白炽灯的 $1/3 \sim 1/2$。

发光二极管是目前使用较普遍的光源，具有体积小、寿命长、工作电压低和功耗小等优点。发光二极管的发光颜色由二极管的半导体材料决定,其单色性较好,常用作微型光源和显示器件。多个发光二极管也可以构成不同形状的条形光源、环形光源、面光源、圆顶光源、同轴光源等。单个 LED 和环形 LED 光源如图 9-1 所示。

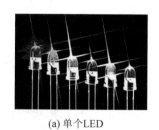 

(a) 单个LED   (b) 环形LED光源

图 9-1 发光二极管

激光光源包括固体激光器、半导体激光器和液体激光器等。固体激光器的功率较大,例如,Nd:YAG 激光器的输出功率可达 $15\sim250kW$。半导体激光器的体积较小,输出功率可达 3kW,波长为 $0.85\sim1.65\mu m$。液体染料激光器采用有机染料作为工作物质,利用不同的染料可以获得不同波长的激光。

9.2 常用光电元件

光电元件在测量中具有重要作用,它将光量变成电量。下面介绍几种常用光电元件,包括光电管(phototube)、光电倍增管(photomultiplier tube)、光敏电阻(photoresistor)、光电池(photocell)和光敏晶体管(phototransistor)。它们分别基于外光电效应和内光电效应而实现光电转换。

9.2.1 外光电效应光电元件

外光电效应是指光线照射到物体后,在光线作用下物体内的电子逸出物体表面的现象,又称为光电发射。基于外光电效应的光电元件主要有光电管和光电倍增管。

1. 光电管

光电管可以将光信号转换为电信号,其结构示意图如图 9-2(a)所示,其测量电路如图 9-2(b)所示。光电管有一个透明的光窗用来接收光线。光电管的光电阴极是特殊的金属材料,其表面的电子很容易逸出。当光透过光窗照射到光电阴极上时,电子因获得能量而从光电阴极材料的表面逸出。逸出的电子在电场力的作用下到达阳极,被阳极吸收而形成光电流。光电流的大小与入射光量成正比。当没有光照时,光电管的测量电路不导通。当有光照时,电路中负载两端的输出电压和入射光量成正比。

2. 光电倍增管

光电倍增管可将光电子逐级倍增,放大倍数达 $10^6\sim10^8$。光电倍增管线性好,信噪比大,适合测量入射光线微弱时的光通量。光电倍增管的结构示意图如图 9-3(a)所示,电路图如图 9-3(b)所示,其实物图如图 9-3(c)所示。图中 K 是光电阴极;A 是光电阳极;$D_1\sim D_4$ 是倍增级,其电压逐级增大。

在光的照射下,阴极材料表面有电子逸出,形成电子发射。逸出的电子在电场力的作用

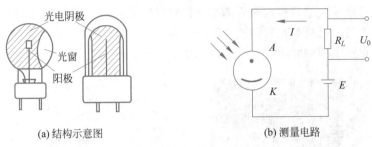

图 9-2　光电管结构及测量电路示意图

下加速运动到倍增级 D_1，在倍增级材料的表面打出双倍的电子，形成二次电子发射。逸出的电子加速运动到下一个倍增级 D_2，二次电子发射后产生更多的电子，然后逐级倍增。最终大量的电子被阳极吸收，形成光电流。由于光电流逐级倍增，所以光电倍增管可以检测微弱的光信号，对光信号具有放大作用。

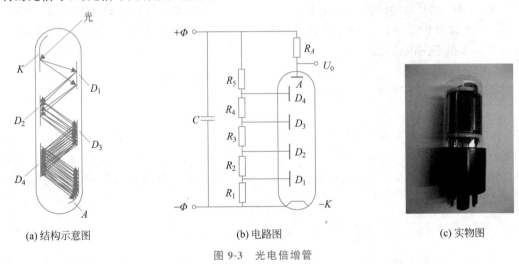

图 9-3　光电倍增管

9.2.2　内光电效应光电元件

内光电效应是指光线照射到物体后所产生的电子只在物体内部运动，没有逸出物体表面的现象。内光电效应可分为光电导效应和光生伏特效应两类。基于内光电效应的光电元件主要有光敏电阻、光敏晶体管和光电池。

1. 光敏电阻

光敏电阻又称光导管，是基于光电导效应检测光信号的光电元件。光电导效应是指半导体材料在光线的作用下其电阻值减小的现象。常用的光敏电阻包括硫化镉（CdS）、硫化铅（PbS）、硫化铊（Tl_2S）和锑化铟（InSb）等。

衡量光敏电阻性能的参数有暗电阻、亮电阻和光电流等。暗电阻是指没有光照时光敏电阻的阻值，一般阻值较大，可达兆欧量级。亮电阻是指有光照时光敏电阻的阻值，一般为千欧量级或更小。暗电流是指没有光照时流经光敏电阻的电流，其电流值较小。亮电流是指有光照时流经光敏电阻的电流，其电流值较大。光电流是指亮电流与暗电流之差，而光电流越大表明光敏电阻的性能越好。测量时，被测光信号的光通量越大，光敏电阻的光电流相应越大。光敏电阻的输出特性具有非线性,因此适合作为开关式的光电元件。

光电元件对不同波长的入射光,其性能会有所变化。当入射光照度一定时,光电元件的相对灵敏度随入射光波长的变化而变化的特性,称为光谱特性。对于特定波长的被测光信号,应根据光谱特性选择合适的光电元件,以获得最佳光谱响应。光敏电阻的光谱特性如图 9-4 所示,图中横坐标是入射光的波长,纵坐标是相对灵敏度。可以看出,光敏电阻硫化镉对可见光比较敏感,而硫化铊和硫化铅对红外光更敏感。

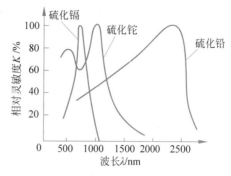

图 9-4　光敏电阻的光谱特性

2. 光电池

光电池是基于光生伏特效应将光信号变成电信号的光电元件。光电池属于有源传感器,可将光能转换为电能。光生伏特效应是指半导体器件受到光照射时,产生一定方向的电动势的现象。

光电池具有一个大面积的 PN 结,光电池的示意图如图 9-5 所示。半导体材料在光照射下其内部产生电子-空穴对,称为光生载流子。电子和空穴在 PN 结内建电场的作用下分别向两个方向扩散,产生光生电动势。此时,在光电池的上电极和下电极连接导线,导线内将产生电流。PN 结内建电场的方向如图 9-5 所示。N 型半导体材料中有较多的电子,而 P 型材料中有较多的空穴。所以,在 PN 结处,N 区的电子和 P 区的空穴分别向两边扩散。N 区因失去电子带正电,而 P 区因失去空穴带负电。所以,PN 结内建电场的方向是 N 区为正,P 区为负。光生载流子在 PN 结内建电场的作用下,电子向 N 区运动,而空穴受负电吸引向 P 区运动,从而导致光电池产生电动势的方向为 P 区为正电位,N 区为负电位。

光电池的光谱特性如图 9-6 所示。光电池对不同入射波长的光响应不同,灵敏度不同。太阳光中波长范围为 $0.38 \sim 0.78 \mu m$ 属于可见光;波长大于 $0.78 \mu m$ 属于红外波段,包括近红外、中红外和远红外;波长 $0.4 \mu m$ 以下属于紫外光波段。可以看出,硒光电池对可见光比较敏感,而硅光电池的光谱范围更宽,对可见光和近红外光比较敏感。锗光电池对红外光较敏感。硅光电池是目前应用最广泛的光电池。所以,根据光源的光谱范围,应选择合适的光电池以获得最佳的光谱响应。

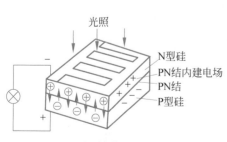

图 9-5　硅光电池的原理示意图

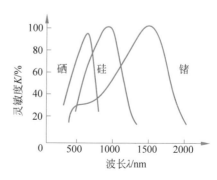

图 9-6　光电池的光谱特性

3. 光敏晶体管

光敏晶体管是在光照射时载流子增加的具有 PN 结的半导体光电元件,包括光敏二极管(photodiode)和光敏三极管(photistor)。光敏二极管具有一个 PN 结,而光敏三极管具有两个 PN 结。

光敏二极管的结构示意图如图 9-7(a)所示,从图 9-7(a)中可见 PN 结的内建电场。光敏二极管的电路如图 9-7(b)所示。光敏二极管反向连接到电路中,当没有光照时,电路不导通。当有光照时,半导体材料内产生光生载流子。光生载流子在 PN 结内建电场的作用下向两边扩散。电子向 N 区扩散,空穴向 P 区扩散,从而使电路导通。光敏二极管在有光照时产生的反向电流比没有光照时大几十倍甚至几千倍。光敏二极管产生的光电流与入射光照强度成正比,两者为近似线性关系。光敏二极管与光敏电阻相比,暗电流更小,灵敏度更高。

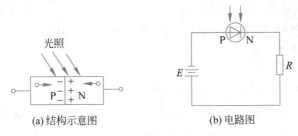

(a) 结构示意图　　　　(b) 电路图

图 9-7　光敏二极管

光敏三极管的结构示意图如图 9-8(a)所示,其电路图如图 9-8(b)所示。光敏三极管受光照射时产生的光电流与光照强度成正比。由于三极管的放大作用,光敏三极管的灵敏度比光敏二极管更高。在相同光照下,光敏三极管产生的光电流比光敏二极管大 β 倍,其中 β 是三极管的电流放大倍数。

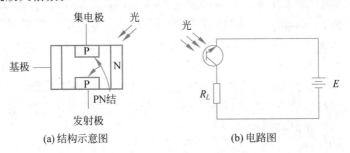

(a) 结构示意图　　　　(b) 电路图

图 9-8　光敏三极管

光敏晶体管的光谱特性如图 9-9 所示。可以看出,硅光敏晶体管的灵敏度在可见光和近红外区域较高,而锗光敏晶体管的灵敏度在红外区域较高。所以,应根据被测光源选择合适的光敏晶体管来检测光信号。

9.2.3　光电元件的应用

采用光电管、光电倍增管、光敏电阻、光电池和光敏晶体管等光电元件,将被测光信号转换为

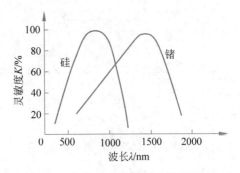

图 9-9　光敏晶体管的光谱特性

电信号的光电式传感器有广泛的应用领域。下面介绍几个常用光电式传感器的应用示例。

1. 条形码读取器

条形码读取器可将条形码信号转换为电信号,条形码读取器的结构及原理如图 9-10 所示。发光二极管作为光源,将条形码区域照亮,而条形码的反射光由光敏三极管接收。条形码的亮和暗区域分别对应反射光的强和弱,从而使光敏三极管输出相应高电平和低电平的信号。条形码的宽窄变化对应高低电平信号的宽度。对脉冲信号进行处理,可以实现条形码的识别。

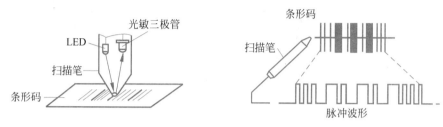

图 9-10 条形码读取器的结构及原理

2. 光电式产品计数器

光电式产品计数器对传送带上的产品实现非接触计数,其示意图如图 9-11 所示。光源与光电元件放置在一条直线上,分别位于待计数产品的两侧。光源发出的光由光电元件接收,并输出高电平电信号。当传送带上移动的产品遮挡光源时,光电元件输出低电平信号。计数电路对光电元件输出的脉冲信号计数后,可以测得产品个数。

3. 光电式转速测量

光电式传感器对于高速旋转的转轴的转速测量为非接触测量,其示意图如图 9-12 所示。一个小而轻的开孔圆盘固定在转轴上,而光源发出的光经过透镜汇聚后,透过圆盘的开孔照射到光电元件上。转轴每转动一周,光电元件输出一个高电平信号。转轴高速旋转时,光电元件输出相应频率的脉冲信号。测量电路测出脉冲频率后,可以得到转轴的转速。

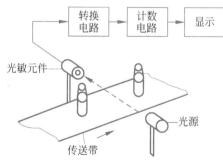

图 9-11 光电式产品计数器示意图

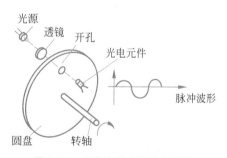

图 9-12 光电式转速测量示意图

4. 光电式大米分选装置

光电式大米分选装置的示意图如图 9-13 所示。当振动器振动时,大米从入料斗缓慢落入滑槽,并匀速经过背景板。背景板与正常大米的颜色相近,而颜色较暗的杂质经过背景板时,反射光较弱。光源发出的光照射在大米上,而反射光经透镜汇聚后到达光电元件。光电元件将反射光的强弱变化转换为相应电信号的变化,经放大处理后传送到控制电路。当检测到杂质后,驱动器控制气动电磁阀产生气流,把杂质吹出到废弃箱。调节大米滑落的速度,以及气动电磁阀产生气流的时间,可以对大米中的杂质进行筛选。

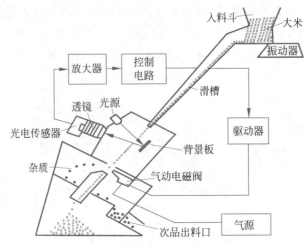

图 9-13 光电式大米分选装置的示意图

9.3 CCD 图像传感器

电荷耦合器件(charge coupled device,CCD)可以将半导体材料内由于光照而产生的电荷俘获并输出,从而将光照的强弱转换为电荷量的多少。1969 年,美国科学家威拉德·博伊尔和乔治·史密斯发明了电荷耦合器件图像传感器。因此,他们与"光纤之父"高锟一同获得了 2009 年诺贝尔物理学奖。

9.3.1 CCD 图像传感器的工作原理

CCD 图像传感器主要由金属氧化物半导体(metal-oxide-semiconductor,MOS)光敏单元和读出移位寄存器组成。CCD 图像传感器具有大量 MOS 光敏单元,而每个 MOS 光敏单元构成一个像素。当明暗变化的光线照射在这些光敏单元上时,光敏单元将光强的空间分布转换为与光强成正比的、大小不等的电荷包的空间分布,即感生出一幅与光照强度相对应的"光生电荷图像"。这些电荷信号通过读出移位寄存器转移输出,生成幅度与光生电荷包成正比的电脉冲序列,从而将照射在 CCD 上的光学图像转换为电信号图像,实现了 CCD 图像传感的功能。下面分别介绍 MOS 光敏单元和读出移位寄存器的工作原理。

1. MOS 光敏单元

MOS 光敏单元具有金属-氧化物-半导体结构,其结构示意图如图 9-14 所示。MOS 结构的金属上加有电极,而氧化物 SiO_2 具有绝缘作用,可阻隔半导体内产生的电荷通过金属电极流失。半导体材料受光照射时,其内部产生光生载流子。

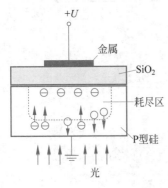

图 9-14 MOS 光敏单元结构示意图

在金属栅极上加正电压时,P型硅中的空穴在正电场的作用下被赶出电极下方的区域,形成一个耗尽区。电子很容易被吸引进耗尽区,故称这个区域为势阱。当光照射在半导体材料上时,光能使半导体材料内产生自由的电子-空穴对,导致电子被势阱俘获。光照越强,产生的电子-空穴对越多,势阱中俘获的电子数量越多,所以电荷量的多少与光照强度成正比。

2. 读出移位寄存器

读出移位寄存器可将 MOS 光敏单元俘获的电荷输出。读出移位寄存器的结构也为MOS结构,但其底部有遮光层,可避免外界光线干扰。读出移位寄存器的结构示意图如图 9-15(a)所示。金属栅极每三个组成一个耦合单元,三个电极上分别施加 Φ_1、Φ_2 和 Φ_3 时钟脉冲。时钟脉冲的波形相同,但依次存在时延,它们的波形图如图 9-15(b)所示。

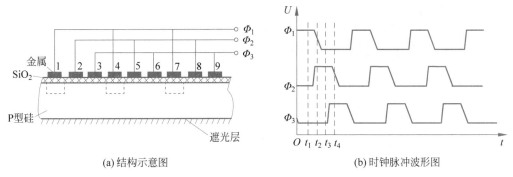

(a) 结构示意图   (b) 时钟脉冲波形图

图 9-15 读出移位寄存器

读出移位寄存器电荷转移的示意图如图 9-16 所示。在 t_1 时刻,Φ_1 处于高电平,即标号为 1、4 和 7 的电极为高电平。此时,这些电极下面形成势阱,其下存储的电荷将通过 Φ_1、Φ_2 和 Φ_3 的电压变化依次转移输出。

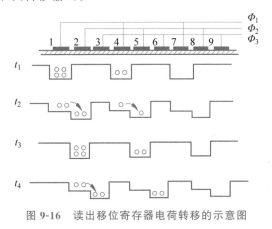

图 9-16 读出移位寄存器电荷转移的示意图

在 t_2 时刻,Φ_2 处于高电平,即标号为 2、5 和 8 的电极为高电平。此时,Φ_2 连接的这些电极下形成势阱,导致电极 1、4 和 7 下面的电荷逐渐向电极 2、5 和 8 下面转移。

在 t_3 时刻,Φ_2 处于高电平,Φ_1 处于低电平。在 Φ_2 高电平的作用下,电极 1、4 和 7 下面的电荷继续向电极 2、5 和 8 下面转移。

在 t_4 时刻,Φ_2 处于高电平,Φ_1 和 Φ_3 处于低电平。此时,电极 1、4 和 7 下面的电荷已经全部转移到电极 2、5 和 8 下面。然后在下一时刻,Φ_3 处于高电平,Φ_2 处于低电平。在电极 2、5 和 8 下面的电荷将分别向电极 3、6 和 9 下面转移,最终存储的电荷依次实现转移输出。

9.3.2 CCD 图像传感器的分类

CCD 图像传感器主要分为线阵型和面阵型两大类。线阵型 CCD 的示意图如图 9-17 所示,其光敏单元排列成一条直线。光敏单元的曝光也称为光积分。此时,光敏单元上加正电压,产生势阱以俘获光生电荷。曝光结束时,在转移栅上施加转移脉冲,光生电荷耦合到相应读出移位寄存器的电极下。然后,转移栅关闭,读出移位寄存器的三相脉冲工作,将电荷串行输出。

单沟道线阵 CCD 如图 9-17(a)所示,它只有一个读出移位寄存器;双沟道 CCD 如图 9-17(b)所示,它包含两个读出移位寄存器。光敏单元上产生的电荷通过转移栅,分别转移到上下两个读出移位寄存器,然后分别通过读出移位寄存器输出。常用的线阵 CCD 有 1048 像素和 2048 像素等型号,其中像素数即包含的光敏单元个数。

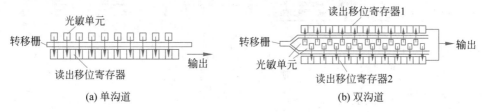

图 9-17　线阵型 CCD 的示意图

面阵 CCD 示意图如图 9-18 所示,其光敏单元阵列排列成一个平面。面阵 CCD 由光敏单元面阵、存储器面阵和读出移位寄存器构成。根据转移方式不同,面阵 CCD 有行传输、帧传输和行间传输方式。行传输是指在曝光结束之后,CCD 逐行将产生的电荷转移输出。帧传输是指曝光结束之后,CCD 将产生的电荷整场转移到存储器面阵上,然后串行转移输出。行间传输方式是指光敏单元产生的电荷首先转移到存储器的暂存列上,然后由读出移位寄存器将存储的电荷转移输出。

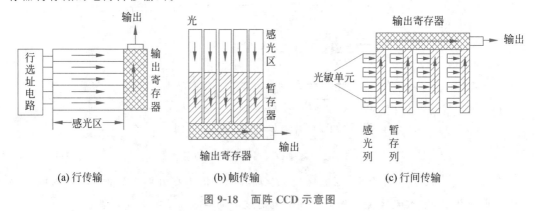

图 9-18　面阵 CCD 示意图

9.3.3 CCD 图像传感器的特性参数

CCD 图像传感器的特性参数主要包括分辨率、动态范围、灵敏度及光谱响应等。分辨率是指 CCD 图像传感器对物像中明暗细节的分辨能力,主要取决于光敏单元之间的距离。光敏单元之间的距离越小,分辨率越高。

光谱响应是指 CCD 图像传感器的灵敏度随入射光波长的不同而发生变化。MOS 光敏单元的光谱响应特性曲线如图 9-19 所示。可以看出,MOS 光敏单元对红外光线更敏感。而人眼成像对可见光更敏感,所以,图像传感器采集的图像与人眼视网膜成像存在一定差异。

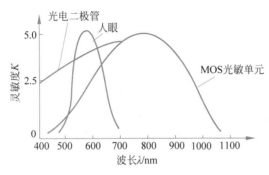

图 9-19　MOS 光敏单元的光谱响应特性曲线

动态范围是指饱和曝光量和等效噪声曝光量的比值,也可认为是图像中感知的最亮与最暗部分照度的比值。人眼能处理的图像动态范围比较宽,对比度可达 1000:1,即最亮和最暗之间相差 1000 倍。传统安防监控摄像机的对比度一般为 3 倍,导致图像亮部和暗部之间的灰度细节分辨不清。宽动态范围 CCD 可以通过双扫描 CCD 使用双速快门(即长曝光和短曝光)的方法来实现。长曝光快门通过增大曝光时间可以采集到图像的暗部细节。短曝光快门减少曝光时间,有利于采集到图像的亮部细节。通过多次曝光后合成与对比度增强技术,CCD 图像传感器可以达到的宽动态范围为 128~160 倍,较好地将物体暗部和亮部的细节成像。

9.3.4　CCD 图像传感器的应用

CCD 图像传感器可以实现非接触在线检测及实时图像采集,其应用主要包括以下几方面。

(1) 计量检测仪器,包括工业生产中产品的尺寸、位置、表面缺陷的非接触在线检测、距离测定等。

(2) 光学信息处理,包括光学文字识别、标记识别、图形识别、传真、摄像等。

(3) 生产过程自动化,包括智能机器人、自动售货机、自动搬运机、监视装置等。

(4) 军事应用,包括导航、跟踪、侦察等,例如无人驾驶飞机或卫星侦察。

采用 CCD 图像传感器进行工件尺寸测量的示意图如图 9-20 所示。光源发出的光经过透镜后变为平行光,照射在待测工件上。工件的图像由 CCD 图像传感器采集后,根据工件的投影覆盖的光敏单元数目,可以计算出工件的尺寸,如式(9-1)所示。

$$L = (Nd \pm 2d)M \tag{9-1}$$

式中,L 为工件尺寸;N 为工件的图像覆盖的光敏单元个数;d 为相邻光敏单元的中心距离,一般为 0.013~0.03mm;$\pm 2d$ 为工件图像末端两个光敏单元之间的最大误差;M 为光学系统的放大率,一般为 20~40 倍。

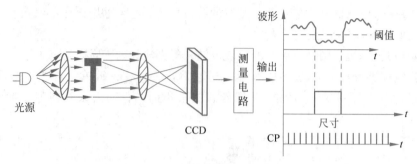

图 9-20　采用 CCD 图像传感器进行工件尺寸测量的示意图

利用 CCD 拍摄图像对产品质量进行检测的示意图如图 9-21 所示。生产线上的产品由 CCD 摄像机拍摄，然后采集的图像通过图像采集卡传送到计算机，并由计算机软件进行实时图像处理与分析，从而判断产品是否存在缺陷。如果产品存在缺陷，计算机通过 I/O 接口，发送信号到 PLC 控制系统，从而实现相应控制。例如，停止传送带的运转并发出报警信号等。

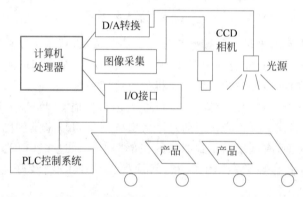

图 9-21　利用 CCD 拍摄图像对产品质量进行检测的示意图

9.4　光电位置敏感器件

光电位置敏感器件（position sensitive device，PSD）可以测量感光面上入射光点的位置。在感光面上安装电极，可以得到与光照中心位置相对应的光电流。

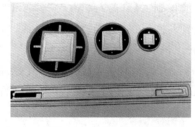

图 9-22　PSD 实物图

一维 PSD 和两维 PSD 的实物图如图 9-22 所示。一维 PSD 可以测量在一维坐标轴上入射光点的位置，其输出电流和光点的位置有关。两维 PSD 可以测量在两维坐标轴上入射光点的位置。光点照射在 PSD 上产生的光生电动势，而光点的位置距离输出电极越近，输出的光生电动势越大。因此，根据电极的输出信号得到入射光点的位置。

利用 PSD 传感器可以实现测距，其示意图如图 9-23 所示。光源发出的光经过透镜后到达目标，经过目标反射后经透镜到达 PSD。入射光点在 PSD 上的位置不同，目标距离也不同，通过三角测量法可以实现距离测量。

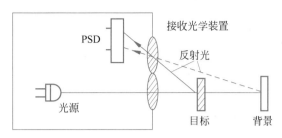

图 9-23 PSD 测距示意图

9.5 光纤传感器

光纤传感器(optic fiber sensor)是以光纤作为敏感元件实现测量的一种传感器。光纤传感器具有很多优点,包括灵敏度高、响应速度快、结构简单、体积小、质量轻、光纤易弯曲、耐腐蚀、抗电磁干扰及抗辐射性能好等。光纤传感器已广泛应用于位移、速度、加速度、温度、压力、流量、液位、电场和磁场等物理量的测量。

光纤的结构示意图如图 9-24 所示,光纤包括纤芯、包层和保护层等。要使光在纤芯中全内反射传播,纤芯的折射率 n_1 必须大于包层的折射率 n_2。纤芯一般由石英玻璃或塑料构成,其直径一般小于人发丝的直径。光纤的外径一般为 $125\sim140\mu m$,纤芯的直径一般为 $3\sim100\mu m$,而人发丝的直径约为 $60\sim90\mu m$。多根光纤的外面包覆保护套构成

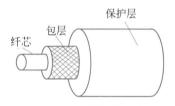

图 9-24 光纤的结构示意图

光缆。高锟于 1964 年首次提出光纤,被誉为"光纤之父"和"光纤通信之父"。他提出用玻璃纤维作为光波导进行通信的理论,并首次利用光代替电流实现了信息传输。

9.5.1 光纤的分类

光纤有多种分类方法,包括按光纤的构造、纤芯材料及折射率的不同进行分类。按光纤的构造不同,光纤分为单模光纤和多模光纤两种。单模光纤的纤芯更细,其直径为 $5\sim10\mu m$。单模光纤只传输一个模式的光,即传输一路信号。多模光纤的纤芯直径为 $50\sim150\mu m$,它可以传输多个模式的光,即传输多路信号。

按纤芯材料不同,光纤分为石英光纤、多成分玻璃光纤和全塑料光纤三种。石英光纤具有传输光的损耗低、频带宽和稳定性好等优点,但造价较高。玻璃光纤的损耗较低,是应用最多的光纤。塑料光纤的价格最低,但具有传光特性不好和损耗较大的缺点。

按光纤折射率的不同,光纤分为阶跃型光纤和梯度型(或称为渐变型)光纤两种。阶跃型光纤的纤芯折射率 n_1 和包层的折射率 n_2 是固定值,其折射率分布如图 9-25(a)所示。梯度型光纤的纤芯的折射率 n_1 是渐变值,其折射率分布如图 9-25(b)所示。对于阶跃型光纤,光在纤芯内部全内反射传输的路径是折线。对于梯度型光纤,光在纤芯内部全内反射传输的路径是曲线。多模光纤多为梯度型光纤,可以传输更多模式的光,因而带宽更大。

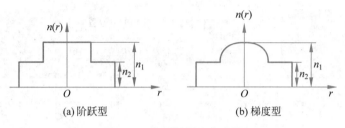

(a) 阶跃型　　　　　　(b) 梯度型

图 9-25　光纤折射率分布图

9.5.2　光纤的传光原理

光纤的传光原理是基于光的全内反射,其示意图如图 9-26 所示。当光入射到光纤端面时,只有入射角小于 θ_C 的入射光可以在纤芯内部全内反射传输。下面通过光路分析,求得光纤的最大入射角,即孔径角 θ_C。已知空气的折射率 $n_0 = 1$;纤芯的折射率为 n_1;包层的折射率为 n_2,且 $n_1 > n_2$。

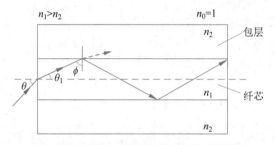

图 9-26　光纤传光原理示意图

在光的入射界面,入射角和折射角之间关系为 $n_0 \sin\theta_C = n_1 \sin\theta_1$。在纤芯和包层的分界面,光发生全内反射的临界角为 ϕ_C,有 $n_1 \sin\phi_C = n_2 \sin 90°$。所以得到

$$
\begin{cases}
n_0 \sin\theta_C = n_1 \sin\theta_1 \\
\theta_1 + \phi_C = 90° \\
\sin\phi_C = \dfrac{n_2}{n_1}
\end{cases}
\tag{9-2}
$$

根据上式推导可得

$$
n_0 \sin\theta_C = n_1 \sqrt{1 - \cos^2\theta_1} = n_1 \sqrt{1 - \sin^2\phi_C} = n_1 \sqrt{1 - \frac{n_2^2}{n_1^2}} = \sqrt{n_1^2 - n_2^2}
\tag{9-3}
$$

由于 $n_0 = 1$,由上式可得孔径角 θ_C 为

$$
\theta_C = \arcsin(\sqrt{n_1^2 - n_2^2})
\tag{9-4}
$$

光纤的数值孔径(numerical aperture,NA)为

$$
NA = n_0 \sin\theta_C = \sqrt{n_1^2 - n_2^2}
\tag{9-5}
$$

数值孔径 NA 和孔径角 θ_C 反映了光纤的传光能力。只有 $2\theta_C$ 张角范围之内的入射光才能在光纤内全内反射传输。如果入射角大于 θ_C,则折射角 θ_1 变大。此时,在纤芯与包层分界面的入射角 ϕ 小于临界角 ϕ_C,光将透射到包层,从而无法全内反射传输。

9.5.3 光纤传感器的类型及应用

光纤传感器利用光纤的传光特性实现被测物理量的测量。光纤传感器由光源、光纤和光电元件等组成。光纤受被测量等外界环境影响,其传输光的强度、相位、频率或者偏振态等将发生变化。光电元件接收光纤的输出光信号,根据光信号的变化实现被测量的测量。根据光纤在传感器中的功能不同,光纤传感器分为功能型光纤(functional fiber)传感器和非功能型光纤(nonfunctional fiber)传感器两大类。

1. 功能型光纤传感器

功能型光纤传感器又称为传感型光纤传感器,是指光纤作为敏感元件直接承受被测量。被测量使光纤中传输光的强度、相位、频率或者偏振态等发生变化。按被调制的光波参数不同,功能型光纤传感器主要分为光强度调制型光纤传感器、光相位调制型光纤传感器和光偏振态调制型光纤传感器。下面对这三种类型的光纤传感器分别进行介绍。

1) 光强度调制型光纤传感器

在光强度调制型光纤传感器中,光纤作为敏感元件,被测量使光纤中传输光的强度发生变化。例如,光纤压力传感器,其示意图如图 9-27 所示。光电元件接收光纤的输出光,可以采用光敏晶体管等。被测压力作用在可动齿形板上,而下面的齿形板固定不动。当压力增大时,光纤在齿形板中发生弯曲。弯曲部分的光纤由于不满足全内反射条件,光将发生透射,使接收端的光量减少。光电元件检测光纤出射光的强弱,由此可知相应被测压力的大小。

2) 光相位调制型光纤传感器

在光相位调制型光纤传感器中,被测量使光的相位发生变化。光纤的长度、折射率和内部应力变化都将引起光的相位发生变化。光相位调制型光纤传感器利用参考光与信号光的干涉现象实现测量。

例如,干涉仪式光纤温度传感器,其示意图如图 9-28 所示。激光器发出的光经过扩束后到达分光器,然后一束光作为参考光在参考光纤中传输,而另一束光作为信号光在信号光纤中传输。当温度改变时,光纤的折射率将发生微小改变,导致信号光纤中信号光的相位发生变化。在参考光纤和信号光纤的出射端,参考光和信号光发生干涉。测量两束光的干涉条纹,可以得知相应的温度变化。

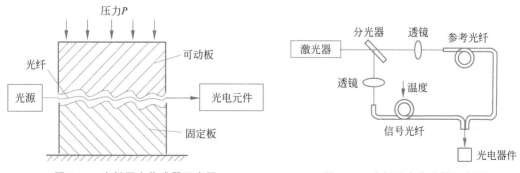

图 9-27 光纤压力传感器示意图   图 9-28 光纤温度传感器示意图

3) 光偏振态调制型光纤传感器

在光偏振态调制型光纤传感器中,被测量使光的偏振态发生变化。例如光纤电流传感器,其原理图如图 9-29 所示。通以大电流的导线周围存在磁场,该磁场将改变导线周围光的偏振角度,这种效应称为磁光效应。导线中的电流强度越大,产生的磁场越强,导致光的偏振方向旋转的角度越大。所以,光纤中传输光的偏振方向的旋转角度和导体中的电流强度成正比。如图 9-29 所示,激光器发出的光经过起偏器后由光纤传输,而光纤放置在通电导体周围。在电磁场作用下,光纤中传输光的偏振方向发生旋转。出射光经过沃拉斯特棱镜之后,分成两束偏振方向互相垂直的偏振光,由光电元件接收。由两束出射光的光强 I_{V_1} 和 I_{V_2},取两者之差与两者之和的比值,可以得到一个与旋光角度成正比的参数,由此可知旋光角度 θ。测出光偏振方向的旋光角度 θ,相应可知磁场的大小及对应导体中电流的大小。

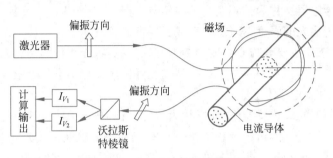

图 9-29 光纤电流传感器示意图

2. 非功能型光纤传感器

非功能型光纤传感器又称为传光型光纤传感器,是指光纤只作为光的传输介质,光纤与其他敏感元件组合构成的传感器。

例如光纤位移传感器,其示意图如图 9-30 所示。光纤位移传感器用于检测被测体与光纤之间的微小位移。光源发出的光通过入射光纤照射到被测体的表面,而反射光通过接收光纤传输到光电元件,并由光电元件转换成相应的电信号。光电元件接收的光量越多,输出的电信号越大。光纤位移传感器的输出特性如图 9-31 所示。光电元件输出的电信号随光纤端面与被测体之间的距离 d 变化。光纤端面与被测物距离变化的示意图如图 9-32 所示。当被测体距离光纤端面过近或者过远时,反射光只有一部分被接收光纤接收,所以,光电元件输出的电信号较小。当被测体距离光纤端面在一个合适的距离时,反射光能够最大程度地被接收光纤接收,光电元件输出的电信号最大。因此,通过测量反射光的强弱实现了被测体位移的非接触测量。

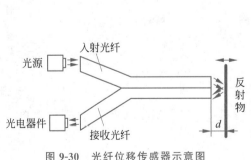

图 9-30 光纤位移传感器示意图

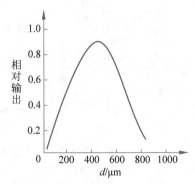

图 9-31 光纤位移传感器的输出特性

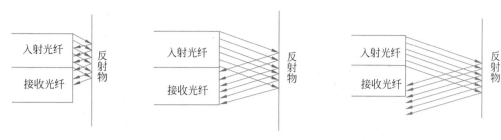

图 9-32　光纤端面与被测物距离变化的示意图

9.6　计量光栅

光栅是具有等间距的透光和不透光的均匀相间排列的刻线的光学元件。计量光栅利用光栅的莫尔条纹现象实现长度或角度的精密测量。光栅传感器通常由光源、计量光栅、光电元件和测量电路等组成。光栅传感器除了用于长度和角度测量以外,还可用于测量速度、加速度、振动和力等物理量。光栅传感器具有精度高、测量范围大、易于实现测量和数据处理的自动化等优点,在精密测量等领域应用广泛。

计量光栅分为长光栅和圆光栅两种,其中,长光栅用于测量直线位移,而圆光栅用于测量角位移。计量光栅由主光栅和指示光栅两部分构成,其中,主光栅又称为标尺光栅或定光栅,指示光栅又称为动光栅。光栅的刻线密度决定了光栅的测量精度,一般刻线密度有10 线/mm、25 线/mm、50 线/mm、100 线/mm 和 125 线/mm 等规格。

9.6.1　莫尔条纹

两块栅距相等的光栅以刻线之间成微小夹角 θ 叠合时,在与刻线大致垂直的方向上将形成透光的亮带和不透光的暗带,产生明暗相间的条纹,称为莫尔条纹。莫尔条纹由 18 世纪法国研究人员莫尔首先发现,莫尔条纹的示意图如图 9-33 所示。相邻两个莫尔条纹之间的距离称为条纹宽度。

当两块光栅在水平方向发生相对位移时,莫尔条纹相应在垂直方向移动,两个运动之间有严格的对应关系。当两块光栅刻线的夹角 θ 很小时,条纹间距 B 很大。两个光栅在水平方向的微小相对位移,可以通过垂直方向的莫尔条纹的位移进行测量,因此具有位移放大作用。光栅的栅距与刻线宽度的示意图如图 9-34 所示。以黑白透射型长光栅为例,图中 a 是光栅刻线(不透光部分)的宽度,b 是光栅缝隙(透光部分)的宽度,W 称作光栅的栅距。其中,$W=a+b$,一般有 $a=b=W/2$。

莫尔条纹宽度与夹角 θ 的示意图如图 9-35 所示。莫尔条纹宽度 B 和光栅的栅距 W 之间的关系经过三角形 AOC 计算可以得到,如式(9-6)所示。由于主光栅和指示光栅的刻线之间的夹角 θ 非常小,所以有,$\sin(\theta/2) \approx \theta/2$。

$$B = \frac{W/2}{\sin(\theta/2)} \approx \frac{W}{\theta} \tag{9-6}$$

莫尔条纹的特性主要包括以下几方面。

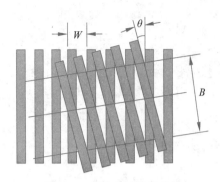

图 9-33　莫尔条纹的示意图

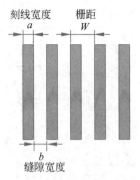

图 9-34　光栅的栅距与刻线宽度的示意图

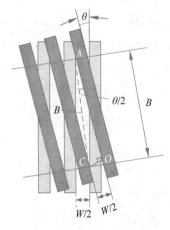

图 9-35　莫尔条纹宽度与
夹角 θ 的示意图

（1）运动对应性。当光栅在水平方向移动一个栅距 W 时，莫尔条纹在垂直方向移动一个条纹宽度 B，并且两者具有运动对应性。若主光栅不动，指示光栅向左移动时，莫尔条纹向下移动。指示光栅向右移动时，莫尔条纹向上移动。运动对应性便于辨别光栅位移的方向。

（2）放大性。由于指示光栅和主光栅之间的夹角 θ 非常小，根据式（9-6），条纹宽度 B 对于水平栅距 W 起到放大的作用。光栅在水平方向移动一个栅距 W，在垂直方向莫尔条纹将移动一个条纹宽度 B。因此，光栅对微小位移具有放大作用，光栅的灵敏度较高。

（3）误差平均性。光栅大量的刻线具有误差平均效应。局部的刻线误差不影响最终的测量结果，因此提高了光栅的测量精度。

不同刻线的光栅可以形成不同的莫尔条纹。长光栅可形成横向莫尔条纹和光闸莫尔条纹。横向莫尔条纹是指示光栅和主光栅之间呈一定夹角 θ 时形成的条纹。光闸莫尔条纹是指示光栅和主光栅之间夹角为零时形成的条纹。如果两个光栅的栅距 $W_1 = W_2$，将形成明暗交替出现，对入射光类似闸门一样时开时关的光闸莫尔条纹。

圆光栅的莫尔条纹如图 9-36 所示。其中，径向光栅形成的圆弧形莫尔条纹如图 9-36（a）所示，切向光栅形成的环形莫尔条纹如图 9-36（b）所示，环形光栅形成的辐射形莫尔条纹如图 9-36（c）所示。两个栅距角相同的圆光栅同心叠合时，也可得到与长光栅类似的光闸莫尔条纹。

径向光栅是沿着光栅盘的半径方向刻线的光栅。两个栅距角相同的径向光栅以一个小的偏心量叠加在一起时，会形成圆弧形莫尔条纹。在偏心方向垂直位置上的条纹近似垂直于栅线，称为横向莫尔条纹。在实际使用中，主要应用横向莫尔条纹。

切向光栅是沿着一个与光栅盘同心的小圆的切线方向刻线的光栅。两个栅距角相同而切线圆的半径不同的切向光栅线面相对同心叠合时，会形成以光栅中心为圆心的环形莫尔条纹。环形莫尔条纹具有全光栅的平均效应，可用于高精度测量。

环形光栅是具有同心环形刻线的光栅。两个相同的环形光栅以不大的偏心量叠加在一起时，会形成辐射状的莫尔条纹。条纹近似为直线，呈辐射状。条纹的数目和位置只与两光栅叠合时的偏心量和圆心的连线方向有关。环形光栅可用于测量主轴的偏移和晃动。

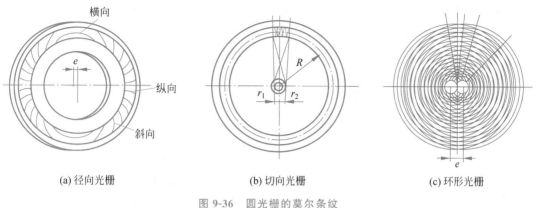

(a) 径向光栅　　　　　　　　　(b) 切向光栅　　　　　　　　　(c) 环形光栅

图 9-36　圆光栅的莫尔条纹

9.6.2　光栅传感器

光栅传感器根据其结构分为透射式光栅传感器和反射式光栅传感器两种。透射式光栅传感器的光源与光电元件分别位于光栅的两侧,而反射式光栅传感器的光源与光电元件位于光栅的同一侧。

光栅传感器中长光栅和圆光栅的示例图分别如图 9-37(a) 和图 9-37(b) 所示。光栅传感器具有如下特点。

(1) 精度高。长度的测量精度可以达到 $\pm(0.2+2\times10^{-6})\mu m$,角度的测量精度可以达到 $\pm0.1''$。

(2) 量程大。透射式光栅的光栅尺的长度可达米的量级,反射式光栅的量程可达数十米。

(3) 响应快。由于光栅传感器中光电元件的响应时间较快,光栅传感器适合动态测量。

(4) 稳定性较强,具有较强的抗干扰能力。光栅传感器能够在高温或低温环境使用,性能稳定。但油污和灰尘会影响光栅的可靠性,所以,光栅传感器适用于实验室和环境较好的车间现场使用。

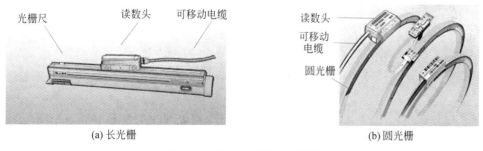

(a) 长光栅　　　　　　　　　　　　(b) 圆光栅

图 9-37　光栅传感器的示例图

1. 透射式光栅传感器

透射式光栅传感器的长光栅结构示意图如图 9-38 所示。在玻璃基底上均匀刻有栅线。当主光栅和指示光栅发生相对位移时,莫尔条纹相应移动,光电元件对移动的亮暗条纹进行计数,输出相应的高低电平脉冲信号。因此,根据输出脉冲信号测到移动的莫尔条纹的数目后,与之对应的光栅尺移动的栅距数目便可测得。通过采用多个光电元件检测莫尔条纹及设置细分电路的方法,光栅传感器可以检测小于一个莫尔条纹宽度的位移,即检测光栅尺移动小于一个栅距的位移。

透射式光栅传感器的圆光栅结构示意图如图 9-39 所示。指示光栅和主光栅(刻度盘)叠加在一起,当指示光栅和刻度盘发生相对转动时,莫尔条纹发生相应移动。光电元件测得相应莫尔条纹的移动数目后,相应转动的栅距数目和对应角度便可得到。圆光栅测量角度的分辨率可达 0.01″,系统精度为 ±0.7″。

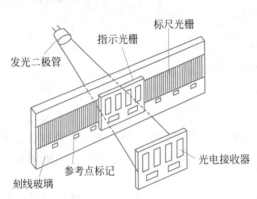

图 9-38 透射式光栅传感器的长光栅结构示意图

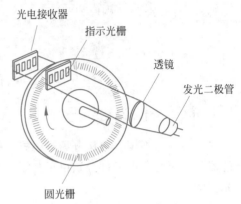

图 9-39 透射式光栅传感器的圆光栅结构示意图

2. 反射式光栅传感器

反射式光栅传感器的长光栅结构示意图如图 9-40 所示。光源发出的光经过透镜后变为平行光,照射在刻线钢带上,经钢带反射后由光电元件接收。当主光栅和指示光栅发生相对位移时,光电元件检测到莫尔条纹的移动数目,并由此得到相应光栅尺移动的栅距及位移。反射式光栅传感器的量程较大,可达几十米。

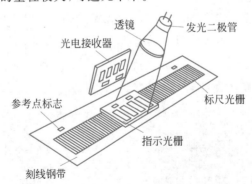

图 9-40 反射式光栅传感器的长光栅结构示意图

9.7 光电编码器

光电编码器是输出数字信号的数字式传感器。编码器是将角位移或直线位移转换为电信号的传感器。测量角位移的编码器称为码盘,而测量直线位移的编码器称为码尺。编码器包括接触式编码器和非接触式编码器两种类型。其中,接触式编码器以电刷接触导电区或绝缘区来表示"1"或"0"。本节介绍的光电编码器属于非接触式编码器,它以透光和不透光区来表示"1"或"0"。光电编码器常用于测量角位置或角位移,具有较好的精确度、分辨率、可靠性和高频响应。由于没有触点的磨损,光电编码器在数控机床、机器人、高精度闭环调速系统、伺服系统等领域应用广泛。

光电编码器分为绝对式编码器(也称为码盘式编码器)和增量式编码器(也称为脉冲盘式编码器)两类,它们的示例图分别如图 9-41(a)和图 9-41(b)所示。

(a) 绝对式编码器　　　　　　　　(b) 增量式编码器

图 9-41　光电编码器的示例图

9.7.1　绝对式编码器

绝对式编码器的示意图如图 9-42 所示。绝对式编码器码盘的每个位置对应一个确定的编码。测量的角度只与码盘的起始位置和终止位置有关,而与中间过程无关,故不需要基准。绝对式编码器主要由光源、码盘、光电元件和转换电路等组成。光源发出的光经过透镜后以平行光照射到码盘上,码盘上有透光和不透光的区域,而透射光线通过狭缝由光电元件接收,并输出相应的电信号。

码盘由光学玻璃制成,并通过照相腐蚀技术制成透光和不透光的同心码道。码盘的制作工艺要求是分度准确,以及码盘的明暗交替边缘陡峭。光电编码器采用的光源一般为 LED 光源,它通过光学系统出射平行光,并精确投影在码盘上。光电元件一般为硅光电池或光电晶体管。光电元件输出为"1"或"0",分别对应码盘的亮区或暗区。每个码道对应一个接收的光电元件。各个码道对应的光电元件的输出信号

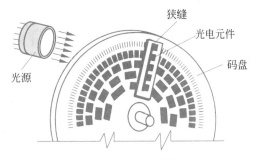

图 9-42　绝对式编码器的示意图

组合构成了编码数字量。测量时,根据码盘的起始位置和终止位置,可以得到码盘转动的角度。

码盘上的码道的数目对应绝对式编码器输出的数字信号的位数。所以,码道的数目决定系统的分辨率。对于二进制码盘,其角度分辨率 α 为

$$\alpha = 360°/2^n \tag{9-7}$$

式中,n 是码道的数目,对应二进制的位数。如果码道的数目 n 为 20 或 21 位,则角度分辨率约为 $1''$。

绝对式编码器码盘的编码方式分为二进制码、十进制码和格雷码(Gray code)。二进制

码盘如图 9-43(a)所示,它划分为透光和不透光的区域,分别对应"1"和"0"。码盘的内圈对应二进制的高位,其外圈为低位,共有 4 个码道,依次为 $B_4 B_3 B_2 B_1$ 码道。根据式(9-7)可得,4 位二进制码盘的角度分辨率为 $\alpha = 360°/2^4 = 22.5°$。二进制码盘的每个编码对应一个角度方位,共有 16 个不同的编码,如表 9-1 所示。二进制码盘的优点是较直观,其后续电路和计算机处理较容易实现。但是,当码盘旋转时,如果多位二进制码同时发生变化,而接收信号没有完全同步,则容易造成误差。此时将发生错码,将"0"误识别为"1",或者相反,这将给检测带来较大误差。

为避免发生错码,绝对式编码器的码盘常采用格雷码,也称为循环码,如图 9-43(b)所示。格雷码具有轴对称性,其码道上的相邻两个数只有一位不同。当码盘旋转时,每次只有一位发生变化。4 位格雷码与二进制码和十进制码的对应关系如表 9-1 所示。格雷码与二进制码的转换关系如式(9-8)所示。将 n 位二进制码按从右到左的顺序编号为 0 到 $n-1$,如果二进制码的第 i 位和第 $i+1$ 位相同,则对应的格雷码的第 i 位为 0,否则为 1。当 $i = n-1$ 时,第 $n-1$ 位(最高位)保持不变。

$$G_i = B_i \oplus B_{i+1}, \quad 0 \leqslant i \leqslant n-1 \tag{9-8}$$

式中,G 为格雷码;B 为二进制码;n 为二进制码的位数。

十进制码盘如图 9-43(c)所示,它共有 8 个码道,其中内 4 圈码道对应十进制数的高位,外 4 圈码道对应十进制数的低位。十进制码盘的编码数为 10^2 个,其角度分辨率为 $\alpha = 360°/10^2 = 3.6°$。十进制码盘中十进制数 0~9 对应二进制的 0000~1010。十进制码盘读数直观,但不易电路处理,使用较少。

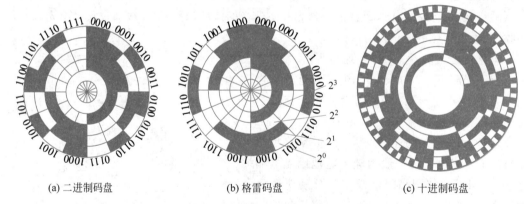

| (a) 二进制码盘 | (b) 格雷码盘 | (c) 十进制码盘 |

图 9-43　绝对式编码器的码盘

表 9-1　4 位绝对式编码器的码制对照

角度/(°)	二进制	十进制	格雷码	角度/(°)	二进制	十进制	格雷码
0.0	0000	0	0000	180.0	1000	8	1100
22.5	0001	1	0001	202.5	1001	9	1101
45.0	0010	2	0011	225.0	1010	10	1111
67.5	0011	3	0010	247.5	1011	11	1110
90.0	0100	4	0110	270.0	1100	12	1010
112.5	0101	5	0111	292.5	1101	13	1011
135.0	0110	6	0101	315.0	1110	14	1001
157.5	0111	7	0100	337.5	1111	15	1000

9.7.2　增量式编码器

增量式编码器通过码盘转动的相对位置来测量角度、位移、速度等,可以实现连续多圈累加测量。由于增量式编码器产生的输出脉冲是对应一个相对位置的增量,不能给出绝对位置信息,增量式编码器需要有停电记忆功能。

增量式编码器的示意图如图 9-44 所示,其码盘外圈有等角距分布的透光和不透光缝隙。增量式编码器的光源和光电元件位于码盘两侧。当码盘转动时,光源发出的光经过码盘边缘透光和不透光的缝隙,由光电元件接收。光电元件输出与缝隙相对应的脉冲信号,对脉冲计数可以测得转动角度。双通道增量式编码器的码道由通道 A 和通道 B 构成,光电元件输出与之相对应的两个相位相差 90° 的脉冲信号,从而判别码盘旋转的角度和方向。同时,在码道的旁侧还有一个参考零位的计数缝隙,码盘每转动一圈计数一次,其相应的输出为 Z 相脉冲信号。

增量式编码器的电路包括放大、整形等部分,其电路示意图如图 9-45(a)所示。对光电元件的输出信号放大后,需要进行整形,使其波形接近理想的方波,以便于实现编码数字输出。其波形整形示意图如图 9-45(b)所示。

增量式编码器的特点包括结构简单、精度高、分辨率高、可靠性好、可以直接输出数字量、机械寿命长(可达到几万小时以上)、抗干扰能力较强等。

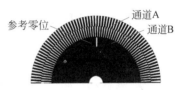

图 9-44　增量式编码器的示意图

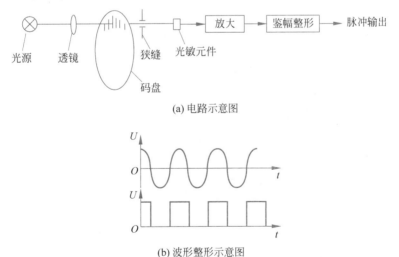

(a) 电路示意图

(b) 波形整形示意图

图 9-45　增量式编码器的电路及波形整形示意图

9.8　例题解析

例 9-1　光纤的结构如图 9-26 所示。其中,$n_1=1.47$,$n_2=1.45$,$n_0=1$。请计算光纤的数值孔径 NA,并求最大入射角 θ_m。

解：

由式(9-5)可得光纤的数值孔径为

$$NA = n_0 \sin\theta_C = \sqrt{n_1^2 - n_2^2} = \sqrt{1.47^2 - 1.45^2} = 0.24$$

由式(9-4)可得入射光的最大入射角为

$$\theta_m = \arcsin(0.24) = 13.98°$$

所以，数值孔径 NA 为 0.24，最大入射角为 13.98°。

例 9-2　某光栅传感器的刻线数为 100 线/mm，栅线的夹角为 0.1°。若没有细分时测得莫尔条纹移动的数目为 800，试计算光栅的位移是多少毫米，莫尔条纹间距为多少。若经四倍细分后，记数脉冲仍为 800，则光栅此时的位移是多少？测量分辨率是多少？如果采用四个光敏二极管接收莫尔条纹，设光敏二极管的响应时间为 1μs，求此时光栅的最大运动速度为多少。

解：

(1) 没有细分时，由于光栅的位移 x 为莫尔条纹数目和光栅的栅距 W 的乘积，所以有

$$x = 800 \times \frac{1mm}{100 \text{ 线}} = 8mm$$

此时，莫尔条纹的间距 $B = \dfrac{W}{\theta} = \left(\dfrac{1mm}{100 \text{ 线}}\right) \Big/ \left(0.1° \times \dfrac{\pi}{180°}\right) = 5.7mm$。

(2) 四倍细分时，光栅的位移量 x_1 为

$$x_1 = \frac{800}{4} \times \frac{1mm}{100 \text{ 线}} = 2mm$$

当没有细分时，分辨率为

$$R = \frac{1mm}{100 \text{ 线}} = 10^{-5} m = 10\mu m$$

所以，四倍细分后的分辨率为 $R_1 = 10\mu m/4 = 2.5\mu m$

(3) 运动速度。根据光敏二极管的响应时间，四倍细分时光栅的最大运动速度为

$$v = x_1/10^{-6} s = 2.5\mu m/10^{-6} s = 2.5m/s$$

所以，当没有采用细分电路时，光栅的位移为 8mm，莫尔条纹间距为 5.7mm。当采用四倍细分时，光栅的位移为 2mm，测量的分辨率为 2.5μm，光栅的最大运动速度为 2.5m/s。

9.9　本章小结

本章介绍了光电式传感器的工作原理、常用光电元件、CCD 图像传感器、光纤传感器、计量光栅及光电编码器等。通过学习，应该掌握以下内容：光电式传感器的工作原理，常用光电元件的原理及基本特性，CCD 图像传感器的工作原理及应用，光纤传感器的工作原理、分类及应用，计量光栅的测量原理、类别及应用，光电编码器的分类等。

习题 9

9-1　简述光电式传感器的特点，以及光电式传感器可以测量哪些物理量。

9-2 常用光电元件主要有哪几种？简述其工作原理和光电特性。

9-3 常用的半导体光电元件有哪几种？若光源是波长为 $8\times10^{-7}\sim9\times10^{-7}$m 的红外光,宜采用哪种光电元件测量？为什么？

9-4 什么是光电元件的光谱特性？为什么选用光电元件时需要考虑光谱特性？

9-5 用光电式转速仪测量齿数为 35 的旋转齿轮时,若转速仪的读数为 4200kHz,则齿轮的转速是多少？

9-6 试设计一个光纤压力测量传感器,画出结构简图,并说明其工作原理。

9-7 试设计一个光纤磁场测量传感器,画出结构简图,并说明其工作原理。

9-8 简述 CCD 的工作原理。

9-9 莫尔条纹是怎样产生的？它具有哪些特性？

9-10 举例说明功能型光纤传感器和非功能型光纤传感器的区别。

9-11 推导光纤数值孔径的表达式,并说明数值孔径的含义。

9-12 _____是一种用大规模集成电路工艺制作的半导体光电元件,简称 CCD,由 MOS 光敏单元和_____两部分组成,分为_____和_____两种类型。

9-13 计量光栅中_____用于测量长度,_____用于测量角度。

9-14 光导纤维是利用光的_____原理来远距离传输信号的。若光纤纤芯的折射率 $n_1=1.48$,包层折射率 $n_2=1.478$,则光纤的数值孔径为_____,最大入射角为_____。

第三部分　智能检测应用

第 10 章

CHAPTER 10

机器视觉检测技术

本章要点：

◇ 机器视觉，机器视觉检测系统；

◇ 图像采集系统：光学系统参数，光源及照明方式，摄像器件与镜头；

◇ 图像处理系统及模板匹配技术；

◇ 零件尺寸检测应用示例。

智能检测(intelligent detection)是指采用人工智能等方法和技术，实现检测的自动化及智能化。智能检测包含测量、检验、信息处理、判断决策和故障诊断等内容。智能检测设备模仿人类智能，具有测量过程自动化、智能化、测量速度快、精度高、灵活性高、多参数数据融合和功能强等特点。智能检测根据应用领域的具体问题有很多实现方法，人工智能及信息处理领域的很多方法可以应用其中。传感器技术、人工智能、信息处理技术、微电子技术和计算机技术的飞速发展为智能检测技术的发展提供了强大的支撑和条件。

机器视觉(machine vision)检测技术在工业生产的自动化及智能化领域应用广泛，是智能检测领域的重要内容之一。本章介绍机器视觉检测技术，主要包括机器视觉、机器视觉检测系统、模板匹配技术和应用示例等。

10.1 机器视觉

机器视觉利用机器代替人眼进行目标对象的识别、判断和测量，主要研究用计算机来模拟人的视觉功能。机器视觉提供基于图像的自动检测和分析的技术和方法，广泛用于工业中的自动检测、过程控制和机器人引导等领域。机器视觉检测技术涉及目标对象的图像获取、图像信息的处理，以及目标对象的测量和识别等。

基于机器视觉的产品在线检测可以节约人力成本，提高生产效率，避免因人员疲劳造成的误检与漏检。机器视觉检测技术具有检测精度高、响应速度快、准确和可靠等优点。机器视觉检测技术采用 CCD 或 CMOS 摄像器件采集待测产品图像后，通过图像处理方法对产品进行精确的测量与识别。机器视觉检测技术应用的行业包括通用生产、半导体、电子、汽车、航空航天、冶金、医学设备和包装等多种行业。例如，零件尺寸测量、产品缺陷检测、字符标识检测与识别、电路板焊点检测、元件位置检测等均为常见的基于机器视觉的产品在线检测。机器视觉检测的图像示例如图 10-1 所示。

| (a) 表面缺陷 | (b) 形状尺寸 | (c) 字符识别 |

图 10-1 机器视觉检测的图像示例

机器视觉与人类视觉相比具有很多优点,例如高速度、高精度、超视距、微距、客观、无疲劳和环境限制少等。但机器视觉在适应性、智能和色彩识别方面不及人类视觉。机器视觉与人类视觉的对比如表 10-1 所示。

表 10-1 机器视觉与人类视觉的对比

类　别	人类视觉	机器视觉
适应性	强,可在复杂多变的环境中识别目标	差,易受复杂的背景及环境变化的影响
智能性	具有高级智能,可运用逻辑分析及推理能力识别变化的目标,并总结规律	智能差,可利用人工智能及神经网络技术,但不能很好地识别变化的目标
灰度分辨力	灰度分辨力差,一般只能分辨 64 个灰度级	强,一般为 256 灰度级,采集系统可具有 10bit、12bit、16bit 等灰度级
空间分辨力	分辨率较差,不能观看微小的目标	通过备置各种光学镜头,可以观测小到微米,大到天体的目标
色彩识别力	分辨能力强,易受人的心理影响,不能量化	受硬件条件的制约,分辨能力较差,可量化
速度	有 0.1s 的视觉暂留,使人眼无法看清快速运动的目标	快门时间可达 $10\mu s$ 左右,高速摄像机的帧率可达 1000Frame/s
环境要求	对环境温度、湿度的适应性差,许多场合对人有损害	对环境适应性强,另外可加防护装置
观测精度	精度低,无法量化	精度高,可到微米级,易量化
感光范围	$400 \sim 750nm$ 范围的可见光	紫外到红外的较宽光谱范围,另外有 X 光等特殊摄像机
其他	主观性,受心理影响,易疲劳	客观性,可连续工作

10.2　机器视觉检测系统

机器视觉检测系统主要包括图像采集系统、图像处理系统、执行机构及人机界面等部分。图像采集系统包括光学系统和图像采集卡等。选取合适的光学系统采集适合处理的图像,是完成视觉检测的基本条件。图像处理系统是机器视觉检测系统的核心部分,而稳定、先进的图像处理方法可以提高检测性能。可靠的执行机构和人性化的人机界面是实现系统功能的关键。以产品自动检测为例,机器视觉检测系统的工作流程如图 10-2 所示。下面简要介绍图像采集系统和图像处理系统。

10.2.1　图像采集系统

图像采集系统主要包括光学系统和图像采集卡等,其中光学系统主要包括照明光源、摄像机和镜头等部分。图像采集卡的主要功能是进行 A/D 转换、图像传输、图像采集控制及

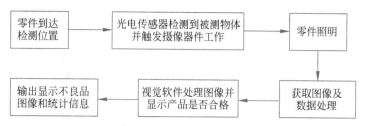

图 10-2 机器视觉检测系统的工作流程

图像处理。模拟量图像采集卡包括标准视频信号(如 PAL、NTSC)采集和非标准视频信号采集。数字量图像采集卡包括 IEEE1394 卡、USB 采集卡、HDMI 采集卡、RS-644 LVDS、Channel Link LVDS、Camera Link LVDS 和千兆网图像传输卡等。

1. 光学系统的性能参数

采集的图像取决于目标物体和光源的相互作用,因此,携带目标物体信息的光信号经光学系统传送到图像传感器,并转换为可以处理的电信号。光学系统的性能影响采集图像的质量,从而影响机器视觉检测系统的精度。光学系统的参数主要包括像素(pixel)、工作距离(working distance)、分辨率(resolution)、放大率(magnification)、景深(depth of field,DOF)和视场(field of view,FOV)等。

像素是图像最小的测量单位。图像传感器的像素数越多,越有利于分辨并检测较小的特征。图像中每个像素包含该像素在图像中的位置、光强度、黑白图像的灰度值或彩色图像的 RGB 色彩值等信息。工作距离是指从镜头前边缘到被测物体的距离。景深是指能够清晰成像的物体前后距离范围。景深随焦距和光圈的减小而增大,同时物体距离越远,景深越大。

在成像过程中,常用的参数计算如式(10-1)～式(10-4)所示。几何光学成像公式为

$$\frac{1}{u} + \frac{1}{v} = \frac{1}{f} \tag{10-1}$$

式中,u 为物距;v 为像距;f 为焦距。

放大率 M 为

$$M = \frac{h}{H} = \frac{v}{u} \tag{10-2}$$

式中,h 为像高;H 为物高。

视场 FOV 指能被视觉系统观察的物体的尺寸范围,表示为

$$\text{FOV} = \frac{L}{M} \tag{10-3}$$

式中,L 为 CCD 芯片的高度或宽度。FOV 也常用视场角 θ 表示为 $\theta = \tan^{-1}(L/2u)$。

分辨率 r 表示光学系统能够分辨的最小距离。$r = 2p$,其中,p 是 CCD 光敏单元的间距。空间分辨率 R 表示能够测量的最小物体尺寸,表示为

$$R = \frac{r}{M} \tag{10-4}$$

式中,r 为分辨率;M 为放大率。

2. 照明光源及照明方式

机器视觉检测系统的照明光源包括白炽灯、荧光灯、光纤卤素灯、激光、氙气灯和 LED

光源等。人眼感知的颜色与照明光源的辐射分布范围以及观看者的视觉生理结构有关。人眼可感知的光谱范围为 380~780nm。人眼视网膜里存在大量光敏细胞,按其形状分为杆状细胞和锥状细胞两种。杆状细胞的灵敏度高,在低照度时可辨别明暗,但对彩色不敏感。而锥状细胞既可辨别明暗,也可辨别彩色。人眼在白天的视觉过程主要依靠锥状细胞,而在夜晚的视觉过程则由杆状细胞完成,所以在光线较暗时,人眼无法辨别彩色。

照明光源的主要参数包括光谱分布、照度和寿命等。光谱分布是指光源发出的光在不同波长处的相对强度不同。常用光源的光谱范围如图 10-3 所示。对于色彩检测应用,应选择与日光接近的光源,其光谱宽而连续;同时要求光源的显色性好,即光照射在物体上时物体所呈现的颜色客观而真实。对于其他检测场合,可以使用各种单色光和特殊光源。

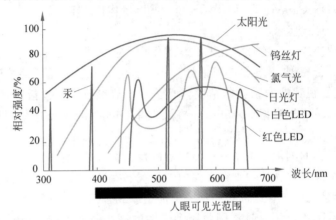

图 10-3　常用光源的光谱范围

照度是指单位被照面上接收到的光通量,单位为勒克斯(lux 或 lx)。1lux 相当于每平方米被照面上的光通量为 1lm(流明)。在高速运动条件下拍摄图像时,由于曝光时间很短,只有采用高照度的光源才能获得足够亮度的图像。常用场景的照度值如表 10-2 所示。

表 10-2　常用场景的照度值

场景	夏日阳光	阴天室外	电视台演播室	距 60W 台灯 60cm 处	室内日光灯	20cm 处烛光	黄昏室内	晴朗月夜的地面
照度/lux	100 000	10 000	1000	300	100	10~15	10	0.2

对于光源寿命的要求是光源的半衰期要长,且在半衰期内光谱稳定,光源的亮度衰减小。对于光源发热特性的要求是光源的工作温度要低,避免高温损坏被检测物。对于光源信噪比方面的要求是信噪比高、抗干扰能力强。

光源的照明方式主要分为背向照明、前向照明、结构光照明和频闪照明四大类。根据所采用光源的不同,照明方式又分为平面照明、环形光源、同轴光源、平行光源、点光源、低角度光源、线光源和光栅等。

采用不同的照明方式可以实现亮视场、暗视场、背光、碗状光、结构光和同轴光等不同的照明效果,其图像示例如图 10-4 所示。光线在物体的照射面上主要发生吸收、反射、传递、漫反射和镜面反射等。在大多数情况下,物体表面的特性及光的波长决定了光线与物体的作用。

亮视场适用于通用场合并易于设置,其光源采用直射光源。光线照射在物体上,然后反射到摄像机内。亮视场可以去除物体较小的阴影。暗视场可以突出强调物体的变化区域，使物体的漫射表面被照亮，而镜面表面发暗。背光照明采集的图像具有清晰的边缘，对比度高。同时，由于图像没有高度差，常用于测量的场合。碗状光的优点是可以忽略物体表面的纹理特征，可用于不平坦表面的照明。结构光照明常用于产品分析，可进行缺陷对比及高度差的计算等。同轴光照明的特点是镜面的表面被照亮，而倾斜的表面发暗，可突出强调物体表面的纹理。

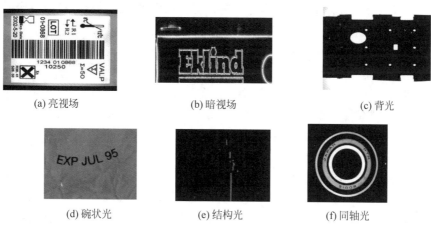

(a) 亮视场   (b) 暗视场   (c) 背光

(d) 碗状光   (e) 结构光   (f) 同轴光

图 10-4　不同照明效果采集的图像示例

　　对于产品尺寸测量、缺陷检测及字符识别等应用，要采用合适的光源及照明方式才能采集到被测体的清晰图像。例如，在皱褶铝箔的印刷字符检测与识别中，采用普通光源照明无法得到清晰的铝箔字符图像，如图 10-5(a) 所示。而采用碗状光源可以获得清晰的字符图像，如图 10-4(d) 所示。碗状光源的示意图如图 10-5(b) 所示。从碗状壳体的内边缘发出的光经过碗状壳体反射后，照射到被测皱褶铝箔上。由于反射光从被测体的各个方向和角度照射，皱褶凹陷处的字符均可被照亮。最终采集到清晰的字符图像。

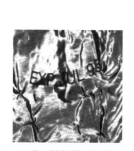 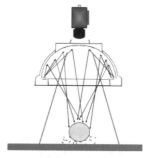

(a) 带字符的皱褶铝箔   (b) 碗状光源的示意图

图 10-5　碗状光源检测示例

3. 摄像器件与镜头

　　机器视觉检测系统的摄像器件按芯片类型不同主要分为 CCD 和 CMOS 摄像器件。CMOS 为互补金属氧化物半导体(complementary metal oxide semiconductor)摄像器件，它将光电元件、放大器、A/D 转换器、存储器、数字信号处理器和计算机接口控制电路集成在一块硅片上。CMOS 的电荷到电压的转换过程在每个像素上完成，具有结构简单、功能多、速度快、耗电低和成本低等特点。

摄像器件按输出图像信号的格式不同分为模拟式和数字式。模拟摄像器件输出模拟信号,格式包括 PAL、NTSC、SECAM、S-VIDEO 等。数字摄像器件输出数字信号,格式包括 IEEE 1394、USB 2.0、DCOM3、RS-644 LVDS、Channel Link、Camera Link 和千兆网等。

摄像器件根据输出图像的像素属性不同分为黑白摄像机、Bayer 滤光片单 CCD 彩色摄像机、3CCD 彩色摄像机及线阵 3Line 彩色摄像机等。Bayer 滤光片单 CCD 彩色摄像机由于采用空间色彩插值,其生成的图像要比 3CCD 彩色摄像机或黑白摄像机的图像模糊,在图像中有超薄或纤维形物体的情况下尤为明显。

在机器视觉检测系统中,需要考虑的摄像器件的主要参数包括分辨率、帧率/行频、靶面尺寸、快门速度、光谱响应特性、白平衡、外同步与外触发等。

镜头将照明光源发出的光汇集到摄像机。在机器视觉检测系统中,镜头有多种类型和接口形式,包括标准镜头、远心镜头、广角镜头、近摄镜头和远摄镜头等。选择检测系统的镜头时需要考虑多种因素,包括摄像机接口、物距、拍摄范围、CCD 尺寸、畸变的允许范围、放大率、焦距和光圈等。

通用形式的标准镜头适用于大部分应用场合,具有低成本、小尺寸、存在镜头畸变等特点,它们常用于采集大型目标,进行特征查找以及非测量的应用场景。远心镜头可以减小镜头畸变,具有高成本、大尺寸、无镜头畸变等特点。远心镜头常用于采集小目标物体,进行公差控制及测量的应用场景。小光圈镜头可以使图像传感器获取少量的光线,并增大景深。大光圈镜头允许图像传感器获取更多的光线,并减小景深。根据需要也可以在镜头上连接扩展接管,它可以加大镜头的焦距,减小镜头视场,减小镜头与工件的距离,接收较少光通量。

10.2.2　图像处理系统

图像处理系统对采集到的图像进行分析处理以得到被测物体的形貌特征或尺寸,然后将处理结果发送到执行机构及人机界面等进行判断、处理与显示。图像处理系统一般包括图像预处理、图像分割、特征提取、测量、匹配及目标识别等处理步骤。

图像预处理对采集到的图像进行滤波以去除噪声干扰,然后可以进行灰度归一化和图像增强等处理。采集的图像一般需要进行感兴趣区域(region of interest,ROI)提取,然后对感兴趣区域进行后续的图像处理任务。图像分割是指将特定目标与图像背景或周围物体分离开,从而提取出待测目标区域。特征提取是指根据待测目标及识别任务,提取图像的多种几何特征和纹理特征,以便进行分析、识别或测量。

10.3　模板匹配技术

模板匹配技术是机器视觉检测系统常用的目标检测方法之一,具有方法简便、定位快速、准确、健壮、不需要图像分割和太多参数调整等优点。模板匹配技术常用于产品尺寸测量、缺陷检测,以及工业机器人或机器手臂等工业生产应用中,实现目标的快速检测。

10.3.1　模板匹配的原理

模板匹配的原理是把未知样本和标准模板相比,计算它们是否相同或相似。首先建立待测物的模板,然后在图像中按照一定算法搜索并匹配目标。模板匹配有很多具体实现方法。模板匹配的示例如图 10-6 所示。原始图像如图 10-6(a)所示,分别为电路元件、待测图形和待装配车门。待测物模板图像如图 10-6(b)所示,匹配结果如图 10-6(c)所示。可见,模板匹配技术对存在仿射变形、旋转和部分遮挡的目标也可成功匹配。

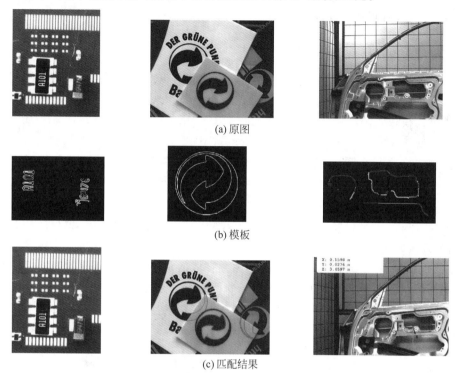

(a)原图

(b)模板

(c)匹配结果

图 10-6 模板匹配示例(第 1 列为正常示例,第 2 列为遮挡示例,第 3 列为变形示例)

对于两类别和多类别匹配问题,未知样本和标准模板的相似性判别方法有所不同。

1. 两类别

设有两个标准样本模板为 A 和 B,其特征向量 $\boldsymbol{X}_A$ 和 $\boldsymbol{X}_B$ 分别包含 n 维特征,写为 $\boldsymbol{X}_A=(x_{A1},x_{A2},\cdots,x_{An})^{\mathrm{T}}$ 和 $\boldsymbol{X}_B=(x_{B1},x_{B2},\cdots,x_{Bn})^{\mathrm{T}}$。任一个待识别的样本 X,其特征向量为 $\boldsymbol{X}=(x_1,x_2,\cdots,x_n)^{\mathrm{T}}$。用模板匹配的方法来识别样本 X 的类别,最简单的方法可以利用距离来判别。若 X 距离 $\boldsymbol{X}_A$ 比距离 $\boldsymbol{X}_B$ 近,则 X 属于 A,否则属于 B,这就是最小距离判别法。任意两点 X、Y 之间的距离 d 为

$$d(X,Y)=\left[\sum_{i=1}^{n}(x_i-y_i)^2\right]^{\frac{1}{2}} \tag{10-5}$$

根据距离远近作为判据,构成距离分类器,其判别法则为

$$\begin{cases}d(X,\boldsymbol{X}_A)<d(X,\boldsymbol{X}_B)\Rightarrow X\in A\\d(X,\boldsymbol{X}_A)>d(X,\boldsymbol{X}_B)\Rightarrow X\in B\end{cases} \tag{10-6}$$

2. 多类别

设有 M 类 $\omega_1,\omega_2,\cdots,\omega_M$ 样本,每类由若干样本向量构成。例如,ω_i 类的样本为 $\boldsymbol{X}_i=(x_{i1},x_{i2},\cdots,x_{in})^{\mathrm{T}}$。对于任意待识别的样本 X,其特征向量为 $\boldsymbol{X}=(x_1,x_2,\cdots,x_n)^{\mathrm{T}}$。计算距离 $d(X_i,X)$,若存在某一个 i,使

$$d(X_i, X) < d(X_j, X), \quad j = 1, 2, \cdots, M, i \neq j \tag{10-7}$$

则 $X \in \omega_i$,即样本 X 到 ω_i 类别最近。

判断样本之间的相似性常采用近邻准则。将待分类的样本与标准模板进行比较,与哪个模板匹配程度较好则属于哪个类别。计算模式的相似性的测度有欧氏距离、马氏距离和夹角余弦距离等多种测距算法。

10.3.2 基于 Halcon 的模板匹配

Halcon 是机器视觉应用领域常用的功能强大的图像处理软件,其函数库可以用 C、C++、C♯ 等多种语言访问,并提供大量工业摄像机与图像采集卡接口。Halcon 软件可以实现多种类型的模板匹配,包括基于灰度、形状、组件、相关性、描述符、变形模板和基于点的方式。

为实现快速的模板匹配,Halcon 采用图像金字塔的数据结构。将图像与模板多次缩小2 倍建立的数据结构称为图像金字塔。它将图像从大到小依次向上堆放,每层图像的宽高都比上层减半,形成金字塔形状。四级金字塔结构的示意图如图 10-7(a)所示,四级金字塔的原图像及其模板字符如图 10-7(b)所示。图像金字塔由分辨率连续减半的图像序列组成,在高分辨率的图像中 2×2 区域的像素变为下一级低分辨率图像中的一个像素。可以看出,若寻找模板字符在图像中的位置,从图像金字塔的最高层第 4 层开始搜索可以提高速度。金字塔的层数设置主要取决于试图搜寻的目标。目标的相关结构在图像金字塔的最高层需可以分辨,即在最高层能够匹配到模板目标。在最高层搜索到的匹配结果将直接追踪到图像金字塔的最底层,因此加快了匹配的效率。

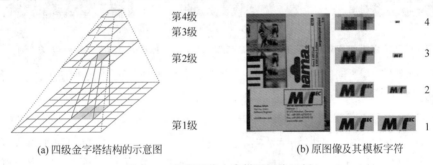

(a) 四级金字塔结构的示意图　　　　　(b) 原图像及其模板字符

图 10-7　四级图像金字塔及图像示例

10.4　应用示例

基于 Halcon 的机器视觉检测在工业生产领域应用广泛,下面以零件尺寸检测和基于模板匹配的字符检测为例,介绍机器视觉检测的具体实现方法及步骤。

10.4.1　零件尺寸检测

下面以金属薄板零件尺寸检测为例,说明机器视觉检测中尺寸测量的方法及步骤。金属薄板零件上孔的尺寸必须在预定的误差范围内,以保证产品质量。金属板上孔的尺寸,以及孔的中心点之间的距离需要实时在线测量。为此,采用漫反射与亮视场照明环境采集图像,同时使摄像机平面与金属板平面相互平行,以避免图像畸变。摄像机在采集图像之前需要使用标定板进行标定,从而得到图像中的被测体在世界坐标系中的坐标,实现精确的尺寸测量。

零件金属薄板的原图及测量结果如图10-8所示。首先提取原图像中金属板区域,然后提取金属板的边缘轮廓,最后通过拟合直线和拟合圆形来计算金属孔洞的尺寸。待测零件如图10-8(a)所示,首先进行图像灰度阈值分割,以提取出零件区域,然后得到该区域的中心坐标和零件的方向。然后采用Canny滤波算法及基于亚像素的边缘提取方法得到零件的边缘,如图10-8(b)所示。使用拟合直线和拟合椭圆的方法分段拟合零件的轮廓线,并将零件的轮廓线分割成单独的连通域,如图10-8(c)所示。然后对分割后的轮廓线进行圆拟合,得到孔洞的半径。在原图中画出拟合的圆形,并利用两点距离公式计算拟合圆的圆心间距。最后在原图中标注孔洞中心的距离及各圆心的坐标,以判断零件尺寸是否符合要求,如图10-8(d)所示。相关金属零件尺寸检测程序详见附录A。

  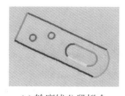 

(a) 原图   (b) 轮廓提取   (c) 轮廓线分段拟合   (d) 尺寸测量结果

图 10-8 零件金属薄板的原图及测量结果

10.4.2 基于模板匹配的字符检测

下面以车牌字符检测为例,说明采用模板匹配进行字符检测的方法及步骤。机器视觉字符检测在工业生产中应用广泛,例如车牌字符识别、电子元件的标识识别、产品包装上字符漏印、缺陷和偏移的检测等。采用模板匹配的方法可以快速检测字符目标。下面以检测车牌中的一个字符为例来说明基于模板匹配的车牌字符检测。首先建立待测字符的模板,然后在图像中的感兴趣区域内搜索,寻找与模板相匹配的字符目标。

车牌字符检测的原图及模板匹配结果如图10-9所示。待识别车牌图像如图10-9(a)所示,首先建立待测字符的模板。通过建立长方形区域,并与原始图像相减的方法得到车牌中待测字符图像。然后将其创建为模板,并设置图像金字塔层数为5,模板图像如图10-9(b)所示。建立模板以后,读入待测图像,并在图像上生成感兴趣区域,即包含车牌的方框区域。感兴趣区域如图10-9(c)所示。然后在该区域内按图像金字塔进行模板匹配,得到最佳匹配

(a) 原图   (b) 模板   (c) 感兴趣区域   (d) 检测结果

图 10-9 车牌字符检测的原图及模板匹配结果

位置的坐标值及灰度误差。最后,在图像中显示匹配结果,并给出匹配目标字符的位置,如图 10-9(d)所示。相关车牌字符检测程序详见附录 B。字符识别还有很多其他方法,基于模板匹配的字符识别具有搜索快速而准确的特点,可以快速定位目标。

10.5　本章小结

本章介绍了机器视觉及机器视觉检测系统,简要介绍了图像采集系统的光学系统参数、光源及照明方式、摄像器件与镜头等,并介绍了图像处理系统及模板匹配技术,最后以零件尺寸检测和模板匹配字符检测为例介绍了机器视觉的应用。通过学习,应该掌握以下内容:机器视觉、机器视觉检测系统的组成、图像采集系统的组成、图像处理系统、模板匹配方法等。

习题 10

利用 Halcon 软件实现简单的模板匹配。编写程序,采用基于灰度的模板匹配对图 10-10 中的水果柠檬进行搜索匹配。

图 10-10　模板匹配水果柠檬图像

第 11 章

CHAPTER 11

生物识别及传感技术

本章要点:

◇ 生物识别技术及其类型;

◇ 指纹传感器的原理与分类,光学指纹传感器,半导体指纹传感器;

◇ 指纹识别系统,指纹识别的原理,指纹识别步骤。

生物识别(biometric recognition)及传感技术是智能检测领域重要的应用技术之一。随着人工智能、智能终端设备与移动互联网的快速发展,生物识别在互联网金融、信息安全、电子政务、社会安全等领域的应用日益普遍,并推进了其与传感器技术、人工智能、物联网和云计算等技术的深度融合。根据国际生物识别小组(international biometric group,IBG)统计,指纹识别在不同生理特征和行为特征的应用中占有率最高。

本章以指纹传感及识别技术为例,介绍生物识别及传感技术的原理及实现方法,包括指纹传感器、指纹识别系统(fingerprint identification system)及应用示例等。

11.1 生物识别技术

生物识别技术指利用指纹、人脸、虹膜、静脉和声纹等人体固有的生理特征及行为特征,通过生物传感器采集数据,利用计算机、光学及声学分析等科技手段对个体身份进行鉴定的技术,具有识别准确和快速的特点。生物识别技术包括指纹识别、虹膜识别、脸像识别、掌纹识别、声音识别、签名识别、手形识别、步态识别及多种生物特征融合识别等。生物识别技术以提取生物特征进行比对及识别为目的,采用的生物特征需要具有唯一性。生物识别系统包括采集信息的传感器部分、图像预处理、特征提取、特征匹配和输出显示等部分。

虹膜识别通过虹膜的形态、生理、颜色和总体外观等特征进行识别。虹膜是眼球壁中层的扁圆形环状薄膜,中央有瞳孔。虹膜因含色素的多少和分布的不同而颜色各异。虹膜识别包括采集虹膜图像、图像预处理、图像特征提取与编码、特征匹配等。掌纹识别利用手掌的多种特征,如手掌主线、皱纹、细小的纹理、脊末梢和分叉点等进行身份识别。签名笔迹识别可采用多通道二维 Gabor 滤波器提取十六维纹理特征,以及字符图像中心距导出笔迹特征,然后采用神经网络实现。步态识别常用基于霍夫变换的步态特征提取,从腿部的运动进行身份识别。对图像局部应用霍夫变换可以检测到大腿和小腿的直线,从而得到大腿和小腿的倾斜角及其变化。人脸识别常采用特征识别的机器学习方法或深度学习方法实现。人脸几何特征是以脸部形状和几何关系为基础的特征,包括几何特征曲率和面部几何特征点。几何特征曲率指人脸的轮廓线曲率。面部几何特征点包括眼睛、鼻子、嘴巴等各个器官,以及它们之间的相对位置和距离。人脸的代数特征是将人脸图像用特定的变换方法,如奇异值变换或小波变换等,投影在降维子空间形成的特征。指纹识别由于具有每个指纹均不相同及指纹形态终身不变的特点,从古至今广泛用于身份识别鉴定。指纹识别系统以性能可靠、使用便捷等优点在生物识别领域得到了广泛的应用,如刑侦系统和海关等大规模人群身份鉴别、涉密系统安全防范、网络及数据文件安全控制、金融领域身份认证、门禁和电子设备登录认证等。

常用生物识别技术的性能对比如表 11-1 所示。随着传感技术、计算机技术和生物识别技术的不断发展,每种生物识别技术的各方面性能也在不断提高。

表 11-1　常用生物识别技术的性能对比

类　　型	唯　一　性	不　变　性	可　采　集　性	防　欺　骗　性	识　别　性　能
虹膜识别	高	高	低	高	高
视网膜识别	高	中	低	高	高
指纹识别	高	高	中	高	高
面部识别	低	中	高	低	中
掌纹识别	中	中	中	高	中
签名识别	低	低	高	低	中
声音识别	低	低	中	低	中

11.2　指纹传感器

指纹传感器获取被测对象的图像信息后,将采集的图像经过图像预处理与特征提取,通过指纹匹配方法实现指纹识别。指纹传感器也称为指纹采集器,获取高分辨率、高对比度和低畸变的指纹图像是实现指纹快速、准确识别的前提。指纹传感器要求分辨率高、体积小、便携、性能可靠、功耗低、寿命长、防伪性高及价格低等。指纹传感器主要有光学式指纹传感器、半导体指纹传感器、超声波及射频指纹传感器等。

11.2.1　指纹传感器采集指纹的原理

指纹传感器采集指纹的原理是根据指纹的"脊"与"谷"的几何特性、物理特性和生物特性的不同而得到不同的反馈信号,然后根据反馈信号的量值绘成指纹图像。指纹的"脊"是指纹纹理中凸起的部分,"谷"是凹陷的部分。指纹的几何特性是指"脊"的凸起和"谷"的凹陷在空间上的分布,以及指纹"脊"与"脊"的相交、相连、分开表现的几何图案。指纹的物理特性是指"脊"和"谷"对指纹接触面的压力,以及对波的阻抗均不相同的特性。指纹的生物特性是指"脊"和"谷"的导电性、与空气之间的介电常数和温度等均不相同的特性。

指纹传感器采集指纹时一般经过"感知手指"、"图像拍照"和"质量判断与自动调整"三个过程。在无手指接触时,采集设备处于休眠状态以减小功耗。当手指接触到采集设备时,传感器切换到工作状态。有些指纹传感器还可以检测手指的活体特性,如出汗、血液流动和导电性等。"图像拍照"是指纹采集的关键步骤。指纹传感器以每秒几十帧甚至几百帧的速度来产生指纹图像。主动式采集通过器件内部的控制电路发出探测信号,如光、射频(RF)和超声波等,然后根据"脊"与"谷"对探测信号的反馈值形成指纹图像。感应式采集根据感应到的"脊"与"谷"形成信号的大小来绘制指纹图像。对每次形成的指纹图像,采集器内部的控制系统会判断图像质量是否达到预定要求。半导体指纹传感器还可通过自动增益电路,增加探测信号或感应信号的强度,以达到理想的图像效果。部分半导体指纹传感器可以针对干湿手指作自动适应。根据采集面的形状不同,指纹传感器分为方形与线形两种。线形滑动式(sweep)指纹传感器的宽度为 5mm 左右,面积为手指的 1/5。滑动式指纹采集过程如图 11-1 所示。采集时手指划过采集器表面,滑动式指纹传感器对采集到的每块指纹图像进行拼接,以形成完整的指纹图像。

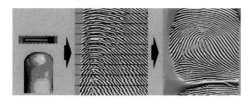

图 11-1 滑动式指纹采集过程

11.2.2 光学指纹传感器

光学指纹传感器以其坚固耐用、采集图像质量好、使用方便和价格低廉等优点,在指纹识别系统中应用广泛。光学指纹传感器在使用寿命、耐磨损能力和抗静电干扰等方面也优于其他指纹传感器。

1. 光学指纹传感器的工作原理

光学指纹传感器依据光的全内反射原理进行指纹采集,其示意图如图 11-2 所示。光照射到压有指纹的玻璃表面,经反射后由 CCD 获得。反射光量与指纹"脊"和"谷"的深度以及皮肤表面的油脂和水分有关。入射到指纹"谷"处的光线发生全反射,而入射到"脊"处的光线被吸收或漫反射。因此,反射光到达 CCD 后形成了指纹图像。

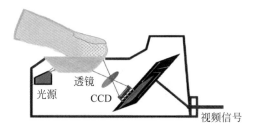

图 11-2 光学指纹传感器示意图

光学指纹传感器的典型尺寸为 120mm×64mm×60mm,与半导体指纹传感器相比体积较大。光学指纹传感器的优点如下。

(1) 对温度等环境因素的适应能力强,稳定可靠,产品较成熟。

(2) 耐用性好,寿命长,抗静电强度高。

(3) 图像的灰度层次丰富,分辨率高,可彩色成像。

(4) 获得较大尺寸指纹图像的成本较低。

光学指纹传感器的缺点如下。

(1) 受光路限制,无畸变型采集器尺寸较大。

(2) 在采集窗口的玻璃表面易有指印痕迹遗留,降低了指纹图像的质量。

(3) 当手指过于干燥或潮湿时,响应较差。

多光谱指纹传感器采用多光谱 LED 阵列,并采集不同波长的光照射在指纹上形成的图像。由于活体手指皮肤的化学成分和多层结构会影响其光学吸收和散射特性,通过光谱检测不同手指的皮肤构造,可以解决假手指的欺骗问题。

利用全息透镜制成的波导全息指纹传感器可以得到高分辨率、高对比度的指纹图像。波导全息指纹传感器采用氦氖激光器或其他平行光作为光源,聚合物分散液晶(polymer dispersed liquid crystal,PDLC)全息透镜放在波导板的一个侧面。激光器的出射光经准直扩束,以平行光垂直于波导板的另一个侧面入射后,在波导板的上表面发生全内反射。由于手指放在波导板的上表面,携带指纹纹线信息的光束在波导板内继续传输,到达全息透镜。该光束作为全息透镜的再现光束,其入射方向为记录时参考光的共轭方向。经全息透镜衍射后,光束会聚入射到 CMOS 图像传感器,实现指纹图像采集。大多数指纹传感器的分辨率为 $50\mu m$,而波导全息指纹传感器的图像分辨率可达 $30\mu m$,其采集的指纹图像更清晰。

2. 指纹图像的对比度与消逝波的穿透深度

指纹图像的对比度是图像中最亮和最暗像素之间的亮度层级,常用图像灰度方差进行衡量。指纹图像的对比度越大,则图像的特征越明显,越有利于指纹图像处理和识别。当指纹传感器采集过于干燥或潮湿的手指,或皮肤表面存在油脂和污垢的手指时,指纹图像的质量将受到影响,导致图像的对比度较低。当手指过于干燥时,光学指纹传感器易采集到全白的图像,而当手指过于潮湿时,易得到全黑的图像。造成这些现象的原因与消逝波(evanescent wave)的穿透深度有关。

在界面附近的空气薄膜中存在一种非常短距离的电磁场扰动,称为消逝波。消逝波的纵向特性为其场强随着纵向距离的增大呈指数衰减。当光发生全内反射时,入射波在分界面附近靠近波导一侧的电磁场被放大。所以,光波的全内反射有利于指纹图像采集。消逝波的穿透深度为

$$t = \frac{\lambda}{2\pi\sqrt{\sin^2\theta - (n_2/n_1)^2}} \tag{11-1}$$

式中,λ 是波长;θ 是入射角度;n_1 和 n_2 是相邻两介质的折射率。

例如,当光源波长 $\lambda = 632.8nm$,$n_1 = 1.4$,$n_2 = 1$,$\theta = 56°$ 时,消逝波的穿透深度为 $t \approx 242nm$。而当 $\theta = 60°$ 时,消逝波的穿透深度为 $t \approx 209nm$。当手指按压在波导板上,由于指纹上"脊"和"谷"的存在,波导板和手指之间形成一层厚度不均的空气薄膜。其中,波导板为传输电磁波的介质,在光学指纹采集器中波导板为玻璃板。由全内反射的理论原理可知,如果空气薄膜的厚度小于消逝波的穿透深度,全内反射的条件将被破坏。此时,消逝波将耦合到第三种介质中,即耦合到手指中。

对于正常手指,其纹线的深度一般在 0.2~0.3mm。所以,在指纹"谷"处,空气薄膜厚度大于穿透深度 t,满足全内反射条件,形成指纹图像中的亮部区域。消逝波在空气中沿着分界面传播古斯-汉欣距离后,在波导中继续传输,其能量没有辐射出去。在指纹"脊"处,空气薄膜的厚度小于 t,不满足全内反射条件,导致光能量耦合到手指皮肤并被吸收和散射,

形成指纹图像中的暗部区域。这样,指纹的纹线结构便通过反射光波清晰地反映出来。

当手指过于潮湿时或含有油污时,指纹"谷"处的空气薄膜厚度小于消逝波的穿透深度 t,光透射到手指,从而采集到全黑的图像。当手指过于干燥时,手指皮肤不能完全贴合波导板,此时,指纹"脊"处的空气薄膜厚度大于 t,光发生全内反射,从而采集到全白的图像。因此,指纹采集时应避免手指过于干燥或潮湿,以及皮肤表面存在油脂和污垢等情况。

11.2.3 半导体指纹传感器

半导体指纹传感器主要分为电容式指纹传感器、热敏式指纹传感器和压敏式指纹传感器等。半导体指纹传感器具有体积小、功耗低、易于集成等优点,应用较广泛。

1. 电容式指纹传感器

电容式指纹传感器根据指纹"脊"和"谷"与半导体电容传感器阵列之间的电容值不同,来判断"脊"和"谷"的位置。电容式指纹传感器的原理图如图 11-3(a)所示,其实物图如图 11-3(b)所示。电容式传感器的外表面是绝缘材料,内部可集成大约 100 000 个电容传感器。当手指放在电容传感器上面时,皮肤组成电容器极板的一极。在工作过程中,首先对每个像素点上的电容器充电,直至达到某一参考电压。当手指接触到指纹采集面上时,指纹"脊"和"谷"处的皮肤和电容器极板阵列之间将产生不同的电容值。所以,各个电容器的放电率不同,从而可以探测到"脊"和"谷"的位置并形成指纹图像。

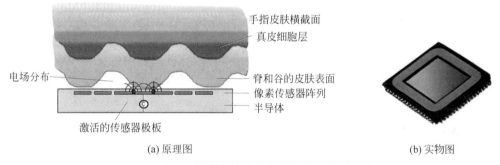

(a) 原理图 (b) 实物图

图 11-3 电容式指纹传感器的原理图及实物图

电容式指纹传感器可集成自动增益控制(automatic gain control,AGC),即在不同环境下自动调节像素的灵敏度,从而提高指纹图像质量。

电容式指纹传感器的优点如下。

(1) 体积小、功耗低、便于集成到现有设备中。

(2) 图像几何失真度小,干手指成像效果好。

(3) 产品一致性好,成本低。

电容式指纹传感器的缺点如下。

(1) 较易受静电的干扰。

(2) 传感器表面涂层的耐磨性影响其使用寿命。

(3) 可靠性欠佳,湿手指及手指磨损时采集效果不佳。

2. 热敏式指纹传感器

热敏式指纹传感器通过半导体热敏材料感应指纹"脊"和"谷"的不同温度来获得指纹图像。半导体热敏材料对温度的变化非常敏感。当指纹的"脊"接触到微小的热敏单元时,热敏单元的温度增高,其电阻值随之改变,导致电压值变化。热敏式指纹传感器一般为窄条线状结构。当手指在热敏传感器表面滑动时,各对应热敏传感单元由于所受温度不同生成相应电信号。热敏式指纹传感器输出图像帧的序列,需要用图像拼接算法拼接成一幅完整的指纹图像。

热敏式指纹传感器的优点如下。

(1) 体积小、成本低、适合于移动设备。

(2) 由于表面涂覆了导电钛膜,热敏式指纹传感器的抗静电能力与耐磨损能力较强。

(3) 滑动工作方式解决了指纹残留问题。

热敏式指纹传感器的缺点如下。

(1) 由于输出的完整指纹图像是经拼接后生成,其几何失真较大。

(2) 图像质量易受手指皮肤上污垢和油脂的影响。

(3) 图像的分辨率低。

3. 压敏式指纹传感器

压敏式指纹传感器利用半导体压敏材料对指纹的凹凸承受的压力不同来采集指纹。压敏式指纹传感器的表面是具有弹性的压感介质材料,其上面布满微小的压敏单元。指纹"脊"的凸起对压敏单元形成压力,使压敏单元变形,导致其电阻值发生变化。各个压敏单元不同的电压值形成相应的指纹"脊"与"谷"的图像。

压敏式指纹传感器的优点如下。

(1) 湿手指的采集图像质量好。

(2) 传感器厚度薄,采集面积较大,便于指纹的采集和比对。

(3) 功耗与成本较低,易于集成到各类应用产品。

压敏式指纹传感器的缺点如下。

(1) 对于皮肤较娇嫩的手指,采集的图像不够清晰。

(2) 图像分辨率较低。

(3) 图像灰度级别较低。

11.2.4 超声波及射频指纹传感器

超声波指纹传感器采用超声波扫描指纹表面,并由超声波接收器获取反射信号实现指纹采集。由于指纹"脊"和"谷"的深浅不同,其声阻抗也不同,导致反射信号的能量不同。测量反射信号的能量可以获得指纹的灰度图像。皮肤上的污垢和油脂对超声波成像影响不大,所以,采集的图像是实际"脊"和"谷"的真实反映。

超声波指纹传感器的优点如下。

(1) 采集面积大,图像清晰度最高。

(2) 不受手指皮肤上污垢和油脂及干手指和湿手指的影响,成像能力好。

(3) 对温度等环境因素的适应能力强。

超声波指纹传感器的缺点主要包括设备体积大、成本高及使用寿命不稳定等。

射频指纹传感器通过发射微量射频信号穿透手指表皮层来探测手指里层的纹路。手指"脊"和"谷"对射频信号产生不同反馈,所以,根据接收端回传信号的相位差别可识别指纹纹理。射频指纹传感器的温度适应性好,适合极寒或极热地区。对干手指、湿手指等采集困难的手指通过率可高达99.5%。射频指纹传感器只对人的真皮层有反应,因此其防伪能力强。由于需要主动发射信号,射频指纹传感器的功耗和成本较高。

11.3 指纹识别系统

11.3.1 指纹识别的原理

指纹识别的原理主要是基于指纹特征的唯一性和永久性,将采集到的指纹图像预处理后进行指纹特征提取,然后通过指纹特征匹配方法实现指纹识别。

指纹特征一般分为全局特征和局部特征两种。指纹的"脊"和"谷"形成了手指表面凹凸不平的纹线,这些近乎平行的纹线形成了指纹的模式,称为指纹的全局特征(global characteristics),也称为纹形(pattern)。指纹图像中能够体现纹形特征的区域称为模式区。指纹的纹形一般分为六种,包括双箕形(double loop)、旋涡形(whorl)、左箕形(left loop)、右箕形(right loop)、拱形(arch)和帐篷形(tent)。

指纹的纹线并非绝对平行,而是在纹线之间呈现出一些端点、分叉等局部特点,这称为指纹的局部特征(local characteristics)。局部特征包括端点(ending)、分叉点(bifurcation)、环(enclosure)、短纹(short bidge)、点或岛(dot or island)、鞭型(whip)和桥型(bridge)等类型。其中,最重要的两个局部特征是端点和分叉点。它们出现的概率最多,分别为60.6%和22.6%。其他的特征点也可以用端点和分叉点的组合来表示。所以,通常将端点和分叉点称为指纹识别系统的特征点(minutiae)。指纹的中心点(fingerprint core)代表指纹的中心位置,位于凹形纹线的最大曲率处。指纹的中心点在指纹匹配中可用来对指纹进行定位。指纹的特征点如图11-4所示,图中黑色部分是指纹"脊"的纹线,白色为指纹"谷"的纹线。

指纹特征点的分布决定了指纹的唯一性。将输入指纹图像的特征点分布和模板指纹进行匹配,就可以识别两枚指纹的异同。所以,指纹特征点匹配是指纹识别系统的核心部分。指纹特征点可以用类型、水平位置(x)、垂直位置(y)、方向、曲率和质量等六个要素来描述,其中,前四个参数为指纹识别系统中常用的参数。指纹特征点的类型是指该特征点属于端点还是分叉点。特征点的位置指在直角坐标系下该特

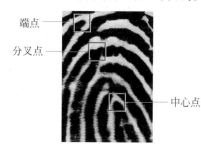

图11-4 指纹的特征点

征点所在像素点的坐标。方向是指该特征点处纹线的走向,用纹线的切向与x轴坐标的夹角表示。曲率描述在特征点位置处纹线方向改变的速度。质量也称为特征点的噪声,通常定义为特征点位置处沿法线方向的灰度分量值。

11.3.2 指纹识别的步骤

指纹识别系统一般包括指纹采集、指纹图像预处理、指纹特征提取和指纹匹配等顺序执行的步骤,如图11-5所示。下面简要介绍指纹识别系统中主要的处理步骤。

指纹采集是指纹传感器获取指纹并转换成数字图像的过程。指纹图像通常为256级灰度图像。图像的分辨率为单位长度内的像素点数,一般用每英寸的点数(Dots Per Inch,DPI)表示,其取值范围一般为250~800。图像的分辨率也常用节距(pitch)来衡量。节距是

图 11-5　指纹识别系统的处理步骤

指相邻像素点之间的距离。DPI 和 pitch 之间的关系为 DPI＝25.4/pitch，其中，pitch 的单位为 mm。例如，若分辨率为 500DPI，则节距为 $50\mu m$。为满足 AFIS 分析指纹"脊"和"谷"的精度要求，指纹传感器的图像分辨率要求至少为 500DPI。指纹图像的尺寸范围一般为 $0.5\text{inch}\times0.5\text{inch}\sim1.25\text{inch}\times1.25\text{inch}$。

指纹图像预处理的目的是去除指纹图像的噪声，一般包括图像增强、二值化和细化等步骤。手指的污垢、疤痕、褶皱、干燥、潮湿和脱皮等，都会带来图像噪声。图像增强可以使图像更清晰，增强"脊"和"谷"的对比度。图像增强算法利用了"脊"线局部平行的性质。假设沿"脊"线垂直方向的灰度变化呈正弦波形，通过方向图提供的局部"脊"线方向，可以设计各种具有方向选择性的滤波器进行滤波，从而增强确定方向上的"脊"线。图像二值化是将灰度图像转换为黑白二值图像的过程，其有利于后续的图像处理。图像细化是将纹线的宽度降为单个像素的宽度，以得到纹线的骨架图像。图像细化清晰了纹线的形态，有利于指纹特征点提取。

指纹特征点提取是对指纹的局部特征进行选择和编码，形成二进制数据的过程。特征点的提取一般采用八邻域法对二值化及细化后的图像抽取特征点。这种方法将"脊"线上像素点的灰度值用"1"表示，"谷"（背景）上像素点的灰度值用"0"表示，并将待测点的八邻域点进行循环比较。若"0""1"变化达到六次，则此待测点为分叉点；若变化两次，则该待测点为端点。通过这个过程可以得到指纹的所有特征点。

指纹匹配是指纹特征点的比对过程，即将当前取得的指纹特征点集合与事先存储的指纹特征点模板进行匹配。首先选取一定数量的对准参考点进行指纹定位，然后将输入指纹和模板指纹中的特征点相对于参考特征点进行坐标变换。按照递增顺序排列两幅指纹图像中的特征点，构成两个特征点序列的集合。然后将输入指纹中的特征点与模板指纹中的特征点逐一比对。在特征点的类型和方向一致的情况下，比对该特征点相对于所在指纹中的核心点或者对准参考点的距离。如果这个距离小于某个事先设定的阈值，则认为这是一对匹配的特征点。以此类推，当指纹的所有特征点都筛选之后，指纹特征点的匹配情况可以求得。一个质量较好的指纹图像约有 40～150 个特征点，一般有 10～20 个特征点匹配就可以说明两个指纹相同。

11.4　应用示例

下面介绍一个实时指纹识别系统，其功能是对活体指纹进行实时采集与验证。该系统包括指纹采集，图像预处理，特征点提取和特征点匹配等步骤。指纹库中存储了若干枚指纹的图像。输入的指纹图像和指纹库中的指纹图像进行比对后，系统给出是否成功匹配的识别结果。若匹配成功，表明两枚指纹来自同一个手指。

系统采用半导体电容指纹传感器来采集指纹，其图像分辨率为 500DPI。指纹图像采集和匹配软件在 VC++编程环境下利用 DirectX 控件实现。采集指纹时,图像采集程序实时显示指纹图像。建立待匹配指纹库的过程也称为指纹登记。模板指纹库包含事先采集的 1100 幅指纹图像。指纹图像均为 256×300 像素的灰度图像,采集自 100 个不同的手指,其中,每个手指采集 11 幅图像。然后输入待测指纹,进行指纹匹配。实时指纹识别系统程序界面如图 11-6 所示,左侧为模板指纹,右侧为输入指纹。界面分别有特征点提取 Extract、旋转待测指纹 Extract Rotation 和特征点匹配 Verify 等按钮。指纹特征点提取结果如图 11-7 所示,图中细线为指纹的纹线;圆圈标识是纹线的端点;方框标识是纹线的分叉点。系统实时显示两枚指纹中检测出的特征点个数与匹配结果。左图模板指纹图像中共检测出 22 个特征点,右图输入指纹图像中共检测出 23 个特征点。指纹匹配的结果为匹配分值 Score 达到 5526,大于设定的阈值 1000。所以,两枚指纹匹配成功,即两枚指纹来自同一手指。

　　指纹识别系统的性能评估指标主要包括误识率(false accept rate,FAR)、拒识率(false reject rate,FRR)和匹配时间等。误识率指不属于同一手指的指纹被错误地匹配成功的次数与所有比对次数的比值,是系统安全度的测量指标。拒识率指属于同一手指的指纹被错误地判为不属于同一人的次数与所有比对次数的比值,是系统易用性的测量指标。误识率与拒识率互相关联,提高系统的易用性将降低其安全性。误识率和拒识率可以针对不同的应用场合,通过合理设置匹配算法中的阈值进行调整。本例实时指纹识别系统的性能较好,拒识率为 6.8%,误识率为 0,平均匹配时间为 0.1s。

 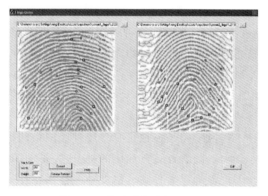

图 11-6　指纹匹配界面图　　　　　　　　图 11-7　指纹特征点提取结果

11.5　本章小结

　　本章简述了生物识别技术的类型,对指纹传感及识别技术进行了详细介绍。比较了各种指纹传感器的工作原理与性能,简要介绍了指纹识别的原理、识别系统的构成、指纹图像预处理、指纹特征点提取和指纹匹配等步骤,并给出了实时指纹识别系统应用示例。通过学习,应该掌握以下内容:生物识别,指纹传感器的主要类型及原理,指纹识别原理,指纹识别系统的处理步骤。

第 12 章

CHAPTER 12

神经网络与深度学习及其应用

本章要点：

◇ 神经网络与深度学习的发展；

◇ 神经网络基本原理；

◇ 神经网络模型；

◇ 深度学习模型及应用；

◇ 神经网络的应用示例。

神经网络(neural network)和深度学习(deep learning)是实现智能检测的重要方法，它们可以对传感器的测量数据进行分析、处理与判断。人工神经网络(artificial neural networks,ANN)简称神经网络，是模拟人类大脑神经元联结网络进行决策判断的人工智能技术。目前飞速发展的深度学习技术、各种层出不穷的卷积神经网络模型是在神经网络的基础上发展而来。神经网络在智能检测领域应用广泛，在数据预测、产品检测与识别、模糊控制等领域性能较好，具有智能化、性能可靠、数据处理速度快、精度较高、简便和易于实现等优点。

深度学习是一种具有多层神经网络的机器学习方法，能够模拟人脑部分功能进行分析与学习。随着计算机性能的提升，大量训练数据的可获得和深度学习模型的不断优化，深度学习的性能显著提高。深度学习技术在计算机视觉、汽车自动驾驶、自然语言处理、医学图像分析等很多领域应用日益广泛。深度学习在识别准确率和运算速度等方面具有优势，它的某些性能已经超过人类。

神经网络经过几十年的发展，经历了几个重要的发展阶段。第一阶段为启蒙期，始于1943 年。心理学家 W. S. McCulloch 和数理逻辑学家 W. Pitts 提出形式神经元的数学模型，即 M-P 模型。第二阶段为低潮期，始于 1969 年。Marvin Minsky 出版的《感知器》指出了神经网络的局限性。第三阶段为复兴期，1982—1986 年。Hopfield 的两篇论文提出新的神经网络模型，即 Hopfield 模型；D. E. Rumelhart 和 McClelland 出版《并行分布处理：认知微结构的探索》，提出反向传播算法。P. J. Werbos 在其论文中首次描述了反向传播学习。第四阶段为平稳期，1987—2005 年。神经网络广泛应用于模式识别、信号处理、智能控制、计算机视觉和生物医学工程等诸多领域。第五阶段为爆发期，从 2006 年至今。2006年，加拿大 Geoffrey Hinton 等提出具有多隐层的深度置信网络模型，它可使用贪婪逐层预训练策略有效地训练，从而开启了深度神经网络的研究热潮。LeCun 等提出 LeNet 模型，其作为卷积神经网络的雏形被应用于手写体识别。2012 年,Hinton 等提出 AlexNet 模型,其应用于 ImageNet 图像识别大赛并达到非常高的精确度,随后出现了大量用于不同研究领域的卷积神经网络模型。无监督学习技术、深度模型在小数据集的泛化性能以及自动机器学习(automatic machine learning,AutoML)逐渐受到人们关注。目前,深度学习技术已广泛应用于无人驾驶、智能监控、机器人、医疗和虚拟现实等领域,成为科学研究及工业应用的热点。

下面简要介绍神经网络的基本原理、神经网络模型、深度学习模型及其应用,并给出神经网络的应用示例。

12.1 神经网络的基本原理

神经网络模拟人脑神经细胞的工作特点,即各单元间的广泛连接、并行分布式的信息存贮与处理,以及自适应的学习能力等。这种工作方式与按串行安排指令的计算机程序的结构截然不同。因此,神经网络具有很多优点,主要包括以下几方面。

(1)具有较强的容错性。

(2)具有很强的自适应学习能力。

(3)可将识别和预处理融为一体。

(4)具有并行工作方式。

(5)对信息采用分布式记忆。

(6)具有鲁棒性。

12.1.1 人工神经元模型

将生物神经元进行简化和模拟,人们可以得到人工神经元的模型。生物神经元的结构示意图如图 12-1 所示,它包括细胞体、树突、轴突和突触等几部分。生物神经元的工作机制如下:处于抑制状态的神经元由树突和细胞体接收传来的兴奋电位;当输入的兴奋总量超过阈值时,神经元被激发,进入兴奋状态;处于兴奋状态的神经元产生输出脉冲,由突触传递给其他神经元。

人工神经元的结构示意图如图 12-2 所示。人工神经元之间的互连是对信息传递路径轴突-突触-树突的简化,其连接的权值表征两个互连的神经元之间相互作用的强弱。图中 $x_1,x_2,\cdots,x_i,\cdots,x_n$ 是神经元的输入量;y_i 是神经元的输出量;f 为输出函数;w_i 是互连强度,也称权值;w_0 是用于比较的阈值。

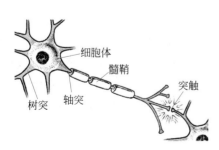

图 12-1 生物神经元的结构示意图

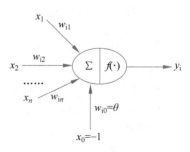

图 12-2 人工神经元的结构示意图

人工神经元用输出与输入之间的关系表征神经元的动作。人工神经元的总输入量为

$$\text{net} = \sum_{i=1}^{n} w_i x_i \quad (x_i, w_i \in R) \tag{12-1}$$

式中，R 表示集合。人工神经元的输出量为

$$y = f(\text{net}) \tag{12-2}$$

输出函数 f 也称激活函数，表示神经元的输出-输入关系，一般为非线性函数。几种常见的输出函数曲线如图 12-3 所示。图中阈值型函数、Sigmoid 函数和分段线性函数的表达式如式(12-3)～式(12-5)所示。

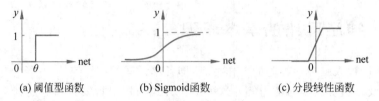

(a) 阈值型函数　　　　(b) Sigmoid函数　　　　(c) 分段线性函数

图 12-3　常见的输出函数曲线

阈值型函数为

$$f(x) = \text{sgn}(x) = \begin{cases} 1, & x \geqslant \theta \\ 0, & x < \theta \end{cases} \tag{12-3}$$

Sigmoid 函数为

$$f(x) = \frac{1}{1 + e^{-ax}} \tag{12-4}$$

分段线性函数为

$$f(t) = \begin{cases} 1, & t \geqslant 1 \\ t, & -1 < t < 1 \\ -1, & t \leqslant -1 \end{cases} \tag{12-5}$$

当激活函数为阈值型函数时，由神经元的总输入量式(12-1)和输出量式(12-2)可得神经元的输出为

$$y = \text{sgn}\left(\sum_{i=1}^{n} w_i x_i - \theta\right) \tag{12-6}$$

设 $\boldsymbol{W} = [w_0, w_1, \cdots, w_i, \cdots, w_n]^{\mathrm{T}}$，$\boldsymbol{X} = [1, x_1, x_2, \cdots, x_i, \cdots, x_n]^{\mathrm{T}}$，$\theta = -w_0$，则式(12-6)可以写为 $y = \text{sgn}(\boldsymbol{W}^{\mathrm{T}} \boldsymbol{X})$ 或 $y = f(\boldsymbol{W}^{\mathrm{T}} \boldsymbol{X})$。

12.1.2　神经网络的学习规则

学习是神经网络最重要的特征之一，其实质是同一个训练集的样本的输入-输出模式反复作用于网络，而网络按照一定的训练规则自动调节神经元之间的连接强度或拓扑结构，使实际输出满足期望的要求或者趋于稳定。神经元之间的互连强度 w_i 也称为权值。神经网络的学习体现为权值的变化和网络结构的变化。下面介绍两种典型的权值修正方法，分别是 Hebb 学习规则和 δ 学习规则。

1. Hebb 学习规则

神经网络的学习算法基本都可以看作 Hebb 学习规则的变形。加拿大生理和心理学家

Donald Hebb 认为,神经网络的学习过程最终发生在神经元之间的突触部位。突触的联结强度随着突触前后神经元的活动而变化,其变化的量与两个神经元的活性之和成正比。如果神经网络中的某一个神经元,与另一个直接与其相连的神经元同时处于兴奋状态,则这两个神经元之间的联结强度将得到加强。

Hebb 学习规则的基本思想是:如果神经元 u_i 接收来自另一个神经元 u_j 的输出,则当这两个神经元同时兴奋时,从 u_j 到 u_i 的权值 w_{ij} 得到加强。相邻层神经元之间的连接示意图如图 12-4 所示。权值的更新表示为

$$w_{ij}(t+1) = w_{ij}(t) + \eta[y_j(t)y_i(t)] \tag{12-7}$$

式中,$w_{ij}(t+1)$ 是修正一次后的某一权值;η 是学习因子,表示学习速率的比例常数;$y_j(t)$ 和 $y_i(t)$ 分别表示 t 时刻第 j 和第 i 神经元的输出。

由图 12-4 可以看出,下一个神经元的输入是前一个神经元的输出。由第 j 神经元的输入 $x_i(t)$ 是第 i 神经元的输出 $y_i(t)$,得到 $y_i(t) = x_i(t)$。将其代入式(12-7),得到权值的修正量为

$$\Delta w_{ij}(t+1) = \eta[y_j(t)x_i(t)] \tag{12-8}$$

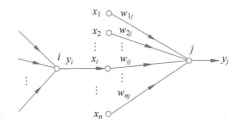

图 12-4 相邻层神经元之间的连接示意图

2. δ 学习规则

δ 学习规则是神经网络的一种误差修正方法,其步骤如下:

(1)选择一组初始权值 w_{ij};

(2)计算某一输入模式对应的实际输出与期望输出的误差;

(3)更新权值,阈值可视为其输入权值恒为 -1,权值的更新如式(12-9)所示。

$$w_{ij}(t+1) = w_{ij}(t) + \eta[d_j - y_j(t)]x_i(t) \tag{12-9}$$

式中,η 为学习因子;d_j 和 $y_j(t)$ 分别为第 j 神经元的期望输出与实际输出;$x_i(t)$ 为第 j 神经元的第 i 个输入。

(4)返回步骤(2),直到对所有训练模式,网络输出均能满足要求,即输出误差小于设定值。

12.2 神经网络模型

神经网络包括前馈网络和反馈网络等类型,其中前馈网络有明显的分层结构,其信息的流向是由输入层到输出层。反馈网络具有相互连接的结构,没有明显层次,且任意两个神经元之间可达,并具有从输出单元到隐层单元或输入单元的反馈连接。

12.2.1　前馈神经网络

前馈网络的各个神经元接收前一级神经元的输入,然后输出到下一级神经元,没有反馈过程。前馈神经网络的示意图如图 12-5 所示,图中的节点分为两类,即输入节点和计算单元。每个计算单元可以有任意多个输入,但只有一个输出。该输出可以作为任意多个其他节点的输入。前馈网络通常分为不同的层,第 i 层的输入只与第 $i-1$ 层的输出相连。一般输入节点为第一层,输入和输出节点由于可与外界相连,称为可见层,其他的中间层称为隐层。

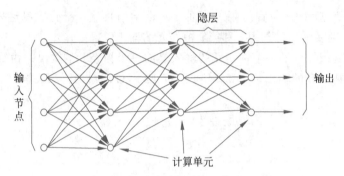

图 12-5　前馈神经网络的示意图

感知器(perceptron)是一种前馈神经网络,适用于简单的分类问题。感知器由美国科学家 F. Rosenblatt 于 1957 年提出,是最早提出的一种神经网络模型,其目的是模拟人脑的感知和学习能力。感知器模型的结构特点包括:具有双层结构,即输入层和输出层;两层单元之间为全互连;连接权值可调;输出层神经元的个数等于类别数。对于两分类问题,输出层为一个神经元。

假设理想的输出为 $\boldsymbol{Y}=[y_1,y_2,\cdots,y_m]^{\mathrm{T}}$,实际的输出为 $\hat{\boldsymbol{Y}}=[\hat{y}_1,\hat{y}_2,\cdots,\hat{y}_m]^{\mathrm{T}}$。其中,$m$ 为输出层节点数目。为了使实际的输出逼近理想的输出,训练集中的向量 $\boldsymbol{X}$ 被反复依次输入到感知器网络,并计算出实际的输出 $\boldsymbol{Y}$。然后对权值根据式(12-10)进行修改。

$$w_{ij}(t+1)=w_{ij}(t)+\Delta w_{ij}(t) \tag{12-10}$$

式中,$\Delta w_{ij}=\eta[y_j-\hat{y}_j]x_i$。

感知器的算法描述如下。

(1) 设置初始权值 $w_{ij}(1)$,其中 $w_{(n+1)j}(1)$ 为第 j 个神经元的阈值。

(2) 输入新的模式向量 $\boldsymbol{X}$。

(3) 计算神经元的实际输出。设第 k 次输入的模式向量为 $\boldsymbol{X}_k$,与第 j 神经元相连的权向量为 $\boldsymbol{W}_j(k)=[w_{1j},\cdots,w_{ij},\cdots,w_{(n+1)j}]^{\mathrm{T}}$,则第 j 神经元的实际输出为

$$y_j(k)=f(\boldsymbol{W}_j^{\mathrm{T}}(k)\boldsymbol{X}_k)\quad 1\ll j\ll m$$

(4) 修正权值。权值修正公式为

$$w_j(k+1)=w_j(k)+\eta[d_j-y_j(k)]x_k$$

式中,d_j 为第 j 神经元的期望输出,表示为

$$d_j=\begin{cases}1, & x_k\in w_j \\ -1, & x_k\notin w_j\end{cases}\quad 1\ll j\ll m$$

(5) 转到步骤(2)。

当全部学习样本都能正确分类时,学习过程结束。

12.2.2 BP 神经网络

BP(back propagation)神经网络是反向传播网络,其主要思想是从后向前逐层传播输出层的误差。BP 神经网络是应用较广泛的神经网络之一,它主要用于数据分类、函数逼近、模式识别和数据压缩等。

BP 神经网络包括输入层、隐层和输出层等多层,每层由若干神经元构成。BP 神经网络包括正向过程和反向传播两个过程。正向过程是指输入信息由输入层经过隐层逐层计算各单元的输出值。反向传播过程是指输出误差逐层从后向前计算隐层各个单元的误差,并用此误差修正前层的权值。在反向传播过程中通常采用梯度下降法来修正权值。因此,要求网络的输出函数可微,通常采用 Sigmoid 函数作为输出函数。

下面简述 BP 神经网络中梯度下降法修正权值的原理。研究处于某一层的第 j 个神经元,第 j 个神经元与其前后层神经元的连接关系如图 12-6 所示。图中下标 i 表示其前层的第 i 个神经元;下标 k 表示其后层的第 k 个神经元;O_j 表示本层第 j 个神经元的输出;w_{ij} 表示前层到本层的权值。

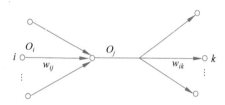

图 12-6　BP 神经网络神经元的连接关系示意图

在正向过程,当输入某个样本时,从前到后对每层各个神经元计算其输入和输出。第 j 个神经元的输入 net_j 和输出 O_j 分别为

$$\text{net}_j = \sum_{i=1}^{n} w_{ij} O_i \tag{12-11}$$

$$O_j = f(\text{net}_j) \tag{12-12}$$

对于输出层,$\hat{y}_j = O_j$ 是实际输出值,而 y_j 是理想输出值。则此样本的误差 E 为

$$E = \frac{1}{2} \sum_j (y_j - \hat{y}_j)^2 \tag{12-13}$$

为了简化表达,定义局部梯度表示为

$$\delta_j = \frac{\partial E}{\partial \text{net}_j} \tag{12-14}$$

考虑权值 w_{ij} 对误差 E 的影响,根据式(12-12)和式(12-14)可得

$$\frac{\partial E}{\partial w_{ij}} = \frac{\partial E}{\partial \text{net}_j} \frac{\partial \text{net}_j}{\partial w_{ij}} = \delta_j O_i \tag{12-15}$$

权值修正应使误差最快地减小,考虑学习因子 η,权值的修正量为

$$\Delta w_{ij} = \eta \delta_j O_i \tag{12-16}$$

所以,权值更新为

$$w_{ij}(t+1) = w_{ij}(t) + \Delta w_{ij}(t) \tag{12-17}$$

如果节点 j 是输出单元,有

$$O_j = \hat{y}_j \tag{12-18}$$

所以

$$\delta_j = \frac{\partial E}{\partial \mathrm{net}_j} = \frac{\partial E}{\partial \hat{y}_j} \frac{\partial \hat{y}_j}{\partial \mathrm{net}_j} = -(y_j - \hat{y}_j) f'(\mathrm{net}_j) \tag{12-19}$$

如果节点 j 不是输出单元,δ_j 对后层的全部节点都有影响。因此,由式(12-11)~式(12-13)可得

$$\delta_j = \frac{\partial E}{\partial \mathrm{net}_j} = \sum_k \frac{\partial E}{\partial \mathrm{net}_k} \frac{\partial \mathrm{net}_k}{\partial O_j} \frac{\partial O_j}{\partial \mathrm{net}_j} = \sum_k \delta_k w_{jk} f'(\mathrm{net}_j) \tag{12-20}$$

对于 Sigmoid 函数 $y = f(x) = \dfrac{1}{1+\mathrm{e}^{-x}}$,$f'(x)$ 为

$$f'(x) = \frac{\mathrm{e}^{-x}}{(1+\mathrm{e}^{-x})^2} = y(1-y) \tag{12-21}$$

所以,得到输出层的 δ_j 为

$$\delta_j = (y - O_j) O_j (1 - O_j) \tag{12-22}$$

而各个隐层的 δ_j 为

$$\delta_j = O_j (1 - O_j) \sum_k \delta_k w_{jk} \tag{12-23}$$

在实际计算时,为了加快收敛速度,往往在权值修正量中加上前一次的权值修正量,称为惯性项,即

$$\Delta w_{ij}(t) = -\eta \delta_j O_i + \alpha \Delta w_{ij}(t-1) \tag{12-24}$$

式中,α 为惯性项系数。由此可见,在输出层中神经元的输出误差反向传播到前面各层,并对各层之间的权值进行修正。

综上所述,反向传播算法的步骤如下。

(1) 选定权值系数的初始值,各个权值一般设为 $(-1,1)$ 分布的随机数。

(2) 重复下述步骤直至收敛(对各个样本依次进行下述计算)。

① 从前向后逐层计算各单元的 O_j:

$$\mathrm{net}_j = \sum_{i=1}^n w_{ij} O_i, \quad O_j = 1/(1+\mathrm{e}^{-\mathrm{net}_j})$$

② 计算输出层的 δ_j:

$$\delta_j = (y - O_j) O_j (1 - O_j)$$

③ 从后向前计算各个隐层的 δ_j:

$$\delta_j = O_j (1 - O_j) \sum_k \delta_k w_{jk}$$

④ 计算并保存各个权值的修正量:

$$\Delta w_{ij}(t) = \alpha \Delta w_{ij}(t-1) - \eta \delta_j O_i$$

⑤ 修正权值:

$$w_{ij}(t+1) = w_{ij}(t) + \Delta w_{ij}(t)$$

循环至误差小于设定值,至此权值确定。

反向传播算法中有两个重要参数 η 和 α。其中,步长 η 对收敛性影响很大,通常可在 $0.1\sim3$ 之间;惯性项系数 α 影响收敛速度,可在 $0.9\sim1$ 之间选择,也可不用惯性项(即 $\alpha=0$),α 也称为平滑因子,可使权值变化更平滑。

输出层与输入层的神经元数目取决于要解决的问题。在模式判别时,输入神经元的个数是特征的维数,而输出单元的数目取决于类别数。隐层节点的数目对分类效果和运算效率具有较大的影响。数目太多则计算复杂度大,数目太少则不能达到很好的分类效果。可以根据经验公式[式(12-25)]选择隐层的节点数目 n_1。

$$n_1 = \sqrt{n+m} + a \tag{12-25}$$

式中,n 为输入节点个数;m 为输出节点个数;a 为 $1\sim10$ 的常数。

BP 神经网络存在的问题主要在于算法收敛速度慢和存在局部极小值问题。局部极小值是指网络全局误差减小缓慢或不变,最终网络收敛的一个局部极小点。导致这一缺陷的主要原因是采用按误差函数梯度下降的方向进行网络校正。适当改进 BP 网络隐含层的单元数目,或者给连接权加上很小的随机数,可以使收敛避开局部极小值。

12.3 深度学习模型

深度学习由神经网络发展而来,属于一种具有多层次网络结构的机器学习。随着计算机技术的发展,具有更深层次结构的神经网络可以成功训练,从而实现更优于传统机器学习的人工智能系统。深度学习中的卷积神经网络模型大幅提高了图像识别的性能,并多次赢得 ImageNet 视觉识别挑战赛。下面介绍两种常用的深度学习模型——卷积神经网络模型和 YOLO(you only look once)模型,并通过应用实例介绍其在智能检测中的应用。

12.3.1 卷积神经网络模型

卷积神经网络(convolutional neural network,CNN)是一种在网络中使用卷积运算代替矩阵乘法运算,并具有多层深度结构的前馈神经网络。LeCun 等最早提出 CNN 模型 LeNet,后续相继有经典 CNN 模型 AlexNet、ResNet、VGGNet 等被提出。CNN 具有局部连接、权值共享、池化操作和多层次结构等特点。局部连接可以提取局部特征;权值共享减少了参数的数量;池化操作对数据进行了降维;而多层次结构可将低层次的局部特征组合为高层次特征。

卷积神经网络主要包含卷积层(alternating convolutional layer)、池化层(pooling layer)和全连接层(full connection layer),其结构示意图如图 12-7 所示。卷积层和池化层交替设置,其中,卷积层由若干卷积单元组成。卷积层的功能是对输入数据进行特征提取,通过使用不同的卷积核来提取图像不同的边界特征。池化层又称为下采样层,它使用池化函数来减少特征图的大小,并减小模型中参数的个数。池化函数使用某一位置的相邻输出的总体统计特征来代替网络在该位置的输出。全连接层的每个节点都与上一层的所有节点相连,从而融合卷积和池化得到的特征。

例如,采用改进 CNN 模型的人体异常行为检测系统可以实时检测广场、医院、地铁等场所发生的人员奔跑、打架等可疑异常行为。当监控视频中出现单人倒地、奔跑和蹲下等行为,以及多人之间推拉和踢踹等行为时,系统将检测到监控图像中的异常行为,并给出预警,

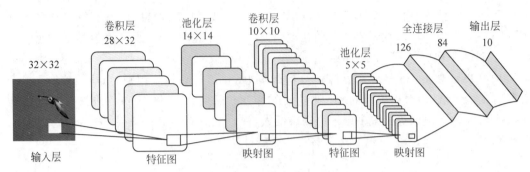

图 12-7 卷积神经网络的结构示意图

以避免不良事件造成人员伤亡。摄像机实时采集监控视频图像，然后视频图像序列被输入训练好的人体异常行为检测网络中进行识别，最终网络给出人体目标所属行为类别及其概率。基于改进 CNN 模型的人体异常行为检测网络具有多通道结构，它综合视频图像序列的运动历史特征图（motion history images，MHI）、红外图像和 RGB 图像，并将三通道的 CNN 网络识别结果进行融合，最终给出判别结果。这种方法可以实现较准确的人体异常行为检测，其准确率达到 97%。人体异常行为检测结果示例图如图 12-8 所示，图中给出了单人蹲下、跑和弯腰，以及两人推、踢和握手等行为的检测和识别结果。

图 12-8 人体异常行为检测结果示例图

12.3.2 YOLO 模型

YOLO 模型由美国 Joseph Redmon 等于 2015 年提出，是一个端到端的单阶段图像检测模型。YOLO 模型的检测速度和 CNN 相比有很大提高。YOLO 名称的含义是只需要浏览一次就可以给出图中物体的类别和位置。YOLO 模型经过不断改进，先后出现了一系列不同版本。YOLO 系列模型具有检测精度高、速度快、实时性好的特点,其权重文件较小,可以搭载在配置较低的移动设备上。

用于目标检测的深度学习模型可以分为两阶段(two-stage)和单阶段(one-stage)两类。两阶段网络首先检测到可能包含待检物体的预选框区域,再通过卷积神经网络进行分类。常见的两阶段网络有 CNN 系列、SPP-Net 和 R-FCN 等。单阶段网络直接在图像中提取特征并输出目标位置和类别。常见的单阶段网络有 YOLO 系列、SSD 和 RetinaNet 等。

YOLOv3 模型的结构示意图如图 12-9 所示,该网络包括特征提取模块 Darknet-53、多尺度特征检测层和输出层等。Darknet-53 是具有 53 个卷积层的卷积神经网络,它没有池化层,其特征图尺度的压缩通过增大卷积核步长来实现。多尺度特征检测层可以关注不同大小的图像特征。如图 12-9 所示,图中三个特征检测模块分别检测大型目标、中型目标和小型目标。YOLO 网络没有全连接层。多尺度特征检测层分别输出预测值,经逻辑回归得到最佳预测值,最后输出目标的坐标位置、类别及概率。

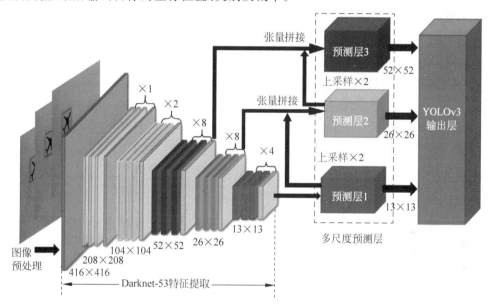

图 12-9 YOLOv3 模型的结构示意图

例如,采用改进 YOLO 模型的空中小目标检测系统可以实现小飞机、无人机和飞鸟等小目标的检测及分类。空中小目标的实时检测及类别判别对空中安防、机场航空安全等具有重要意义。国际组织 SPIE 对小目标相对尺度的定义是在 256×256 的图像中目标面积小于 80 个像素,即目标面积小于图像面积的 0.12% 的目标。目标检测公开数据集 COCO 对小目标绝对尺寸的定义是尺寸小于 32×32 像素的目标。本例空中小目标检测系统的小目标尺寸均小于 15×15 像素。空中小目标检测网络采用改进 YOLOv3 模型,其特征提取骨干网络采用 GhostBottleneck 模块实现,同时引入 SPP 模块进行大小目标的特征融合,并增加 Transformer 模块关注上下文信息。然后,该网络在多尺度预测层增加了一个较大尺寸特征图预测层,并将改进的多尺度预测层外接 Deepsort 算法来实时跟踪空中小目标。空中小目标检测网络经过训练以后,可以对输入的视频图像序列实时给出小目标的位置、所属类别及其概率,精确率达到 98%。空中小目标检测与识别结果如图 12-10 所示。图中方框区域为检测出的小目标,识别类别分别为飞机、无人机和飞鸟。

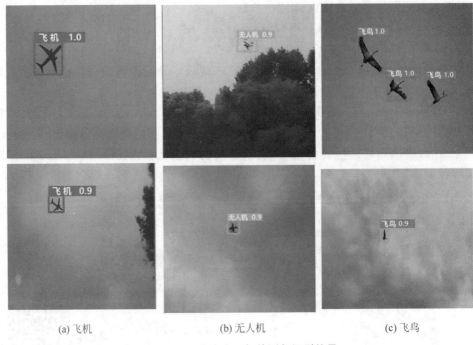

(a) 飞机   (b) 无人机   (c) 飞鸟

图 12-10 空中小目标检测与识别结果

12.4 神经网络的应用示例

神经网络经过样本数据训练以后,对未知输入数据具有较好的预测能力,尤其对于非线性输入-输出关系具有良好的映射。利用神经网络实现样本分类时,首先需要获得样本的特征数据,并对特征数据进行预处理,然后建立神经网络,并利用特征值及目标的类别构建网络的输入向量和目标向量。采用已知样本成功训练神经网络后,神经网络的权值和阈值便已确定。此时,神经网络可以对未知类别样本实现自动分类。增大训练样本数量,以及适当减小有效特征数目可以提高网络的识别准确率。下面以感知器网络蠓虫分类为例,介绍神经网络样本自动分类的实现方法。

例 12-1 考虑蠓虫分类问题。建立感知器网络,对输入样本数据进行分类。以蠓虫的测量数据建立训练数据。输入向量 P 包括 15 个样本,每个样本有两个特征值。目标向量 T 包括 15 个样本的类别,分为"0"和"1"两个类别。训练感知器网络后,实现对输入的未知类别样本 p 的分类。

解:在 MATLAB 环境下,首先以蠓虫的测量数据建立训练数据,包括输入向量和目标向量。输入向量 P 为 2×15 的向量,其每列数据为一个样本的两个特征值。目标向量 T 为 2×15 的向量,分别用 0 和 1 表示 15 个样本的类别。输入向量 P 和目标向量 T 如下所示:

$P=[$ 1.24 1.36 1.38 1.38 1.38 1.4 1.48 1.54 1.56 1.14 1.18 1.2
1.26 1.28 1.3;   1.72 1.74 1.64 1.82 1.9 1.7 1.82 1.82 2.08 1.78
1.96 1.86 2.0 2.0 1.96$]$;

$$T=[1\ 1\ 1\ 1\ 1\ 1\ 1\ 1\ 1\ 0\ 0\ 0\ 0\ 0\ 0]。$$

建立感知器网络的函数语句为 newp(pr,s)。其中,pr 表示输入向量的取值范围;s 表示神经元的数目。所以,有 net=newp([0 3;0 3],1)。其中,net 为感知器网络,样本的两个特征值的范围为 0~3。然后初始化感知器网络,采用 init(net)语句对网络的各个权值与阈值赋初值。

然后,采用循环语句训练感知器网络。当误差达到设定的阈值时,停止训练。训练网络的函数为[net,Y,E]=adapt(net,P,T),其中,Y 为感知器网络的输出向量;net 为感知器网络;E 为误差向量,E=T−Y。经过训练,net 的权值等参数不断更新,直至训练结束。误差由函数语句 sse(E)计算,表示计算 E 的平方和误差。在每次循环中,采用语句 plotpc(net.IW{1},net.b{1})绘制当前感知器网络的分类线。其中,net.IW{1}和 net.b{1}分别为感知器网络的权值和阈值。

待识别的输入样本 p 为 2×3 的向量,其中包含 3 个未知类别的样本,$p=[1.24\ 1.28\ 1.4;1.8\ 1.84\ 2.04]$。采用语句 a=sim(net,p)进行仿真,其中,a 是网络的输出值,即判定的类别。3 个未知类别的输入样本识别为 1 类,对训练数据进行仿真验证,准确率为 100%。最后绘制分类结果及分类线。15 个样本的类别分布用函数 plotpv(P,T)绘制,分别用"。"和"+"表示"0"和"1"两个类别。训练数据的分类结果如图 12-11(a)所示,未知样本的分类结果如图 12-11(b)所示。

MATLAB 程序代码详见附录 C。

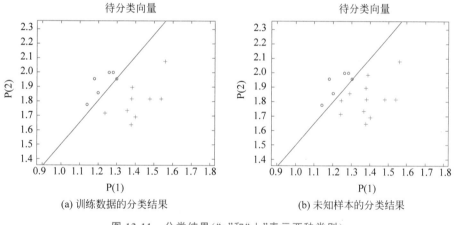

(a) 训练数据的分类结果   (b) 未知样本的分类结果

图 12-11　分类结果("。"和"+"表示两种类别)

12.5　本章小结

本章简述了神经网络和深度学习的发展及其基本原理,介绍了常用的前馈神经网络和 BP 神经网络,简要介绍了深度学习模型 CNN 网络和 YOLO 网络,并给出了神经网络的应用示例。通过学习,应该掌握以下内容:神经网络的基本原理,BP 神经网络的原理,卷积神经网络的结构,神经网络的应用等。

习题 12

已知神经网络的输入向量为 $\boldsymbol{P} = \begin{bmatrix} -1 & -1.5 & 2.5 & 1.5 \\ -1 & 1 & 4 & -2.5 \end{bmatrix}$，目标向量为 $\boldsymbol{T} = [\,0\ 0\ 1\ 1\,]$。 $\boldsymbol{P}$ 中 4 个列向量分别对应 4 个样本，每个样本包含两个特征。$\boldsymbol{T}$ 向量中"0"和"1"代表两个类别。在 MATLAB 环境下编程，构建神经网络，实现对未知样本 $\boldsymbol{p} = \begin{bmatrix} -1.2 \\ -0.8 \end{bmatrix}$ 的分类。

参 考 文 献

[1]　唐文彦.传感器[M].北京：机械工业出版社,2007.

[2]　严钟豪,谭祖根.非电量电测技术[M].北京：机械工业出版社,2018.

[3]　陶红艳,余成波.传感器与现代检测技术[M].北京：清华大学出版社,2014.

[4]　Doebelin E O. Measurement systems application and design [M]. New York：McGraw-Hill, 2004.

[5]　胡向东,唐贤伦,胡蓉.现代检测技术与系统[M].北京：机械工业出版社,2015.

[6]　赵燕.传感器原理及应用 [M].北京：北京大学出版社,2019.

[7]　胡向东.传感器与检测技术[M].北京：机械工业出版社,2015.

[8]　王伟.智能检测技术[M].北京：机械工业出版社,2022.

[9]　李邓化,彭书华,许晓飞.智能检测技术及仪表[M].北京：科学出版社,2012.

[10]　卡斯特恩·斯蒂格.机器视觉算法与应用[M].杨少荣,译.北京：清华大学出版社,2019.

[11]　Goodfellow I,Bengio Y,Courville A. Deep Learning [M].Cambridge：The MIT Press,2016.

[12]　余正涛,郭剑毅,毛存礼.模式识别原理及应用[M].北京：科学出版社,2014.

[13]　周志华.机器学习[M].北京：清华大学出版社,2016.

[14]　周品,赵新芬.MATLAB 数学建模与仿真[M].北京：国防工业出版社,2009.

[15]　Ying J,Zheng J H. Fingerprint sensor using a polymer dispersed liquid crystal holographic lens[J]. Applied Optics,2010,49(25)：4763-4766.

[16]　Ying J,Yuan Y F,Zhang R J,et al. Fingerprint minutiae matching algorithm for real time system [J]. Pattern Recognition,2006,39(1)：143-146.

[17]　Liu C C,Ying J,Yang H M,et al. Improved human action recognition approach based on two-stream convolutional neural network model[J]. Visual Computer,2021,37(6)：1327-1341.

[18]　Ying J,Li H,Yang H M,et al. Small aircraft detection based on feature enhancement and context information[J]. Journal of Aerospace Information Systems,2023,20(3)：140-151.

附　　录

附录 A　金属零件尺寸检测程序

dev_update_off ()

read_image (Image, 'metal-parts/metal-parts-01')

get_image_size (Image, Width, Height) * 获取读入图片的宽和高

dev_close_window () * 关闭活动的图像窗口

dev_open_window (0, 0, Width, Height, 'light gray', WindowID) * 打开一个新的图像窗口

dev_set_part (0, 0, Height-1, Width-1)

dev_set_line_width (3) * 设置输出区域轮廓线的线宽

dev_set_color ('white') * 设置一种或者多种输出颜色

dev_set_draw ('margin')

dev_display (Image)

set_display_font (WindowID, 16, 'mono', 'true', 'false')

stop ()

dev_set_draw ('fill')

threshold (Image, Region, 100, 255) * 阈值分割,Image 是输入图像,Region 是分割后的图像区域

area_center (Region, AreaRegion, RowCenterRegion, ColumnCenterRegion) * 提取 Region 区域的中 * 心点坐标

orientation_region (Region, OrientationRegion) * Region 区域的定向

dev_display (Region) * 显示图片

disp_message (WindowID, 'Center Row: ' + RowCenterRegion $ '.5', 'window', 20, 10, 'white', 'false')

disp_message (WindowID, 'Area: '+AreaRegion + ' pixel', 'window', 20, 300, 'white', 'false')

disp_message (WindowID, 'Center Column: ' + ColumnCenterRegion $ '.5', 'window', 60, 10, 'white', 'false')

disp_message (WindowID, 'Orientation: '+OrientationRegion $ '.3' + ' rad', 'window', 60, 300, 'white', 'false')

dev_set_color ('gray')

disp_cross (WindowID, RowCenterRegion, ColumnCenterRegion, 15, 0)

disp _ arrow (WindowID, RowCenterRegion, ColumnCenterRegion, RowCenterRegion － 60 * sin (OrientationRegion), ColumnCenterRegion ＋ 60 * cos(OrientationRegion), 2) * 在窗口显示箭头 * 图形及箭头的开始坐标和终点坐标

stop ()

edges_sub_pix (Image, Edges, 'canny', 0.6, 30, 70) * 使用 Canny 滤波器精确检测边缘 * step: segment contours 分割轮廓

segment_contours_xld (Edges, ContoursSplit, 'lines_circles', 6, 4, 4) * ContoursSplit 为分割后的 * 轮廓

dev_clear_window ()

```
dev_set_colored (12)
dev_display (ContoursSplit)
stop ()
dev_open_window (0, round (Width/2), (535 − 225) * 2, (395 − 115) * 2, ' black ',
WindowHandleZoom)
dev_set_part (round(115), round(225), round(395), round(535))
set_display_font (WindowHandleZoom, 18, 'mono', 'true', 'false')
* step: fit circles into contours 按照轮廓拟合圆
count_obj (ContoursSplit, NumSegments) * 计算输入区域中连通域的个数
dev_display (Image)
NumCircles := 0
RowsCenterCircle := []
ColumnsCenterCircle := []
disp_message (WindowHandleZoom, 'Circle radii: ', 'window', 120, 230, 'white', 'false')
for i := 1 to NumSegments by 1
    select_obj (ContoursSplit, SingleSegment, i)
    get_contour_global_attrib_xld (SingleSegment, 'cont_approx', Attrib)
    if (Attrib = 1)
        NumCircles := NumCircles + 1
        fit_circle_contour_xld (SingleSegment, 'atukey', −1, 2, 0, 5, 2, Row, Column, Radius,
StartPhi, EndPhi, PointOrder)
        gen_circle_contour_xld (ContCircle, Row, Column, Radius, 0, rad(360), 'positive', 1)
        RowsCenterCircle := [RowsCenterCircle, Row]
        ColumnsCenterCircle := [ColumnsCenterCircle, Column]
        dev_display (ContCircle)
        disp_message (WindowHandleZoom, 'C' + NumCircles, 'window', Row − Radius − 10,
Column, 'white', 'false')
        disp_message (WindowHandleZoom, 'C' + NumCircles + ': Radius = ' + Radius $ '.4',
'window', 275 + NumCircles * 15, 230, 'white', 'false')
    endif
endfor
* step: get distance between circle centers 计算圆心之间的距离
distance_pp (RowsCenterCircle [1], ColumnsCenterCircle [1], RowsCenterCircle [2],
ColumnsCenterCircle[2], Distance_2_3)
disp_line (WindowHandleZoom, RowsCenterCircle[1], ColumnsCenterCircle[1], RowsCenterCircle
[2], ColumnsCenterCircle[2])
disp_message (WindowHandleZoom, 'Distance C2−C3 = ' + Distance_2_3 $ '.4', 'window', 275 +
(NumCircles+3) * 15, 230, 'magenta', 'false')
distance_pp (RowsCenterCircle [0], ColumnsCenterCircle [0], RowsCenterCircle [2],
ColumnsCenterCircle[2], Distance_1_3)
disp_line (WindowHandleZoom, RowsCenterCircle[0], ColumnsCenterCircle[0], RowsCenterCircle
[2], ColumnsCenterCircle[2])
disp_message (WindowHandleZoom, 'Distance C1−C3 = ' + Distance_1_3 $ '.4', 'window', 275 +
(NumCircles+2) * 15, 230, 'yellow', 'false')
distance_pp (RowsCenterCircle [3], ColumnsCenterCircle [3], RowsCenterCircle [4],
```

ColumnsCenterCircle[4], Distance_4_5)

disp_line (WindowHandleZoom, RowsCenterCircle[3], ColumnsCenterCircle[3], RowsCenterCircle[4], ColumnsCenterCircle[4])

disp_message (WindowHandleZoom, 'Distance C4－C5 ＝ ' ＋ Distance_4_5 $ '.4', 'window', 275 ＋ (NumCircles＋4) * 15, 230, 'cyan', 'false')

stop () * 利用两点间距离公式计算拟合好的各圆圆心之间的距离,并在原图中画出距离线段,标注 * 相关参数值

dev_set_window (WindowHandleZoom)

dev_close_window ()

dev_set_part (0, 0, Height－1, Width－1)

dev_update_window ('on')

附录 B　基于模板匹配的车牌字符检测程序

read_image (Image1, 'passat/passat_00') * 读入图像命名为 Image1

gen_rectangle1 (Rectangle, Row－12, Column－8, Row＋12, Column＋8) * 选取待建模板的长方形 * 区域

reduce_domain (Image1Filled, Rectangle, ImageReduced) * 图像相减得到区域 ImageReduced

create_template (ImageReduced, 5, 1, 'none', 'original', TemplateID) * 创建模板,ImageReduced 为 * 输入图像,5 是 FirstError (input_control),1 是最大金字塔层数 Maximal number of pyramid * levels,'none'表示优化参数'original' 是 GrayValues 灰度值种类,默认值为 'original',包括 List of * values: 'original', 'normalized', 'gradient', 'sobel', TemplateID 为输出的模板 ID

read_image (Images, Files)

fill_interlace (Images, ImageFilled, 'odd')

dev_update_pc ('off')

for i := 1 to 40 by 1

　　select_obj (ImageFilled, Image1, i)

　　dev_display (Image1)

　　gen_rectangle1 (RearchRectangle, Row－50, Column－90, Row＋50, Column＋90)

reduce_domain (Image1, RearchRectangle, ImageSearch) * 得到待检测区域 ImageSearch

best_match (ImageSearch, TemplateID, 30, 'false', RowNew, ColumnNew, Error) * 模板匹配搜 * 索,ImageSearch 为输入图像,TemplateID 为模板,30 表示 MaxError, Maximum average difference * of the grayvalues 为最大灰度差; 'false'是亚像素精度 SubPixel,默认为'false',包括 List of values: * 'true', 'false', RowNew 是最佳匹配位置行坐标,Row position of the best match, ColumnNew 是最 * 佳匹配位置列坐标,Column position of the best match, Error 是平均灰度误差, Average divergence * of the gray values of the best match

　　if (Error ＜ 255)

　　　　disp_rectangle1 (WindowID, Row－12, Column－8, Row＋12, Column＋8)

　　　　Row := RowNew

　　　　Column := ColumnNew

　　endif

endfor

clear_template (TemplateID)

附录 C   感知器网络蠓虫分类程序

P=［1.24 1.36 1.38 1.38 1.38 1.4 1.48 1.54 1.56 1.14 1.18 1.2 1.26 1.28 1.3；1.72 1.74 1.64 1.82 1.9 1.7 1.82 1.82 2.08 1.78 1.96 1.86 2.0 2.0 1.96］；% 输入向量

T=［1 1 1 1 1 1 1 1 1 0 0 0 0 0 0］；% 目标向量

plotpv(P,T)；% 绘制输入向量

net=newp(［0 3；0 3］,1)；% 建立一个感知器

watchon；cla；plotpv(P,T)；% 绘制输入向量

linehandle=plotpc(net. IW {1},net. b {1})；% 绘制分类线

E=1；

net=init(net)；% 初始化感知器

linehandle=plotpc(net. IW {1},net. b {1})；

while(sse(E)) % 修正感知器网络

    ［net,Y,E］=adapt(net,P,T)；

    linehandle=plotpc(net. IW {1},net. b {1},linehandle)；

    drawnow；

end；

pause；watchoff；

p=［1.24,1.28,1.4；1.8,1.84,2.04］；% 利用训练好的感知器对未知类别样本进行分类

a=sim(net,p) % 输出仿真结果

plotpv(p,a)；

ThePoint=findobj(gca,'type','line')；set(ThePoint,'Color','red')；

hold on；plotpv(P,T)；

plotpc(net.IW {1},net. b {1})；

hold off；disp('End of percept')

Y=sim(net,P)

习题参考答案

习题参考答案